U0171790

食品科技革命

食物的进化与新产业市场

フードテック革命

世界700兆円の新産業「食」の進化と再定義

[日] 田中宏隆（Hirotaka Tanaka）　冈田亚希子（Akiko Okada）　瀬川明秀（Akihide Segawa）◎著

张浩然　李彦◎译　　　[日] 外村仁◎监制（Hitoshi Hokamura）

人民东方出版传媒
People's Oriental Publishing & Media
东方出版社
The Oriental Press

出版者的话

在中国共产党第二十次全国代表大会开幕会上，习近平总书记指出要全面推进乡村振兴，坚持农业农村优先发展，巩固拓展脱贫攻坚成果，加快建设农业强国，扎实推动乡村产业、人才、文化、生态、组织振兴，全方位夯实粮食安全根基，牢牢守住十八亿亩耕地红线，确保中国人的饭碗牢牢端在自己手中。

乡村振兴战略的提出，让农业成为有奔头的产业，让农民成为有吸引力的职业，让农村成为安居乐业的美丽家园。近几年，大学生、打工农民、退役军人、工商业企业主等人群回乡创业，成为一种潮流；社会各方面的视角也在向广袤的农村聚焦；脱贫攻坚、乡村振兴，农民的生活和农村的发展成为当下最热门的话题之一。

作为出版人，我们有责任以出版相关图书的方式，为国家战略的实施添砖加瓦，为农村创业者、从业者予以知识支持。从2021年开始，我们与"三农"领域诸多研究者、管理者、创业者、实践者、媒体人等反复沟通，并进行了深入调研，最终决定出版"世界新农"丛书。本套丛书定位于"促进农业产业升级、推广新农人的成功案例和促进新农村建设"等方面，着重在一个"新"字，从新农业、新农村、新农人、新农经、新理念、新生活、新农旅等多个角度，从全球范围内精心挑选各语种优秀"三农"读物。

他山之石，可以攻玉。我们重点关注日本的优秀选题。日本与我国同属东亚，是小农经济占优势的国家，两国在农业、农村发展的自然禀赋、基础条件、文化背景等方面有许多相同之处。同时，日本也是农业现代化高度发达的国家之一，无论在生产技术还是管理水平上，有多项指标位居世界前列；日本农村发展也进行了长时期探索，解决过多方面问题。因此，学习日本农业现代化的经验对于我国现代农业建设和乡村振兴具有重要意义。

同时，我们也关注欧洲、美国等国家和地区的优质选题，德国、法国、荷兰、以色列、美国等国家的农业经验和技术，都很值得介绍给亟须开阔国际视野的国内"三农"读者。

我们也将在广袤的中国农村大地上寻找实践乡村振兴战略的典型案例、人物和经验，将其纳入"世界新农"丛书中，并在世界范围内公开出版发行，让为中国乡村振兴事业作出贡献的人和事"走出去"，让世界更广泛地了解新时代中国的新农人和新农村。我们还将着眼于新农村中的小城镇建设与发展的经验与教训，在"世界新农"丛书的框架下特别划分出一个小分支——小城镇发展系列，出版相关作品。

本套丛书既从宏观层面介绍 21 世纪世界农业新思潮、新理念、新发展，又从微观层面聚焦农业技术的创新、粮食种植的新经验、农业创业的新方法，以及新农人个体的创造性劳动等，包括与农业密切相关的食品科技进步；既从产业层面为读者解读全球粮食与农业的大趋势，勾画出未来农业发展的总体方向和可行路径，又从企业、产品层面介绍国际知名农业企业经营管理制度和机制、农业项目运营经验等，以期增进读者对"三农"的全方位了解。

我们希望这套"世界新农"丛书，不仅对"三农"问题研究者、农业政策制定者和管理者、乡镇基层干部、农村技术支持单位、政府农业管理者等有参考价值，更希望这套丛书能对诸多相关大学的学科建设和人才培养有所启发。

我们由衷地希望这套丛书成为回乡创业者、新型农业经营主体、新农人，以及有志在农村立业的大学生的参考用书。

我们会用心做好这一套书，希望读者们喜欢。也欢迎读者加入，共同参与，一起为实现乡村振兴的美好蓝图努力。

引 言

食品科技革命中"日本的缺席"

2016 年 10 月，当时我们正在美国西雅图。关于西雅图，我知道那里是星巴克咖啡的发祥地，也是微软和亚马逊总部的所在地，但我当时并没有意识到那里对食品科技也具有重要的意义。

我们此行的目的是参加在那里举办的一项与食品科技相关的，名为"智能厨房峰会（SKS）"的活动。当时我们正在为"厨房里的科技"这一课题寻找素材，偶然发现了智能厨房峰会的主页。首先令我们大吃一惊的是主页上出现了许多我们之前从未听说过的概念，例如"Kitchen OS""Kitchen Commerce""Big Data & Connected Food Platforms"。

记者的直觉告诉我"一定发生了什么"，于是我决定立刻动身去西雅图。在那里，我看到了菜谱被编入程序，利用物联网（IoT）技术操作烹调家电，即所谓的"厨房操作系统（Kitchen OS）"从想法变成了活生生的现实。参加峰会的不仅有食品领域的初创企业，还有亚马逊那样的大型 IT 企业、家电生产厂商，甚至雀巢等食品生产巨头也悉数亮相。

这些大企业热烈讨论的话题是"未来什么将成为厨房中的王牌应用软件"。所谓智能厨房，不仅局限于厨房和家电领域，而是包含食物本身以及人类行为在内的一个更大的概念。同时智能厨房也是一个生态系统，通过引入数字技术实现食物的未来。

在西雅图的所见所闻让我们如同发现了新大陆一般，兴奋不已。

在峰会上，更加令我们感到震惊的是，台上参与讨论的企业中没有一家是来自日本的，人们在讨论时也没有提到日本企业。我甚至没看到有哪家日本企业参加峰会。

▶ 无论是饮食文化还是烹调电器，日本本应该做到世界最好

在峰会上看到的情景让我立刻想起曾几何时日本的手机和 i-mode① 被誉为全世界最具革新性的产品和服务，可自从美国苹果公司的 iPhone 问世以来，日本的通信产品和服务迅速被取而代之。也许在厨房和食品领域我们会再次看到同样的情形。带着这种不安，我们从西雅图启程回到日本。

回到日本后，我们开始拼命地向日本国内的食品、家电、科技领域传递我们在智能厨房峰会上看到的世界最新动向。2017 年 8 月，我们联合智能厨房峰会的创立者，一直关注新兴技术的战略顾问，同时还是调查公司 Next Market Insights 的负责人迈克尔·沃夫（Michael Wolf）先生在东京举办了首届日本智能厨房峰会（SKSJapan）。包括松下、日冷（Nichirei）、Cookpad 等日本国内生产厂商和网站、BASEFOOD 等少数日本初创企业，以及海外初创企业在内的大约 100 家企业齐集一堂，用一天的时间就行业最新发展趋势展开了热烈的讨论。

峰会的主题是"什么是智能厨房"，之所以如此鲜明地将智能厨房设定为首届日本智能厨房峰会的主题，是因为我们想尽

---

① NTT DoCoMo 为用户提供的用手机收发邮件和阅览网页的服务。

快让日本企业了解世界的最新动向。最先对此次峰会做出回应的是食品生产厂商，有食品生产厂商称："我们为顾客提供加工食品，但是对普通家庭的厨房里发生的变化却一无所知。"

"未来，人们会和以前一样继续烹饪吗？"

"未来人们吃的食物是什么？"

一直以来食品生产厂商针对这些问题争论不休，至今没有得出明确的结论。据说它们决定参加智能厨房峰会的原因是希望在峰会上找到关于这些问题的答案。

另一家食品生产厂商称："一直以来我们致力于为消费者生产健康且方便的加工食品，可是不知为何消费者在食用这些加工食品时会产生罪恶感。我们现在感到非常困惑，是否应该继续为消费者生产让他们产生罪恶感的产品。"

在这届峰会上，我们听到了来自各行各业的心声，于是我们再次把目光转向食品领域中的创新活动。除了智能厨房峰会，在其他国家还相继举办了多个与食品×技术相关的会议和活动。例如2017年11月YFood（2015年成立于英国的食品创新团体）举办了伦敦食品科技周，邀请了欧洲的初创企业和投资人就未来的食品展开讨论。在位于法国中部的城市第戎举办了Food Use Tech，在意大利举办了名为Seeds & Chips的食品科技活动。与以往的食品、家电展示会和商务洽谈会不同的是，在这些活动上能够看到极客①，以及想要打造新的美食体验的创业者的身影。过去，人们通常将家电和食品看作不同范畴，分别以家电和食品为主题举办类似的活动。让人印象深刻的是，最近的活动打破了以往的做法，将家电和食品统统看作食物体验

————————

①　geek，指在某个领域具备卓越才能的人。在本书中特指熟悉计算机和互联网技术的人才、拥有科技知识的潜在创业者。

的构成要素，向人们展示它们的最新动向。

2019 年使用植物蛋白的替代肉初创企业 Impossible Foods 首次参加了世界最大规模的技术展会 CES 2019。在会场上该公司为人们提供以植物肉为原料制作的汉堡包 Impossible Burger 2.0，在场的极客们对这款产品产生了浓厚的兴趣，由此食品科技开始走入人们的视野，渐渐地被人们所了解。实际上，在这之后，欧美国家一般的快餐店（麦当劳、肯德基等）、食品超市〔全食超市（Whole Foods Market）〕等大型连锁店相继开始销售用植物蛋白制作的替代肉。笔者询问了品尝过 Impossible Burger 2.0 的多家日本食品生产厂商，请他们谈谈对该产品的评价。他们几乎异口同声地说："日本人接受不了这个味道。以我们的研发水平，完全可以做出比这个更好吃的汉堡。"

用植物蛋白替代肉制作的 Impossible Burger 2.0
来源：Impossible Foods

听到他们的回答，我们不禁想到："既然日本能做得更好，那么为何日本会在食品创新方面落后于其他国家呢？"

▶ 日本食品科技的现状酷似"iPhone 来了"之前的手机行业

iPhone 2008 年登陆日本。之前日本的手机市场一直是松下、富士通、夏普、索尼爱立信、移动通信（现在的索尼移动通信）、京瓷等几家日本企业的天下。当时日本不仅有全世界最快的网速，还有表情符号、用手机电子邮件发送或接收照片、来电铃声等各种完善的服务。小小的一部手机集中了日本企业一直擅长的数码相机技术、高清显示屏技术、支付等多种功能。单从功能来看，日本的手机完全不输任何一个海外手机品牌。

因此，当作为智能手机的 iPhone 登陆日本后，当时几乎没有人能够真正理解所谓的"智能"究竟意味着什么。如果单看外观，人们觉得 iPhone 只不过把手机屏幕做得更大了一些，以及采用了触屏技术，仅此而已。日本手机生产厂商的工程师们当时认为 iPhone 所使用的技术毫无新意。

但是后来正如人们看到的一样，iPhone 逐渐占领了日本市场。iPhone 的成功不是在于它在硬件方面的功能有多么强大，而是在于它为用户打造了一种全新的体验。例如，iPhone 诞生之前，可以收录上千首曲目的 iPod 已经非常普及，iPhone 将iPod 的功能进行了重新整合。在 iPhone 的 App Store 里用户可以下载无数可心的应用软件，并且 iPhone 还采用了前所未有的应用界面（滑动手机画面的动作）。这些新的变化不是原有的"移动电话"这种设备变得更先进了，而是人们享受到了一种全新的体验——日常生活变得智能，是一种范式性变化。后来美国的谷歌为了和苹果竞争，开发了安卓操作系统，至此手机市场几乎完全被智能手机占领。

现在智能手机不仅仅是一部电话，它已经成为人们生活当中不可或缺的一种必需品。同时，在不断更换手机的过程中我们发现很多应用软件由原来的日本制造变成了海外制造。重要的是这些变化不是缓慢出现的，而是从各个方向、以非常快的速度发生的。

现在让我们把视线再转回食品科技，你会发现日本食品科技的现状酷似"iPhone 来了"之前的日本手机行业。现在国外的食品科技潮流在日本人眼里似乎根本不值一提。植物性替代肉做的汉堡对于大部分日本人来说是一个从来没有听说过的概念，当然也更谈不上品尝过它的味道了。用智能手机操作烤箱或微波炉也不是什么了不起的事情。

但是以上这些不是关键。我们要强调的是，在味道和功能不断进步的背后隐藏着一些重要的事实，例如科学和食物不断地融合，各种与食品经济相关的平台开始崛起，在人们的生活方式中"顾客体验"正在成为价值创造的主要内容，等等。如果我们无法跟上世界发展的脚步，那么日本的食品产业将无法掌握正在不断加速的全球化创新的主导权。

过去，由谷歌、苹果、脸书、亚马逊组成的 IT 四巨头（GAFA）对于食品领域一直不太关注。虽然亚马逊收购了高级超市——全食超市，但是获得与食品相关的庞大数据这项工作对于亚马逊来说过于复杂、费时又费力。因此，一直以来亚马逊仅仅拥有其中的一部分——用户的购买数据。但是，随着与食物相关的商业数据化程度不断加深，IT 四巨头（GAFA）掌握其他数据应该只是时间的问题。

我们参加了在世界各地举办的食品科技活动，强烈地感受到有必要将这种在全球兴起的食品创新活动传递给日本的企业、个人以及政府，并结合日本的实际情况，将食品创新活动朝着正确的方向引导。如果人们随心所欲、毫无节制地不断摄取食物,不仅对自身的健康,对地球环境也可能带来危害。现在正是我们利用日本人一直重视的关于食物的价值观、想法(美味,健康,环保,重视多样性的饮食传统,反对浪费的精神,生产让消费者感到安全和安心的食品的理念,等等)引领世界食品科技发展趋势的好时机。日本企业拥有高水平的技术,关于食品也积累了丰富的知识。如果不能充分利用这些技术和知识,我们将被世界潮流所抛弃,这是我们应该极力避免的。我们既然能生产植物性替代肉,用它来制作汉堡,那么我们也可以告诉世界什么才是让人内心充实的食物创新。

怀着一种近乎确信的心情,我们着手撰写本书,目的是加快推进日本的食品创新。

▶ 朝着日本首创的食品创新而努力

本书的目的有两个。一个是通过对食品科技发生的背景和值得关注的个别趋势进行详细的分析说明,理解食品科技的大趋势。另一个是了解如何打造食品科技产业化。与食品有关或者今后有可能与食品产生关联的企业、学者、投资人、各个领域的专家未来如何将其打造成一个新产业?针对这个问题我们希望可以为大家指明方向。

在第 1 章,我们将从两个角度为读者剖析食品科技兴起的背景。首先是"社会课题和食物"的角度。现代食品产业创造的价值中有一部分是负面的,我们从这些负面价值入手分析食品行业为解决这些社会课题做了哪些努力。接下来将从"重新定义食物的价值"这一角度分析今后食品产业应该创造怎样的价值,在这里我们将提出一个重要观点"食物让我们更幸福"。

我们前往世界各地参加食品科技活动,与食品科技团体进行交流。在第 2 章我们将为读者介绍在这些活动上我们看到的一些主要趋势。我们将这些趋势分为"基本趋势"、"新的应用领域"和"产业化趋势"三个部分。虽然食物具有很强的地域性，但是几乎在世界各地我们都能看到一些所谓的"基本趋势"。对于"新的应用领域"，虽然各国的反应和接受程度有所不同，但不可否认的是日本很快也会面临这个问题。除了以上内容，在这一章我们将首次公开"食品创新指向图 2.0"，对于初创企业和大企业来说，该图不仅有助于他们理解今后的创新领域，还将成为他们发现商机的有力武器。2020 年新冠肺炎疫情在世界各地暴发，造成了巨大混乱，同样也给食品行业带来了影响和冲击。该图可以为疫情后食品行业的发展指明方向。

在接下来的第 3 章，我们将从新冠肺炎疫情给我们的生活以及食品行业带来的影响入手，分析今后我们应该如何打造新的产业结构、重新出发，同时思考疫情常态化的当下和疫情后食品科技应该何去何从。

从第 4 章开始，我们将依次为读者介绍现在备受业界关注的几个创新领域。首先在第 4 章，我们将介绍以植物性替代肉和培养肉为代表的替代蛋白领域的最新发展趋势。具体包括这些趋势形成的原因，以及包含日本企业在内的该领域顶尖企业的最新动向，同时为读者提供看待这些趋势的视角。厨房操作系统是烹调菜谱及与之对应的烹调指令等众多与厨房相关应用软件发挥作用的重要舞台。在第 5 章，我们将就理解厨房操作系统时应该注意的几个关键问题，以及厨房操作系统对于各个行业的意义进行分析和说明。食品行业中个性化服务已经成为发展趋势，在第 6 章我们将为读者介绍世界各地的食品行业中出现了哪些个性化服务，以及这些趋势未来将朝着哪个方向继续发展。

第 7 章的主要内容是分析餐饮行业的创新活动。一直以来餐饮行业都面临市场规模小、人手不足的问题,虽然提高效率是该行业未来的主要发展趋势,但是最近出现了为顾客创造体验价值的新动向。在这一章里我们会谈到餐饮行业的作用,并对今后餐饮企业如何利用科技进行预测。在第 8 章,我们将分析食品科技和食品零售业之间的关系。与餐饮企业一样,新冠肺炎疫情让超市的经营也陷入困境。在这种背景下,零售企业越来越追求效率,出现了以 Amazon Go 为代表的无人商店。同时企业也更加重视提高用户体验价值。作为产品的重要销售渠道,流通行业对于食品创新者的重要性不言而喻。在这一章,我们将讨论流通业未来的发展方向。

从第 9 章开始我们将为读者介绍为了加快打造食品领域中的新业务而实施的一些新举措。这些举措包括建立大企业和风险企业进行共创的食品实验室、打造培养风险企业的团体、学术界培养人才的最新动向、打造让创新活动能够尽快实现成果转化的新渠道等。同时,我们还将为读者介绍两个典型实例。一个是长野县的小布施町,该地区为构建循环经济进行了卓有成效的尝试。另一个是由数十家企业以宇宙为舞台实施的名为"SPACE FOODSPHERE"的青年项目,其主要目的是构建一个在封闭隔离环境中也能提供稳定的食物并保证生活质量的体系。

在第 10 章,我们将明确日本应该以什么为目标打造新的食品产业,同时针对构建生态系统时我们应采取的行动提出一些建议。

本书的读者不仅包括传统意义上的食品行业的从业者,还有目前从事食品周边行业,未来打算开展食品相关业务的企业和个人、从事食品领域研究的科技方面的专家、与食物和烹饪相关的风险企业、未来打算在食品行业大显身手的创业者、想要进入这个行业工作的学生和年轻人等。阅读本书不仅可以了解席卷全球的食品创新的全景，还可以明白食品科技如此受到关注的原因。我们衷心期待本书的内容会对我们今后的行动带来积极的影响。

全体作者
2020 年 7 月吉日

目　录

第 1 章
食品科技受到广泛关注的原因

第 1 节　对食品领域初创企业的投资迅速增加 / 003

第 2 节　现在人们渴望重新定义食物的价值 / 012

第 3 节　"食物让我们更幸福"的实践者 / 023

第 2 章
世界食品创新浪潮的全貌

第 1 节　食品科技究竟是什么 / 033

第 2 节　"食品创新指向图 2.0"问世 / 036

第 3 节　从"16 大趋势"看食品演变 / 044

第 3 章
疫情下和疫情后的食品科技

第 1 节　疫情中突显的食品问题 / 053

第 2 节　疫情改变了食物价值和商业活动 / 056

第 3 节　疫情后人们关注的 5 个领域 / 058

第4章
"替代蛋白"带来的冲击
第1节 替代蛋白市场迅猛发展的原因 / 073
第2节 替代蛋白领军企业成功的原因 / 082
第3节 在日本依然"沉睡"的替代蛋白技术 / 091

第5章
IT 四巨头（GAFA）打造的全新食物体验
第1节 什么是厨房操作系统？ / 107
第2节 利用物联网家电实现餐桌的可视化 / 109
第3节 世界各地的厨房操作系统企业开始崭露头角 / 114
第4节 "食品数据"成为企业合作的关键 / 122

第6章
超级个性化服务创造的食品未来
第1节 从"大众服务"到个性化服务的转变 / 135
第2节 个性化的三种数据需求 / 138
第3节 食品行业中的网飞会出现吗？ / 147

第7章
食品科技带来的餐饮业升级
第1节 餐饮业的发展环境越来越严峻 / 165
第2节 食品机器人的优势不仅仅是提高效率 / 169
第3节 自动售货机3.0——移动的餐厅 / 175
第4节 迅猛发展的送餐行业和智能取餐柜 / 183
第5节 送餐服务背后的影子厨房 / 187

第 6 节　餐饮业的未来和 5 个趋势 / 195

第 8 章
科技加持下的食品零售业演变

第 1 节　食品零售店的新愿景 / 215

第 2 节　持续低迷的食品零售业 / 219

第 3 节　Amazon Go 的极致零售技术 / 222

第 4 节　力求食品行业的创新——现有企业与外部参与者的
　　　　加入 / 232

第 9 章
如何打造食品科技产业化

第 1 节　打造新业务的 5 个趋势 / 247

第 2 节　对初创企业的投资方式向开放实验室型转变 / 249

第 3 节　日本的"食物共创" / 262

第 4 节　食品创新的主体不仅仅是企业 / 274

第 10 章
新产业"日本食品科技市场"的开创

第 1 节　食品科技的本质作用和未来发展趋势 / 301

第 2 节　12 项未来食品愿景 / 304

第 3 节　符合人们需求的食品演变以及关键举措 / 323

第 4 节　全球视角思考日本市场的潜力 / 335

结语　我不禁再一次想到"日本必须立刻行动起来" / 343

致谢 / 353

第 1 章

食品科技受到广泛关注的原因

第 1 节
对食品领域初创企业的投资迅速增加

关于食品技术的起源目前尚无定论，我们只知道距今大约 50 万年前人类就已经开始通过加热的方式烹饪食物。之后人类不断地利用技术发现、栽培、加工、保存以及分配食物。可以说人类烹饪食物的历史远远早于科学的诞生。

到了现代，在人们的饮食生活中高科技更是随处可见。例如，只需倒上热水就可以享用的方便面、忙碌的时候谁都离不开的冷冻食品等。不仅如此，电饭锅、微烤一体机，这些烹调家电的功能也越来越强大。

在物质生活如此丰富的今天，为什么食品科技会受到如此广泛的关注？想要回答这个问题，一个最简单的方法就是看一下它的潜在市场规模。在一个名为智能厨房峰会 2017（SKS）的美国食品科技活动上，该活动的发起人迈克尔·沃夫（Michael Wolf）发表了一个惊人的预测，他称 2025 年之前全世界食品科技的市场规模将达到 700 万亿日元。该预测传递了一个重要信息，那就是即便和当下火热的智能家居市场相比，食品科技的市场规模也毫不逊色。食品科技的市场规模究竟有多大，虽然关于这个问题目前尚未形成统一意见，并且我们也不清楚 700 万亿日元中具体都包含哪些内容，但是笔者认为这个数字绝非空穴来风，理由如下：

①食品、食品流通、餐饮这些行业的市场规模本身就不小，利用食品科技可以进一步提升这些行业的规模（不是将蛋糕重新分配，而是将蛋糕做大）。

②利用食品科技可以创造新的产品和服务，将进一步扩大例如智能厨房、个性化食物、超级食物等正处于萌芽期的产品和服务的市场规模。

③利用食品科技可以缓解之前各种原因产生的供给问题，开拓潜在市场（调查显示食用肉类的市场规模高达 200 万亿日元，如果利用食品科技实现工业化养殖业的可持续发展，那么就有可能形成一个 100 万亿日元规模的新市场）。

④食物能够创造多样价值，但同时也伴随着较高的成本。企业可以利用食品科技降低这一成本从而开拓新的市场。通过让消费者意识到一餐具有多样的价值，可以增加消费者在食物方面的消费支出，同时也可以带动保健、旅行、音乐、娱乐等周边产业的发展。

其中④和克莱顿·克里斯坦森（Clayton M. Christensen）教授提出的用户目标达成理论不谋而合。本章接下来将会谈到，现在人们在食物上花费金钱的理由正变得越来越多。据"食物让我们更幸福调查 2019（Food for Well-being）①"显示，在日本、意大利、美国，有 20%—30% 的人想要通过花费更多的金钱解决对食物的不满。全世界有超过 80 亿的人口，1 年就餐的次数高达 8 万亿次，如果人们对其中的 10%—20% 多支付 100 日元，就可以形成一个 80 万亿—160 万亿日元规模的庞大市场。除了食品科技，很难有其他领域能够如此迅速地创造高达 10 万亿乃至 100 万亿日元级别的市场。通过上面的数字，读者也许就不难理解为什么说食品科技具有无限可能性了。但是，笔者

---

① Food for Well-being，SIGMAXYZ 于 2019 年 11 月针对日本、美国、意大利 3 国进行的一项消费者大调查。该调查从幸福与食物、消费者的饮食及烹饪习惯、食品科技的参与度等因素之间的关系入手，对不同国家人们的幸福度进行评价。

认为食物的可能性还远远不止这些。

所谓食品科技,从狭义上来说是指将数字技术(特别是物联网技术)、生物科学等融合后产生的创新趋势。近几年,对食品科技领域的投资非常活跃,诞生了很多颇具发展前景的初创企业。本章接下来将对食品科技受到全世界广泛关注的原因进行深刻剖析。

▶ 微软前首席技术官(CTO)——食品科技的发起人

在日本,食品科技对于人们来说还比较陌生。但是在欧美国家,食品科技早已不是什么新鲜事物。根据美国 Pitchbook 调查,如图 1-1 所示,从 2014 年开始美国风险资本对食品科技领域的投资迅速增加。2019 年的投资额达到 150 亿美元,大致相当于 2014 年投资额的 5 倍。

如图 1-2 所示,投资最活跃的几个领域包括以植物替代肉

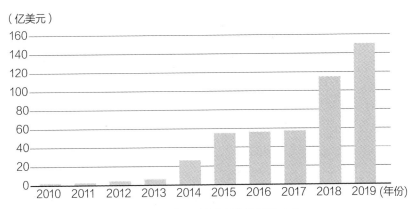

图 1-1 对食品科技领域投资额的变化

来源:SIGMAXYZ 根据 Emerging tech research foodtech 2020 Q1(Pitchbook)提供的数据制作而成

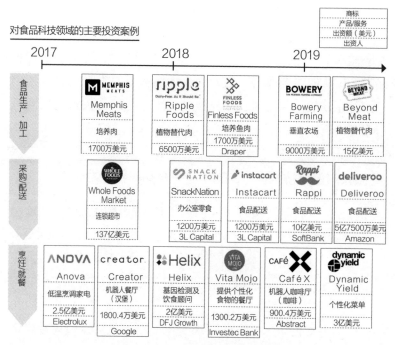

图1-2 对食品科技领域的主要投资案例

1：包含与食品相关的产品和服务，与机器人等相关的电子工学，不包含生物科学和生命科学

来源：SIGMAXYZ 根据 Pitchbook 提供的数据制作而成

为代表的新食材、送餐服务、机器人餐厅、个性化食物等。美国亚马逊大手笔收购全食超市，成为当年人们热议的话题。另外，在新食材领域，作为替代蛋白的植物替代肉和培养肉也受到人们的广泛关注（具体内容将在本书第4章中介绍）。微软的创始人比尔·盖茨也积极地对替代蛋白领域进行投资，例如培养肉初创企业。在欧洲，家电生产厂商伊莱克斯收购了美国低温烹调家电初创企业 Anova，美国的谷歌对生产汉堡的机器人公司 Creator 进行投资，大企业对初创企业的投资越来越活跃。在

美国，涉足食品科技的风险投资据说超过了 200 家。投资最踊跃的领域当属替代蛋白，甚至出现了只针对该领域进行投资的企业。

食品科技涉及装置、食品、数字技术等多个领域的专业知识，因此对该领域的投资难度极高。既无法像有的行业那样只要手握专利就可以高枕无忧，又无法像电商企业那样轻易地就能把企业做大。在 2019 年举行的美国智能厨房峰会上，4 位投资人就食品科技进行了公开讨论。其中，专门从事食品科技领域投资的风险投资人布莱恩·弗兰克（Brian Frank）说："正因为有难度所以我们才选择这个领域（食品科技），我们相信它值得投资。"

位于北美西海岸的西雅图是食品科技的发源地。亚马逊、微软等大型 IT 企业都将总部设在这里。如果在市区穿行，你就会感受到这里到处都散发着强烈的食品科技的气息。这里有亚马逊运营的无人便利店 Amazon Go 和星巴克 1 号店，作为诞生于西雅图的世界级食品初创企业，星巴克更是成为每个西雅图人的骄傲。

说起西雅图的名人，一定要提到内森·梅尔沃德（Nathan Myhrvold），2011 年由他主编的《现代烹饪艺术》（*Modernist Cuisine*）一书一经出版就给全世界的厨师界带来巨大震撼，被誉为科学烹饪法的圣经。内森·梅尔沃德是土生土长的西雅图人，由他成立的研究机构 The Cooking Lab 就坐落在毗邻西雅图的贝尔维尤。他拥有理论物理学和材料物理学的双料博士学位，曾经担任过微软的首席技术官，之后投身食品领域，他的华丽转身让 IT 领域的工程师和极客们一时惊掉下巴。

《现代烹饪艺术》一套共 5 本，可谓分量十足。与其他烹饪书籍相比，该书最大的特点是将科学的理念和最新的技术引入到食品领域。书中大胆地使用锅具的横截面照片展示在 The Cooking Lab 的实景烹饪过程，并且提出了全新的消费观念。

笔者在 2017 年的美国智能厨房峰会上曾经有幸聆听了内森·梅尔沃德的讲演。讲演中他谈到了让他投身食品领域的契机，这个契机本身就证明了食品科技领域正受到人们前所未有的关注。他从首席技术官跨界到食品领域后，先是阅读了大量烹饪方面的书籍，然后亲赴法国的烹饪学校进行考察。在那里，他发现例如"大火 3 分钟""少许盐"等这些人们常常在烹饪时用来表示火力大小、烹饪温度、调料用量的说法都不够准确，用科技行业的标准来看简直就是落伍。同时他也见到了一些被称为"现代派"的厨师，他们不拘泥于原有的烹饪习惯、灵活地采用新技术，勇于创新。于是，他和这些"现代派"厨师联手，将一种基于科学进行烹饪的全新的烹饪方法写进了《现代烹饪艺术》，介绍给世人。

内森·梅尔沃德的影响力不仅限于西雅图，甚至还延伸到了硅谷。受到他的影响，硅谷的极客们相继投身食品科技领域，因此才成就了现在食品科技领域的蓬勃发展、蒸蒸日上。

▶ 世界各地举办的食品科技相关会议数量激增

随着对食品科技领域投资的增加以及极客的纷纷加入，如图 1-3 所示，2015 年以后世界各地以食品或技术命名的会议和团体的数量迅速增加。2015 年在美国首次举办了智能厨房峰会。该活动的发起人迈克尔·沃夫谈道："我本人之前一直关注智能家居领域，大约在 2015 年，我发现身边越来越多的企业开始涉足食品领域，于是产生了把这些企业的负责人召集到一起坐下来聊一聊的想法。"也许正是以此为契机，迈克尔·沃夫发起了美国智能厨房峰会。

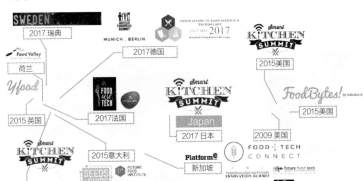

图 1-3　世界各地召开的食品科技相关会议

来源：SIGMAXYZ 提供

　　在欧洲，2015 年在意大利召开了以食物为主题的米兰世界博览会。之后每年举办一次食品创新峰会 Seeds & Chips。该活动是目前世界最大规模的食品科技展会。另外，全世界设计师云集的设计博览会——米兰国际家具展，每两年举办一次厨房设计展。最近的一次活动是 2018 年举办的名为 TfK（Technology for the Kitchen）的厨房科技展示会。

　　在伦敦，从 2015 年起食品科技团体 YFood 开始举办食品科技周活动。与不太出名的英国美食相比，英国人对食品科技却显示出了极高的热情。YFood 的创始人 Nadia EI Hadery 说："英国对食品领域的投资很活跃，这里有多样化和高品位的消费群体，还有大量的完全素食主义者①，是一个充满吸引力的市场。"远在亚洲的日本也在 2017 年首次举办了日本智能厨房峰会（SKS Japan）。

―――――――

　　①　指完全不吃动物性食品的人，也被称为完全菜食主义者。

　　这些会议的共同特点是参加者不局限于某个特定行业，包括 IT 行业在内的与食品相关的所有行业都可以参与其中。不仅吸引了大企业和初创企业，还能看到工程师、科学家、投资人、设计师等各行各业的优秀人才。食品科技的创新活动在世界各地得到了不断深化，例如，将多个行业的技术和专业知识集中到一起，为消费者提供多样化服务；成立具有创新精神的团体，用商业手法解决单靠一家企业无法应对的社会问题。

　　食品科技的兴盛究竟因何而起？接下来让我们探究其背后的两个重要原因，即社会问题和消费者的变化。

　　2019 年秋天，在美国举办的一场小型会议上展示了一组令人震惊的数字。如图 1-4 所示，据估算全球食物体系每年创造的市场价值达到 10 万亿美元。而与食物体系相关的健康、环

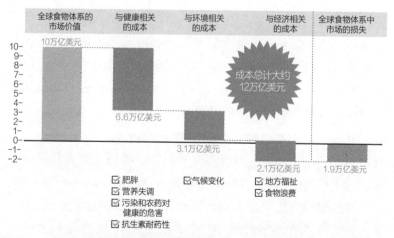

图 1-4　全球食物体系的市场价值，以及与健康、环境、经济相关的"隐形成本"
（以 2018 年的价格为基准）

来源：SIGMAXYZ 根据 The Food and Land Use Coalition "The Global Consultation Report of the Food and Land Use Coalition September 2019" 制作

境、经济的成本约高达 12 万亿美元，远远超过了其创造的附加值。也就是说，我们吃得越多对身心造成的伤害越大，与会者无不对此深表忧虑。

发表这组数字的是一家名为 FOLU（The Food and Land Use Coalition）的国际粮食和土地利用领域的非政府组织。如果不及时采取相应对策的话，与食物体系相关的高达 12 万亿美元的成本到 2025 年之前预计将攀升到 16 万亿美元。接下来让我们看一下这些成本具体包含哪些内容。

首先是与人体健康相关的成本，约合 6.6 万亿美元，其中肥胖的成本约为 2.7 万亿美元。众所周知，肥胖会导致人们患上功能性疾病，糖尿病的治疗既花费时间又花费金钱。在食物充裕的现代，人们担心的不再是饥饿，而是肥胖。营养失调给健康带来的危害约合 1.8 万亿美元。目前，健康饮食的成本依然过高，由此导致低收入人群过分依赖热量高的加工食品。这种被称为"食物沙漠"的现象成为引发营养不良的重要原因之一。除此之外，农药、抗生素耐药性对健康造成的危害约合 2.1 万亿美元。

其次，与环境相关的成本中，由气候变化导致的约为 3.1 万亿美元。气候变化导致农作物生长环境恶化、营养价值减少，此外还有异常气象造成的农作物歉收。土壤污染和生物多样性遭到破坏同样也不容忽视。

最后，与经济相关的成本约为 2.1 万亿美元，其中食物浪费问题相当严重。调查显示，现在全世界生产的用于食用的所有食品中有 1/3 被白白浪费掉。

在 2017 年举办的名为 Seeds & Chips 的展示会上，美国前总统奥巴马上台发表了演讲，在演讲中他披露了上面的调查结果。同时，他强烈呼吁"食物浪费是我们必须率先解决的一个重要课题"。第二年，同样是在该展会上，奥巴马当政时期的国务卿约翰·克里也发表了演讲，他认为食物浪费等社会问题是由人类造成的，所以必须由人类自己解决，对解决食物浪费问题表示出了强烈的决心。随后，欧美一些著名人士也纷纷发出呼吁，反对食物浪费立刻成为一种潮流，人们热情高涨，采取各种措施尝试解决这一社会顽疾。正是在这样的背景下，作为解决以食物浪费为代表的社会问题的具体手段，各种食品科技横空出世。在世界各地，人们开始利用现代科技手段尝试重建原有的食物体系。

笔者参加的一个在美国举办的闭门会议，公布了一项令人震惊的分析结果，有 3/4 的消费者不信任大企业。之前奥巴马和克里在演讲中也谈到了这个问题。在这种背景下，国际大型食品生产厂商开始意识到重视联合国可持续发展目标（SDGs）将有利于提高企业价值。另外，与过去不同的是年轻人的环保意识非常强。大型食品生产厂商是塑料垃圾的重要排放源，在兴建食品工厂时一旦有人担心它们会影响环境并对其提起诉讼，那么这些企业将无法获得年轻人的信任。为了在政治上获得年轻人的支持，这些大企业需要通过解决社会问题来提高自己的品牌形象。

第 2 节
现在人们渴望重新定义食物的价值

食品科技之所以受到如此广泛的关注，除了人们把它当作解决社会问题的重要手段，还有一个原因是消费者希望重新定义食物的价值。

Institute for the Future 是一家美国智库，过去 50 多年一直从

事未来研究，在 2017 年举办的美国智能厨房峰会上，该机构的丽贝卡·切斯尼（Rebecca Chesney）在原有的"效率""美味""方便"这些概念基础之上，将现代社会中食物的价值进一步分解为"发现时的惊喜""打造团体""展示个性""信任""合作"等 12 个项目，重新定义了食物的价值。同时她指出未来的食品科技应该以实现这些价值为目标（图 1-5）。

在过去食物匮乏的年代，为了让更多的人能够享受到健康且美味的食物，食品生产厂商一直积极致力于商品的开发，流通企业则努力通过构建流通网络将食物送到消费者手中。当时人们最关注的不是"如何吃得更奢侈"，而是"如何吃得更便宜"，让每个人都能容易地获得美味且健康的食物是当时创新的最大驱动力。

后来，随着家庭中夫妻双方外出工作以及女性走向社会，人们开始追求"省时"和"方便"，家电开始得到普及，24 小时营业的便利店也如雨后春笋般出现，企业建立起高效的物流和销售网络。那时，人们追求共同的价值，大量生产、大量销售的价值链正好符合这一时代要求。切斯尼将"效率""美味""方便"这三个价值定义为原有的食物价值。

到了现代社会，随着产品的日益丰富，人们开始寻求适合自己的生活方式，追求的食物价值也开始发生变化。但实际上，人们真正需要的，除了一小部分以外，大部分都和过去没有什么两样。例如，最近频频出现的联合国可持续发展目标，反映的正是过去人们追求环保、减少浪费的价值观。

看到这里读者也许会好奇，物质匮乏年代里人们的需求和现代社会中我们想要的真的是一回事吗？

也许看了下面的例子你就会明白，为了应付忙碌的生活，我们往往希望饭菜更省时更便宜。但是你会发现实际上我们很多时候并不是真的仅仅满足于省时和便宜。我们正越来越强烈地追求原本存在于我们内心深处的潜在需要，例如"想要更加享受烹饪的过程"、"想要在烹饪上花费更多的时间"、"想要更精致地生活"、"想要品尝更适合自己身体的食物"、"想要在就餐的过程中更好地和家人进行交流"、"想要通过食物让自己变得不再孤独"，以及"想要减少食物浪费"等等。

发现时的惊喜	舒适	打造团体
亲密	实验	合作
信任	安全	新奇
参与	展示个性	担心
效率	美味	方便

图1-5　丽贝卡·切斯尼（Rebecca Chesney）
在2017年SKS上提出的新的食物价值

来源：Smart Kitchen Summit 2017, Presentation from Rebecca Chesney（Institute for the Future）

　　现在，吃的食物可以反映一个人的价值观。出现了严格素食主义者、弹性素食主义者①、素食主义者②、鱼素者③等相当

---

　　①　指定期或不定期吃素的人。希望减少肉类摄入的人中比较常见，例如他们会规定自己每周一完全吃素。

　　②　也被称为菜食主义者。他们完全不食用肉类，但是他们认为可以食用乳制品、鸡蛋等肉类以外的蛋白质。

　　③　通过鱼类而不是肉类获得蛋白质的人。

数量的追求个性化食物的人群。切斯尼将这种新的食物价值，即人们对食物的需求归纳为 12 种。当然，人们真正的需求绝不仅限于这 12 种，这种分类方式的真正目的是要让读者理解食物的价值和人们的需求是多种多样的。

　　过去，以大量生产和大量销售为前提的大众市场营销占据主导地位。但是现在，针对大众市场营销建立起来的价值链已经无法满足人们新的需求。如图 1-6 所示，这种新的需求具有长尾效应，因此与人们原来的需求相比属于利基市场。因为新的需求具有多样性，所以人们无法用大众市场营销的方式进行应对，而单独应对每种新需求又过于复杂且成本过高。

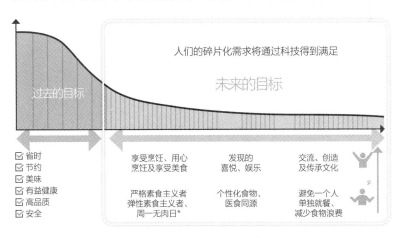

图 1-6　食物价值的长尾模型

＊一周有 1 天不食用肉类

来源：SIGMAXYZ

　　随着技术的飞速发展，人们利用技术的成本也不断降低，于是上面提到的问题立刻迎刃而解。进入物联网时代，网络拉近了人与人、物与物之间的距离。个人信息在云端实现共享；给物体安上传感器，就可以获得行动轨迹和感知人的心理压力，这些在过去都是无法想象的。最近，DNA 测试和肠道菌群检测的费用大大降低，人们利用科技的门槛越来越低，把握消费者的需求正变得越来越容易。在向智能化社会迈进的过程中，企业感受到了无限商机，跃跃欲试，成为食品科技繁荣发展的真正推动力。

具有长尾效应的新的食物价值究竟有多大？我们如何利用科技实现它？科技在哪些领域可以大有作为？关于这些问题的讨论依然在继续，但是食品生产厂商、家电生产厂商、厨房设备生产厂商、餐饮业、食品零售业、风险企业、学术界，以及众多的利益相关者都感受到了这个市场中的巨大商机，他们已经开始行动了。

▶ 一个重要的思想——食物让我们更幸福

巨大的市场的确吸引人，但是不少读者可能没有那么乐观，他们会有这样或那样的担心。企业应该如何满足消费者多样化的需求？在分析这个问题之前，首先向读者介绍一个重要的思想——食物让我们更幸福（Food for Well-being）。

"人们在烹饪、购物时过分追求省时和高效会带来什么结果？答案是肥胖。"预防医学专家石川善树在 2017 年举办的日本智能厨房峰会上向人们发出了警告。石川通过在美国进行的调查发现，随着加工食品的增加和烹调家电的普及，人们在烹饪上花费的时间越来越少，相反在吃零食上花费的时间则越来越多。因此，肥胖人群和患有功能性疾病的患者数量不断增加。如果食品科技最终让我们变成这个样子，那实在有违我们的初衷。

美国的非政府机构 Healthier America 曾做过一项有趣的调查。该机构将 2008 年和 2016 年人们就餐前后的准备和收拾时间，以及用餐的时间进行了对比，结果发现与 2008 年相比，2016 年人们就餐前后的准备和收拾时间减少了 40%，用餐时间减少了 5%。而人们吃零食的时间则完全没有变化。石川讲了这样一个小故事，在 20 世纪 50 年代，洗衣服对于大多数女性来说是最繁重的家务，1955 年东芝（当时的芝浦制作所）在报纸上打出了"如何让家庭主妇有时间读书？"的广告词，向消费者宣传刚刚研发成功的洗衣机。值得注意的是东芝不是通过批评负面价值（把女性从重体力劳动中解放出来），而是通过倡导正面价值的方式宣传产品。和东芝一样，食品科技的最终目的应该是让人们的人生更充实，只有这样才能创造出真正的价值。

在理解食物让我们更幸福时笔者想起了联合国相关机构 SDSN（The United Nations Sustainable Development Solutions Network）公布的全球幸福指数排名。参与该调查的有 156 个国家和地区，日本最近 5 年的排名由 46 位（2015 年）下滑至 62 位（2020 年）。因为排名过于靠后，所以日本人对这项排名似乎不太关注，但不管怎样，通过该排名我们可以知道日本人的幸福度并不高。也许很多人将排名靠后的原因归结为经济低迷，但真正的原因并非如此。如图 1-7 所示，即便是在 1954—1970 年人均实际 GDP 连年攀升的高度经济成长期，日本人的幸福度也并不高。

那么，对于日本人来说究竟什么才是幸福？为了回答这个问题，SIGMAXYZ 于 2019 年 11 月在日本、美国、意大利三个国家进行了一项名为"食物让我们更幸福"的调查，目的是分析饮食与幸福及科技之间的关系。

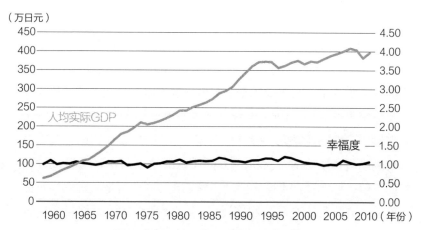

图1-7　日本人均 GDP 和幸福度的关系

说明：1979 年之前使用 68SNA（国民经济核算体系），以 1990 年为基准年；
1980—1993 年使用 93SNA，以 2000 年为基准年；1994 年以后使用 93SNA，以
2005 年为基准年。幸福度根据 1958 年舆论调查结果计算，以回答"满意"的
人所占百分比为 1。

来源：内阁府

　　首先关于"幸福"①SIGMAXYZ 做了如下定义：在个人层面
包括"会学习""会游戏""没有顾虑""身心健康"；在人际交
往层面包括"自己有决定权""人际关系融洽、懂得感恩""认可
自己的存在价值"；在人与环境的关系层面包括"能够善待环
境"。通过询问"你认为以上项目哪些更重要？"来测定人们的
幸福度。

　　调查结果如图 1-8 所示（实际调查时的分类更细致，包括
12 个项目）。首先三个国家的人都认为身心健康很重要。其次
人们对某些项目的重视程度要更高一些，例如日本人更重视

————————

　　① 在该项调查中，SIGMAXYZ 参考了大量先行研究，例如享乐理论、
幸福理论、积极心理学、日本式幸福等，从中选出评价幸福的指标。

"有独处的时间""有休闲的时间"。在美国和意大利，人们认为"可以自由决定、自由行动"和"身心健康"同等重要。另外，美国人对"自我成长"，意大利人对"所处的社会和环境具有可持续性"的重视程度要高于其他国家。如果将以上项目看作衡量幸福的指标，并将这些项目替换成食物的价值我们就会有一些新的发现。

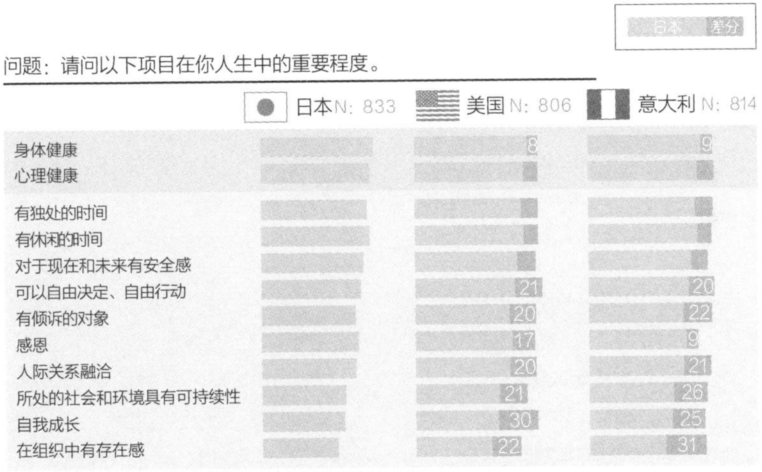

问题：请问以下项目在你人生中的重要程度。

图 1-8 重要的价值观（回答非常重要、重要、还算重要的人占总人数的比例/%）

幸福不只是身心健康，还包括其他因素。来源：该图出自 SIGMAXYZ 实施的"食物让我们更幸福调查 2019"。

衡量幸福的指标如此多种多样，现代的食物究竟能否给我们带来幸福？人们追求的食物价值究竟是什么？SIGMAXYZ 尝试着问了人们下面这个问题，"关于食物的价值，下面哪些词最能打动你？"（图 1-9）。几乎每个国家的人都回答"放松""保持健康"，还有一小部分人回答"学习新知识、新技能""和周围的人交流"，人们希望从食物上获得多种价值。这个调查结果和之前提到的食物价值具有长尾效应的说法基本吻合。

问题：关于食物的价值，下面哪些词最能打动你？

和日本的差分
大于5%

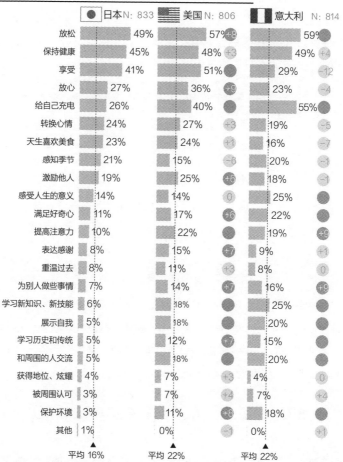

图 1-9　食物的价值（可以多选）

来源：SIGMAXYZ 实施的"食物让我们更幸福调查 2019"。

让人意想不到的是，与日本相比，在美国和意大利，食物价值的多样化特征更加显著。在日本只有不到 10% 的人认同的项目，在美国和意大利居然得到了 20% 左右的人的支持。其中支持率较高的几个项目分别是"学习新知识、新技能""展示自我""和周围的人交流"。虽然这几个项目的排名比较靠后，但如果想到美国和意大利总人口的 20% 都有这样的想法，这些项目还是值得我们关注的。

看到欧美的食物价值多样化特征如此显著，笔者推测在日本也许有一部分隐性的食物价值并没有体现在上面的调查结果里。虽然受年龄和教育程度的影响，人们追求的食物价值也许会有所不同，但很难想象不同国家的人追求的食物价值会存在巨大差异。如果能够正确解读排名靠后的几个项目的真正含义，也许日本人追求的食物价值要远远要多于上面的调查结果。

接下来，人们是如何看待"烹饪"这种行为本身所具有的价值呢？比起发展中国家，在发达国家，在家烹饪正变得越来越困难。外出就餐和享受送餐服务的机会很多，无须亲自烹饪就可以享受美食正变得越来越容易。自己动手在家烹饪的成本正不断增加，特别是在城市里，过高的房价甚至让有的人开始思考家中是否需要给使用频度并不高的厨房一席之地。

在上面的调查中，SIGMAXYZ 也询问了人们在家烹饪的理由。如图 1-10 所示，我们看到了一个非常有趣的结果。在日本，排在第一位的理由是"节约伙食费"，在美国和意大利，更多人的回答是"和家人交流""对烹饪本身感兴趣，想要学习一些烹饪知识"，两国中回答"实现自我"的人数也要远远高于日本。值得注意的是，人们选择在家烹饪的理由和之前我们看到的人们寻求多样的食物价值，有一部分内容是相同的。

非常令人遗憾的是日本并没有像欧美国家那样，将烹饪这

一行为本身升华到一个新的高度。造成这种现象的原因也许是
"给孩子做便当""在固定的时间上班""妻子负责在家做饭"等
社会习惯在日本依然根深蒂固。但是，笔者相信借助食品科技
的力量日本人也可以享受烹饪带来的幸福。

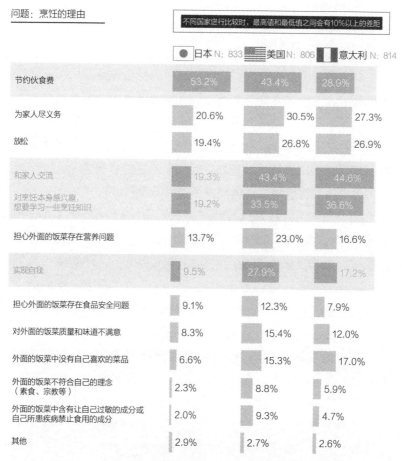

问题：烹饪的理由

不同国家进行比较时，最高值和最低值之间会有10%以上的差距

● 日本 N：833 美国 N：806 意大利 N：814

理由	日本	美国	意大利
节约伙食费	53.2%	43.4%	28.9%
为家人尽义务	20.6%	30.5%	27.3%
放松	19.4%	26.8%	26.9%
和家人交流	19.3%	43.4%	44.6%
对烹饪本身感兴趣，想要学习一些烹饪知识	19.2%	33.5%	36.6%
担心外面的饭菜存在营养问题	13.7%	23.0%	16.6%
实现自我	9.5%	27.9%	17.2%
担心外面的饭菜存在食品安全问题	9.1%	12.3%	7.9%
对外面的饭菜质量和味道不满意	8.3%	15.4%	12.0%
外面的饭菜中没有自己喜欢的菜品	6.6%	15.3%	17.0%
外面的饭菜不符合自己的理念（素食、宗教等）	2.3%	8.8%	5.9%
外面的饭菜中含有让自己过敏的成分或自己所患疾病禁止食用的成分	2.0%	9.3%	4.7%
其他	2.9%	2.7%	2.6%

图 1-10　从烹饪中获得的价值（可以多选，最多不超过 5 项）

关于人们选择在家烹饪的理由，日本和欧美国家存在显著差异。

来源：SIGMAXYZ

第 3 节
"食物让我们更幸福"的实践者

接下来向读者介绍几家致力于实现新的食物价值的食品科技初创企业。

美国 Hestan Smart Cooking 生产的 Hestan Cue 是一款物联网烹饪设备。该设备将温度传感器安装在平底锅等烹饪厨具及 IH 燃气灶上，可以随时正确测定厨具的加热温度。每套售价约为 400 美元。

该设备通过蓝牙与平板电脑中的食谱软件实现互联互通，可以通过温度传感器自动调节加热时间，应用软件中收录了米其林餐厅的总厨为 Hestan Cue 专门制定的食谱。从食材的处理到用平底锅加热的过程，直至最后的摆盘，可以通过视频观看专业厨师的整个烹饪过程，同时还可以根据食谱自动调节平底锅的温度。

笔者也亲自用这款设备烹制了一道菜肴，在整个烹饪过程中笔者可以从容应对每个环节，丝毫不必担心把菜烧煳或菜没烧熟。与无人操作的自动烹饪不同，准备食材、入锅、搅拌以及翻面，这些操作大部分需要自己亲自动手完成，所以用户不必担心没有参与感。导致烹饪失败最主要的原因往往是火力大小，这款设备可以自动调节火力，所以失败的概率非常低。通过应用软件还可以观察到锅具温度细微的变化，让人不禁感到烹饪居然可以变得如此科学、如此精致。

正如 Hestan Smart Cooking 的工作人员介绍的那样，因为这款设备非常安全，很多家庭会选择使用它让父母和孩子一起享受

图 1-11　使用 Hestan Cue 体验烹饪的笔者（田中宏隆）

来源：SIGMAXYZ

图 1-12　预约销售中的 Teplo（1 台的售价为 319 美元）

来源：Load & Road

烹饪的乐趣。公司的技术总监约翰·詹金斯（John Jenkins）说："一道菜如果使用该设备练习做三次左右的话，从第四次开始即便用普通的平底锅也可以把这道菜做好。"这款设备的亮点不仅在于方便，更重要的是它可以提高人们的烹饪水平，完美地体现了食物让我们更幸福的基本思想。

接下来让我们把目光转向日本。一家名为 Load & Road 的企业开发了一款冲泡日本茶的物联网茶壶 Teplo。该公司的 CEO 河野边和典说："在过去的几百年里，用于沏茶的小茶壶一直没有任何改进，日本茶道和众多茶文化中一直以来非常重视的冲泡时间正在被人们渐渐忽视。正是因为注意到了这一点，所以我开发了这款产品。"

手指一旦触碰到安装在茶壶下面的传感器，传感器就可以测定沏茶人的脉搏和体温，此外还可以感知周围的光线强度、温度和湿度，根据使用的茶叶可以自动调节萃取时间和冲泡温度。茶道中茶师在点茶时需要留心喝茶人的身体状况、心情、季节等众多要素，这款茶壶用科技的手段把这些要素一一表现出来。室温和茶叶的多少会影响萃取时间，Teplo 的萃取时间通常为数分钟。现在，人们随时可以在便利店和自动售货机购买到饮用茶，而 Teplo 成功地做到了让人们享受用茶壶泡茶的美好时光。技术让人们的时间变得更充实，品味到最适合自己的清茶。可以说 Teplo 是科技和传统的一次创造性组合。

Teplo 在保留沏茶过程的前提下又对其进一步优化，与仅仅得到萃取后茶水的其他产品相比，Teplo 为用户提供了完全不同的价值：不仅让人们体会到沏茶带来的成就感，同时也让人们的心情变得平静，充分体现了食物让我们更幸福的基本理念。

松下和大型味噌企业 Marukome 联手开发了一款名为 Ferment 2.0 的味噌机。该设备利用传感器和手机应用程序实现味噌发酵过程的可视化。2018 年在美国得克萨斯州的奥斯汀举办了名为西南偏南艺术节（SXSW，South by South West）的跨技术与文化活动，在该活动上这款设备首次亮相，立刻引起了人们的关注。

如果只考虑效率的话，当然是在超市买现成的味噌更方便，但如果想要体会自己动手做味噌的乐趣就没那么容易了。制作味噌时最难控制的是温度，如果用科技的手段帮助人们更好地控制发酵温度，人们就会从中获得乐趣。不仅如此，人们还可以根据自己的身体状况制作个性化味噌，掌握一些发酵技巧。这项服务既满足了人们对健康饮食的需求，也包含了"想学习新的知识、新的技能""想满足好奇心""想学习传统"等要素，符合食物让我们更幸福的基本思想。（2020 年 6 月该设备还处于样机状态。因为第一次亮相就受到了广泛关注，所以人们期待能够尽快在市场上看到这款设备。）

▶ 厨房设计也开始追求创新和幸福感

前面提到食物价值本身发生了变化，随着这种变化，人们对于厨房的理解也和过去大不相同。现在，整体厨房在许多国家得到了普及。其主要目的是为了提高烹饪效率，同时还具有收纳空间多、容易清理等优点，人们过去梦寐以求的正是这样的厨房。LIXIL 的厨房设计师小川裕也在 2017 年举办的日本智能厨房峰会上指出："厨房应该激发使用者的创造性。未来的智能厨房应该以此为目的。"

英国的厨房设计师约翰尼·格雷（Johnny Grey）在 2017 年举办的美国智能厨房峰会上称："厨房不仅能够用来烹饪，还要成为人们交流的场所，反映人们的生活。"格雷的另一个身份是英国国立新白金汉郡大学的客座教授，该校是首个授予厨房设计学位的英国大学。他提出了"4G 厨房"的新概念。专门打造从孩子到老人所有年龄层的人都可以安全地享受烹饪的厨房。他认为厨房的设计不仅要满足烹饪，同时还要兼具交流、工作、学习、放松等功能，成为全家人可以聚在一起的场所。

图 1-13　厨房位于房间正中央的样板间

家具的四角都被设计成带有弧度，厨房成为所有家庭成员最喜欢驻足和交流的地方。

来源：约翰尼·格雷（Johnny Grey）工作室

在设计厨房时，格雷特别关注的是老年人。他目前正在和纽卡斯尔大学合作，在对老年人的生活习惯进行充分调查的基础上，设计一种让老年人也能在家烹饪的厨房。例如，老年人也许记得饭菜的具体做法，但很多时候却忘记调料、工具放在了什么地方。针对这个问题，他在设计厨房时对收纳进行了一些处理，让使用者一眼就能看到烹调工具。另外，如果家中有腿脚不方便的老年人，那么家具的四角都应该带有弧度。这样的话，老年人走路时就不用特意绕着家具，而是可以让身体贴着家具，从而缩短步行距离。他还会仔细询问老年人哪些事情对于他们来说越来越困难，例如长时间站立、拧紧水龙头、拿取小物件等。因此，他的很多设计都能解决老年人在实际生活中的需求。

格雷认为在为人们提供这些价值时，技术会大有作为。现在他最关注的是声音控制。根据他的调查，虽然老年人不太熟悉智能手机应用程序的操作，但是相当一部分人已经习惯了利用声音对电器发出指令。

▶ 日本食品科技未来的目标是什么？

日本面临的社会问题有很多，其中最严峻的是老龄化。怎样才能让老年人享受更好的饮食？这是一个摆在我们面前的现实问题。有数据显示，日本平均寿命和健康寿命（健康寿命指的是精神无恙、行动可以自理、保持健康生活的年限）之间存在一定差距，男性平均为 9 年，女性平均为 13 年。被称为国民病的功能性疾病有可能是造成这一现象的主要原因。在去世之前有相当长一段时间需要别人照顾，这对于病人自己以及护理他们的人来说都是个不小的负担。

自己可以做饭对于保持身心健康非常重要。但是随着年龄越来越大，自己做饭变得越来越困难。同时，因为疾病和咀嚼能力的退化，老年人无法和家人吃同样的食物，约翰尼·格雷指出，"老年人往往独自一人吃饭，吃饭给人带来的满足感骤然下降"。

一个人吃饭的不仅是老年人。据国立社会保障·人口问题研究所的预测，2030 年之前单身人群将占到日本总人口的四成。

2016 年 NHK 调查显示，每天和家人一起共进晚餐的人在饮食方面的满意度相当高。与此相反，一日三餐无人陪伴的人在饮食方面的满意度非常低。60 岁以上的独居老人中高达 67% 的人一日三餐无人陪伴。英国牛津大学的心理学家查尔斯·斯宾塞（Charles Spence）教授在其《美味的错觉》一书中指出，"一个人独自就餐容易造成营养不均衡及营养不良等问题"。

在过去的日本，由夫妇和孩子构成的家庭被人们看作标准的家庭。现在每 4 个家庭中才能有 1 个这样的家庭。没有孩子的家庭、单亲家庭的数量明显比过去增加了不少。另外，因为夫妻双方都要工作的家庭越来越多，所以全家人一起坐下来吃饭的机会越来越少。在这种背景下，食品生产厂商和餐饮企业必须改变过去以大量生产、大量销售为前提的大众市场营销模式。正如本章前面所讲到的那样，借助行动轨迹和健康信息的可视化，企业可以为消费者提供更加精细的服务。是时候让企业做出改变了。

如上所述，为了解决严重的社会问题，创造让人感到幸福的新的食物价值，各个行业纷纷开始行动起来。不仅与食品相关的行业如此，保健、娱乐甚至基础设施行业，几乎所有行业都看好食品科技的未来。过去的家电产品一直以节省人力为目标。例如，电冰箱只要通上电，就可以立刻进行冷藏或冷冻。空调和洗衣机也是如此，只要按下开关就可以自动运转。无论是谁，按下开关后的结果都一样。但是烹饪不同，需要确定食谱、购买食材、实际操作、品尝、收拾，整个过程都需要人的参与。影响烹饪的因素很多，不同的人烹饪出来的效果也完全不同。

有些人非常享受烹饪的整个过程，因此完全自动化未必是人们真正期待的。烹饪从本质上来说是一个享受的过程，与效率无关，其中包含了食材、人们的各种心情和价值观。京都府立大学京都和食文化研究中心的佐藤洋一郎特聘教授认为："烹饪是艺术、学术和技术三者的融合，是一项有深刻内涵的活动。"借助科技的力量，烹饪可以取得更大的发展。食品科技是一个崭新的领域，未来的发展空间巨大，因此才吸引了全世界初创企业和大企业的目光。 他们正摩拳擦掌，准备在这个领域大显身手。

第 2 章

世界食品创新浪潮的全貌

第 1 节
食品科技究竟是什么

烹饪将不再依靠经验和感觉。在科学的保障下，越来越多的人能不畏惧失败，放心大胆地享受烹饪的乐趣。

在 21 世纪，越来越多拥有科学观念及技术的达人们开始关注食品行业、研发新产品、开拓新业务（例如本书第 1 章中提到的《现代烹饪艺术》一书的主编、微软公司前首席技术官内森·梅尔沃德，该书在厨师界产生了巨大影响）。2016 年前后，美国食品相关的初创企业数量急剧上升，这些初创企业与大企业的合作也越来越多，出现了很多新的厨房家电及相关业务。我们将这些发生在食品领域里的创新活动称为食品科技。

尽管我们清楚了食品科技的定义，却很难把握食品科技的全貌。这是因为与食品相关的企业数量实在太多。从食材的开发到出厂、加工处理、包装，直到上市，每一道工序的背后都有一系列的相关企业。食品到达消费者手中之后，根据消费者选择在哪里食用这些食品又进一步涉及住宅建设、厨房、家装、家电等多个产业。

并且，近年的数字技术模糊了产业之间的界限。在现代社会中，大多数人都随身携带智能手机。个人可以突破企业和行业的限制直接接触到巨大的网络。用手机可以订购食材，也可以计算出营养价值的相关数据。食物与电子商务，甚至媒体、健康和医疗行业的创新都开始有了关联。

此外，由于为大企业开拓业务和支持初创企业的基础设施越来越完备，降低了企业进入食品行业的门槛。对于企业来说，资金和企业管理可以与投资人协商；食材的采购和产品的销售则可以委托给贸易公司。如果要生产烹调家电，可以咨询中国的无晶圆工厂。在数字技术方面，还可以与有志同 IT 四巨头 GAFA（Google，Apple，Facebook，Amazon）一争高下的初创企业展开合作，闯出一片天地。

笔者从 2017 年开始每年都参与日本智能厨房峰会的筹备和举办。参会者背景的多样性让人不由得为之惊讶。根据 2017 年的数据，参会者中与食品相关的生产厂商（19%）和家电生产厂商（17%）最多，随后是食品科技风险企业（12%）。贸易公司/流通企业/零售企业（8%）、住宅/基础设施/厨房（5%）和投资人（风险投资等）/项目推进机构（4%）的人数也不少。

有趣的是，其中有 17% 的参会者属于"其他"类别。这类参会者在留言中说，"我现在从事的行业与食品无关，但我正在考虑开展与食品相关的新业务"，或是"我正在寻找合作伙

图 2-1　日本智能厨房峰会 2019 年的参会者背景
来源：SIGMAXYZ

伴"。多年来，笔者在日本和美国看到了各种各样的初创企业，他们与传统企业不同，把合作看成企业发展的前提。笔者感觉日本智能厨房峰会受欢迎的程度不亚于科技类活动。

▶ 在日本，跨行业加入非常活跃

现在日本发展势头最强劲的食品科技初创企业可以说是曾任职于 DeNA 的桥本舜所领导的 BASE FOOD。这家公司在"主食让健康常伴"的理念下，积极打造全营养面条和面包的商业化。桥本原来从事的不是食品行业，那么他是如何进入食品行业，开展这项新业务的呢？桥本采用了 DeNA 的工作模式。在 DeNA，如果员工只是单纯地将新业务介绍给董事，一定会遭到拒绝，董事们会说："请提交一份有实际操作性的规划案。"因此，桥本首先通过尝试手工制作营养意面确认了自己想法的有效性，在这个过程中他经历了反复试错。然后，他巧妙地利用了面条厂的空闲生产线和亚马逊等企业的外部基础设施，并在后来的实际制作和销售过程中将存在的问题一一化解。换句话说，是一种以 D（Do）开始的态度，而非 PDCA（Plan・Do・Check・Action）。这种方式与从测试版开始的数字业务颇为相似。

还有一家由原 DeNA 员工——服部慎太郎发起的初创企业—— snaq.me，该公司经营健康零食订购业务。销售的零食不使用人工色素、香料、防腐剂、化学调味品、果葡糖浆、精制白糖、人造黄油、起酥油等。该公司除了可以生产这种健康零食，还从国内外选购美味健康且让人吃下去没有负罪感的零食，并以组合套装的形式出售。

服部将 snaq.me 定位为内容产业。snaq.me 的特点是顾客吃完购买的零食后可以在应用软件上进行反馈，输入自己的喜好后系统会进行相应的筛选，随后将选好的产品邮寄到顾客手中，可以称之为零食业的网飞（Netflix，线上观影网站）。网飞会根据用户对电影类型的喜好和观影记录来推荐电影。snaq.me 也是以这样的方式将零食送到顾客手上。正是因为了解数字商业，服部才能产生这样的想法。

如果说烹饪是一个科学的过程，那么农业也是如此。如果能够正确控制光照、温度和湿度等输入参数，那么农作物的产量、质量以及生产的可重复性就应该能够得到保证。植物工厂初创企业 Plantex 正在进行这样一项科学尝试。创始人山田真次郎曾在 1990 年创立 Inks，该公司制造精密模具，为汽车等制造业提供强有力的支撑。该公司开发了一套通过将投入进行过程化处理从而实现理想产出的制造工艺，能够极大地缩短模具开发周期。Plantex 将这一工艺应用于蔬菜生产。该公司拥有一群来自汽车、电器等行业的精英工程师，他们共同开发了一种神奇的生菜。这种生菜不使用农药，并且每 100 克含有的 β-胡萝卜素是普通生菜的 16 倍。因为在市中心进行栽培，所以仅用 10 分钟就可以将生菜送到顾客手中。

正如以上看到的一样，IT 行业、非食品行业还有其他行业都开始纷纷涉足食品行业。现在，食品行业正在吸引越来越多来自不同行业的创意、技术和人才。

第 2 节
"食品创新指向图 2.0" 问世

新的事物会在不同文化的碰撞和融合中诞生。这在某种意义上是正确的，但在此之前我们必须回答"我们是谁"这个问题。至少要知道我们目前所处的位置、想要实现的目标以及如何实现目标。没有愿景，创新就无从谈起。

怀着这样的想法，SIGMAXYZ 从 2019 年起一直致力于开发"食品创新指向图"，用以帮助企业在食品领域进行自我定位、设立目标、寻找合作伙伴。他们采访熟悉亚洲国家食品发展趋势的企业家、技术专家、行业分析师和大企业开发新业务的部门，多次听取初创企业的意见，并根据这些内容随时进行修改。受新冠肺炎疫情的影响，他们还制作出了应对疫情及疫情后的最新版指向图 2.0（图 2-2）。

与上一版本相比，最新版指向图发生了一些变化，这些变化主要体现在以下方面。在技术层面这一项中，"新时代食品生产"中替代蛋白技术的广泛应用；在生活方式体验领域"外食"这一项中可以看到，餐厅的技术也得到了革新；在"烹饪的演变"这一项中，出现娱乐和冥想的类别。特别值得注意的是，受疫情影响，出现了居家隔离中的人们把烹饪当作消遣和疗愈的现象；在食品与社会问题的关联方面新出现了"防灾·应急食品"；还在原本"文化继承"的后面追加了"创新"的字眼。食品创新将逐渐转变为新的饮食文化。在新型食品生产、新型包装、烹饪娱乐化、餐厅的未来等领域中，将创造出一种疫情常态化时代及疫情后的新文化。通过查看食品创新指向图 2.0，能够直观地看到本书中提到的企业和关键技术的定位。如果你是一个经理或项目负责人，你将在这张图中找到目标领域中的相关主题。接下来，让我们具体看一下这张图。

这张图被设计成像是在桌上摆满大大小小的卡片一般。每个卡片中的内容都是当下正在发生的创新，都是重要的关键词。最外层的卡片是跨越多个领域的主题。

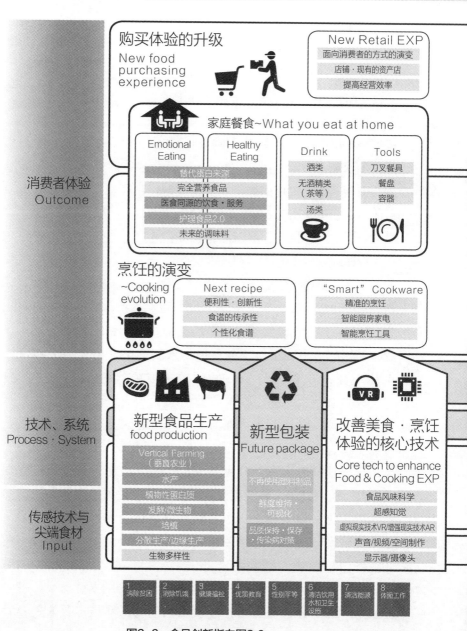

图2-2 食品创新指向图2.0

来源：SIGMAXYZ

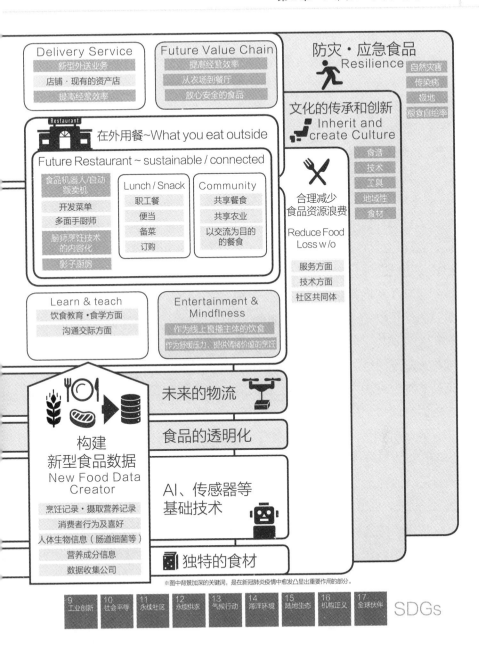

　　卡片根据摆放的位置不同有其特定的含义。最上面一层是"消费者体验"，代表着消费者在家庭和日常生活中体验到的食品创新。由于消费者体验的创新中包括购买场景（购买体验的升级）、实际烹饪场景（烹饪的演变），于是图中将其进一步划分成不同的框架。每个框架中的具体内容我们在本书中都会进行详细的介绍，在本章我们只做简略的概括。

　　例如，在"购买体验的升级"这一框架中放置着一张"New Retail EXP（新零售服务体验）"卡片，是指像 Amazon Go 这样的无人结算商店或是陈列室形式的商店所提供的服务方式。同样，它还包括优步美食（UberEats）提供的"外卖服务"与 LINE 出资打造的"外卖馆"。这是在新冠肺炎疫情暴发后人们再次认识到了其便利性和必要性的一个类别。在日本，许多人可能仍然认为这仅仅是一项"外卖"服务，但在欧美地区，这项业务正在扩大。例如，外卖企业为市内中小餐厅打造了集中厨房（也被称为影子厨房），为那些没有店铺而专营外卖业务的企业提供支持。通过这种方式，外卖企业试图打破我们对餐厅和外出就餐的固有印象，并将其重建为一种新的服务形式。

　　另一方面，"烹饪的演变"始于食谱的创新变化。食谱原来只出现在纸媒或电视媒体上，现在正在向互联网食谱转变，然后进一步发展为利用食谱软件控制物联网烹调家电的"厨房操作系统"。此外，也出现了为消费者提供与食品相关教育服务的机构。

　　横跨"购买"和"烹饪"领域的创新是指"食物"本身的变革。食物根据在家就餐还是外出就餐虽然有不同的进化路径，但两者都很有趣。两者在其不同的路径中每天都有新的发展，新的服务层出不穷。比如，基于医食同源理念出现的植物肉替代品、全营养食品，或是出现在餐厅中的食品机器人、共享餐厅等新形式的服务。

▶ 与社会问题相关的创新

这些改变消费者体验的创新活动并非仅仅发生在日常生活领域。近年来，越来越多的初创企业将其"业务领域"设定为解决与食品有关的社会问题。从最新版的指向图上来看，对应的是最右侧的"合理减少食品资源浪费""文化的传承和创新""防灾·应急食品"等主题。由于它是支撑我们日常生活的社会基础设施，该图将其定位在更深的层次。

这一领域中有很多日本初创企业。虽然年轻人对这一领域有很大的兴趣，但对于注重短期效益的大企业来说却是一个很难涉足的领域。解决与食品有关的社会问题是一个非常大的课题，我们需要做的事情有很多。

在"合理减少食品资源浪费"方面，速冻技术领域中的破晓（Daybreak）可以说是一个颇具代表性的例子。该公司最初为快速冷冻机提供咨询服务，但总裁木下长之热衷于解决食物浪费问题。破晓在冷冻技术上已经积累了相当丰富的经验，他们准确地知道什么食物在什么温度下经过怎样的冷冻处理后能保证味道的鲜美。利用这一点，他们对农户家里富余的水果用快速冷冻技术进行处理，将其做成易于分食的冷冻水果甜点出售。由于冷冻时恰当的温控，入口时消费者依然能感受到食物的新鲜。这是一个在解决食物浪费时兼顾了趣味和美味的好方法。还有一家名为 CoCooking 的企业，他们打造了一个名为 TA-BETE 的平台，消费者利用该平台可以购买到餐饮店想要低价出售的剩余菜品和面包等。餐饮行业中，因临时取消订单或是一些不可控因素经常会产生食品剩余，一直以来企业都不得不将这些剩余食品白白扔掉，但是 TABETE 的出现可以在一定程度上减少食物浪费。消费者也能在以低价购入食材的同时为合理减少浪费做出贡献。并且以此为契机，消费者会了解到一些新餐厅。与破晓一样，TABETE 这个平台不仅致力于解决食品浪费问题，还能为用户带来乐趣。

其实，类似这样的服务在欧洲也非常盛行。TooGoodToGo 就是其中一个领先的案例，据说 CoCooking 也参考了他们的业务。TooGoodToGo 在 14 个欧洲国家开展他们的业务，拥有 2000 多万的个人用户和大约 4 万家餐馆、酒店和超市的注册用户。

企业除了可以直接参与解决食物浪费问题，还可以像 UnitedPeople 一样制作以社会问题为主题的电影，通过故事和事实向人们传递观念。2020 年 5 月，纪录片《厨房中的暴殄天物》上线网络提前播出，为我们讲述了日本各地解决食物浪费的精彩故事。在触及食物浪费这一社会问题的同时，又与其将日本的"惜物"精神联系了起来。尽管我们在思想上觉得社会问题是必须解决的，但落实到行动上却很难。这种影视作品或许能够调动起人们解决问题的积极性。

下面，让我们从文化的传承与创新这一角度思考一下日本的"高汤"。据 SIGMAXYZ 的调查，42% 的日本人会自己下厨熬制高汤。也就是说，一半以上的人并不知道如何熬制高汤。一是由于自己熬制高汤的时间成本太高，另外人们也很容易在市面上买到浓缩高汤、速溶高汤粉等产品。作为日本料理的灵魂，"高汤"文化正在消失，这让人不禁感到惋惜。

但在海外，日本的高汤文化却引起了人们的关注。在西南偏南艺术节（SXSW，South by Southwest）上，UMAMILab 的经营者望月重太郎以独特的方式销售日本高汤，引起了轰动。望月将原料混合在一起，用特殊的设备像制作虹吸咖啡那样制作出高汤。他在世界各地选用当地食材熬制高汤。望月制作高汤的过程本身被进行了"现代化"处理，同时也在试图创新并传承新的高汤文化。正如我们在这个例子中看到的一样，如果在解决社会问题时能够增加趣味性，融入文化，或是翻新濒临消失的传统文化，效果也许会更好。这种社会影响虽然不能直接反映在经济效益上，但对食品创新来说却是一个绝好的切入点。

▶ 支撑创新的数字科技及顶尖原料

接下来我们看一下位于指向图中间部分的"即将实现的技术与机制"和指向图底部的"传感技术与尖端食材"。

位于指向图底部的"传感技术与尖端食材"是利用传感器收集产区、运输、烹饪每个环节中的有关人、食品和菜品的信息并将其转化为数据的一种技术。人们利用这种技术分析图中间部分采集的数据，以控制机器人、汽车和烹调设备等实现技术社会化。

现代社会中，人们无时无刻不使用智能手机。正因如此，催生了庞大的网络环境，也使得大量的数据储存变得可能。数字终端销量的增加大大降低了传感器的安装成本，从而使得有关人体生物与食品的数据测量精度进一步提升，创造了一个良性循环。此外，通过医学、生物和植物传感技术以及人工智能等处理技术的应用，新型创新接踵而至。

在社会应用型技术和传感技术交叉的领域里，以下四个趋势越来越明显。它们分别是"新型食品生产"、"新型包装"、"改善美食·烹饪体验的核心技术"，以及"构建新型食品数据"。

数字、烹饪、医疗原本是完全不同的技术领域，但当聚焦到食物这一主题时，相互关联的研究、解决方案就应运而生。这就像在人类口味及偏好的研究方面取得进展要归功于厨房而不是医院。企业通过观察分析数据，可以预知今后应该生产什么样的新产品、开展何种新业务。未来应当着手的主题已经清晰可见。

味好美（McCormick）是世界首屈一指的调料生产厂商。该公司的首席科学官哈米德·法里迪（Hamed Faridi）博士在开车时听到了电台播放 IBM 打造人工智能"沃森大厨"（Chef Watson）的故事，"沃森大厨"能够学习食谱模式并提出新的搭配组合。哈米德坚信这正是味好美需要具备的能力。调料生产厂商需要尝试无数种成分组合来配制以及开发产品，这项工序耗时又耗力，结果导致他们越来越倾向于运用熟悉的食材，不愿再去冒险。哈米德立即联系了 IBM。两家企业签署了一项为期五年的合作协议，内容是建立一个利用人工智能学习的味道数据平台。该平台以味好美从 1980 年开始积累的实验数据为基础，据说通过引入人工智能学习，节省了大约 70% 的产品开发时间，同时也提高了消费者对产品的认可度。这样的人工智能应用 × 新型食品数据建设，未来将在各个行业和领域得到普及。

第 3 节
从"16 大趋势"看食品演变

接下来让我们看看食品科技的源头包含哪些趋势（图 2-3）。这些趋势是从三个视角归纳整理出来的，首先是"基本趋势"，指的是世界范围内普遍存在的社会结构变化和涉及科学领域的产业结构变化。

其次是"产业化趋势"，即打造新业务的最新方法。最后是以上两种趋势相交形成的"新的应用领域"。通过梳理这三种趋势，我们相信能给读者带来一些反思。在本节中，我们将针对

图 2-3　食品创新的 16 大趋势

来源：SIGMAXYZ

中长期的基本趋势进行解释说明。

基本趋势反映了我们整个社会的转型以及生活方式发生的重大变化。目前，新冠肺炎疫情已经在全球蔓延。虽然我们不知道疫情还要扩散到何种程度，也不知道它何时才会平息，但我们相信食品科技的基本趋势是不会变的。例如，疫情使人们再次意识到了食品浪费、贫困、分餐、健康等与食物有关的种种问题。笔者认为即便疫情后，人们依然会继续思考"如何重新定义食物的价值""我们做饭和吃饭是为了什么"这些最根本的问题。（本书第1章涉及价值重新定义）

在美国，随着具有科学和信息技术背景的人陆续进入烹饪界，"科学烹饪方法的普及"取得了突飞猛进的发展。科技把烹饪过程变得客观可视，让人们不再惧怕失败，赋予烹饪更多的乐趣。烹饪是一个传统行业，科学让原本只有这个行业里少数人才掌握的知识和技术变为常识。我们很难想象抛弃已经取得的种种高科技成果，让烹饪行业回归传统会是什么样子。

此外，借助科技的力量，消费者自身和他们的消费行为实现了可视化。人们以"利用科技以及实现消费者数据可视化"为目标，正在加紧开发以用户测试技术和测试结果为基础的"干预服务"。正是这种数据可视化对基本趋势产生了重大影响。我们将在后面具体讨论这个问题。

还有人说，每天都在厨房中忙忙碌碌的身影会成为时代的印记。今后厨房将从"烹饪场所"变成亲朋好友聚餐娱乐的场所。核心家庭和单身人士越来越多，有些人选择不在家里做饭。对于这些人来说，"烹饪场所"从一开始就没有存在的必要。它将转变为分享日益多样化的食物的场所。"厨房定义的演变"是随着家庭生活方式的转变而发生的一种变化趋势。

基本趋势的最后是"可持续性及餐饮服务"。在世界各地举行的与食品相关的活动中，食物能否长期持续供给常被当作一个紧迫的问题。特别是在欧洲举办的活动上，这个问题总能成为热门话题。原因在于该地区在地理上靠近非洲，那里的人口一直持续增长。到这里，笔者在本章中简单地概括了基本趋势，本书会按照先后顺序依次介绍这 16 大趋势。第 4、5、6、7 和 8 章将介绍"新的应用领域"，在第 9 章我们将讨论"产业化趋势"。

▶ 食品×技术带来的"人类·人类行动可视化"

一方面，基本趋势是一个中长期的趋势，因而与生活方式的研究内容有很多重合的部分。食品科技的一个独特趋势是"消费者数据的可视化"。现在，不少食品相关企业都表示，由于从生产到零售的供应链碎片化和细化分工，他们已经很难直接看到消费者的需求。生产厂商与消费者之间的直接关联已经消失。因此，生产厂商无法知道消费者真正需要的是什么样的产品，消费者现在购买什么样的食材，如何烹饪等信息。

另一方面，以 IT 四巨头（GAFA）为代表的 IT 企业掌握着消费行为细节，并据此推出相应的业务，促进消费者的下一次购买。尤其是亚马逊，它的业务不仅限于线上销售，也开始向线下扩展，比如收购美国大型超市——全食超市，这对现有食品相关企业造成了不小的威胁。

许多业内人士担心，随着亚马逊对用户消费行为的跟踪锁定，对于其他企业来说，了解用户的需求将变得越来越困难。诚然，IT 四巨头（GAFA）能够看到消费者的购买阶段，但他们依旧无法知道消费者将食材带回家做成了怎样的菜肴。也就是说，谁都看不到消费者回到家后的行动。从这一点来看，了解厨房可以再次成为消费者和生产厂商之间的一个强有力的连接点。

开发厨房家电的初创企业数量猛增并非巧合，而是一个合乎逻辑的结果。因为通过收集家用电器的相关数据，可以更好地了解消费者的行为。例如，最近几年开始流行的一种新的烹饪器具——低温烹调机。这是一种被称为继烤、煮和蒸之后的"第四种烹饪方法"。它能让用煎锅烹调时容易变硬的肉类菜肴通过在低温下持续加热而变得软嫩鲜美。直到几年前，由于难以控制烹饪过程中的温度，低温烹调一直是一种专业的烹饪手段。随着配套的自动恒温加热产品的出现，它在不擅长烹饪的人群中也越来越受欢迎。在这些低温烹调机中，支持智能手机控制的真空烹调机显得尤为独特。"真空"是指把食品放入包装袋后抽出里面的空气再密封加热。只要在手机上选择一个食谱，它就会自动根据食材原料和分量控制烹调时间和温度。这样可以保证食物当中的蛋白质不会因为过度加热而受到破坏，确保食物的味道鲜美。利用应用软件一一收集实际烹制的菜单内容，就可以对照食材的营养数值估算出家庭成员在这一餐中都摄取了哪些营养成分。这些会直接影响到企业的生产计划、产品开发，因此食品·饮料生产厂商都迫切想获得这些从现实生活中收集到的数据。

此外，在像 CES 展览会、柏林国际电子消费展览会（IFA）、意大利米兰家具展览会（Milano Salone）等世界领先的家电生产厂商贸易展上，具有大显示屏和互联网互联互通的"智能冰箱"也吸引了众人的目光。大显示屏具有食谱显示、电子邮件功能，甚至能显示出冰箱内的食物，生产这种冰箱的企业向人们传递着"冰箱将成为家庭中心"的理念。不过对于智能冰箱，我们也听到一些批评的声音。例如，"显示器和冰箱的寿命不同会导致后续维修很困难""很难找到与其高昂价格相称的使用价值"。尽管如此，海外各大家电生产厂商仍然在继续研发智能冰箱。这是因为他们深知冰箱与互联网实现互联互通会为业界带来巨大影响。

其中有一个有趣的案例。德国首屈一指的家电生产厂商利勃海尔（Liebherr）实现了冰箱内部食材的可视化并直接将冰箱与在线销售联系起来。许多家电生产厂商都在他们的冰箱中内置了显示器，但利勃海尔则是在冰箱内部安装了每次开关门时都能拍到冰箱内部食物的摄像头，以及传送照片数据的外部无线通信设备，用户可以在自己的智能手机或平板电脑上查看冰箱中的食物。它还有一个特点，就是将附加功能彻底交给了外部专家，比如图像分析技术交给了美国的微软公司。利勃海尔的手机应用程序不仅能通过图像分析识别冰箱中的食材并推荐相应的食谱，还能在线购买冰箱中缺少的食材。食材由德国高端超市考夫兰特超市（Kaufland）提供。利勃海尔的冰箱能根据冰箱中现有的食材向消费者推荐食谱甚至提供食材的在线购买服务。初创企业和大企业都开始关注这种一站式服务。

这种以"数据可视化"为核心技术的趋势将会成为食品科技的主流（后续章节中我们会进行详细说明）。我们应该从整体上将这一系列变化看作一个大的趋势，因为如果只关注个别市场和个别行业往往会忽视大局。这些趋势相当普遍，是多个市场叠加的结果。例如，肉类替代品行业的人只关注自己所在行业是远远不够的。肉类替代品的普及很大程度上源于人们对可持续性的思考，其结果是人们开始关注自身。了解了这些趋势，那么食品创新指向图 2.0 就会成为你的事业指南。成长中的初创企业虽然可能无法用语言准确描述自身的处境，却能够在指向图中清楚地看到自己所处的位置，同时明确未来应当如何布局。那么你想要做的事业在指向图中哪个位置呢？它可以与指向图中的哪些部分结合起来实现价值呢？

第 3 章

疫情下和疫情后的食品科技

第 1 节
疫情中突显的食品问题

新冠肺炎在全世界的大流行给人们的健康、生活、生产等几乎所有领域都带来了影响，当然也包括人们的饮食。人们正面临前所未有的危机，并且这种危机未来还将持续一段时间。在世界各地举办的食品科技相关会议上，与会者就"我们应该从疫情中学到什么""我们应该怎样做"等问题展开了热烈讨论。接下来，本章将就这次疫情给食品科技领域带来的影响和变化进行分析。

疫情导致意大利实施全国居家[①]，人们的外出活动受到严格限制。居家之后，食品在线配送服务的销量比之前增加了90%。Crowdfood 是一家位于德国，主要为食品科技初创企业提供创业支持的公司。据该公司的马克·莱内曼（Mark Leinemann）称，同意大利一样，德国网上食杂店的销售额也达到了疫情之前的 3 倍。

在美国，70%的餐饮企业实施了裁员，44%的企业被迫暂时歇业。全球调查公司 NPD 集团的调查显示，截至 2020 年 4 月 25 日，在美国，与疫情之前相比，优步美食等第三方配送平台的用户数量翻了一番，食品相关的第三方配送平台的数量增加了 3 倍多。[②]人们利用数字化平台确保能够获得充足的

---

① 意大利于 2020 年 1 月末宣布进入紧急状态，从 2 月中旬开始陆续实施封城。5 月初重启经济之前，全国所有社会活动和经济活动都处于停滞状态。

② 具体内容请读者参考第 7 章"食品科技带来的餐饮业升级"。

食物，这让人们有更多机会在家做饭，由此带来了烹调家电销售额的迅速增加。据说，在美国家用烤箱的销量是上年同期的 8 倍。

▶ 食品相关的各种社会问题进一步突显

食品领域里产生的这些混乱进一步暴露了社会问题。在美国，新冠肺炎感染者中黑人的高死亡率引起了人们的关注。调查公司 APM Research Lab 2020 年 4 月 16 日的统计数据显示，白人、拉丁裔、亚裔每 10 万感染者的死亡率分别为 4 人、4.1 人、5.1 人，黑人感染者的死亡率则高达 14.2 人。造成这种现象的原因之一是黑人中贫困人口较多，他们日常大量食用廉价的加工食品，因此导致患肥胖、糖尿病等基础病的人口比例较高。有人将这种现象称为"食品沙漠"①。虽然人们以前就开始关注这个社会问题，但这次疫情给美国黑人群体造成的损失尤为集中。之后，美国又发生了黑人男性被白人警察开枪射杀的事件，导致人们反对种族歧视的情绪大爆发，在全世界范围展开了抗议活动。

与此同时，从食物供给的角度来看，有专家对目前的工业化养殖提出了警告。随着技术的进步，现在即便在相对狭小的空间里人们也可以饲养大量的家畜。同时，人们开始担心由于动物和人之间的距离变小，人类接触新型病毒的风险会随之增加。过去，出于保护动物的观点，人们呼吁减少肉类的食用，改为食用植物肉。但是，也有人呼吁今后人们应该把减少对动

---

① 食品沙漠指的是越是贫困人群越难获得新鲜和健康的食品，他们只能食用廉价的加工食品，因此更容易患上功能性疾病，健康状况更令人担忧。

物肉类的依赖当作防止感染的有效手段。报道称一部分消费者因为对屠宰场内也出现了新冠肺炎感染者表示担心，开始选择购买植物肉。尼尔森发布的美国购买统计数据显示，2020 年 3 月最后一周美国人购买的未加工植物肉比上年增长 256%，加工植物肉同比增长 50%。Impossible Foods 之前一直生产专供餐厅使用的人造肉，从 2020 年 5 月开始以零售或 D2C① 的方式销售人造肉。

▶ 我们应该如何重新审视现有的食物体系

新冠肺炎疫情让人们开始重新审视现有的食物体系。例如奇点大学（Singularity university）在意大利举办了新冠病毒虚拟峰会。未来食品协会（The Future Food Institute）创办人萨拉·罗维西（Sara Roversi）在峰会上的演讲对人们思考今后的食物体系有很大启发（图 3-1）。

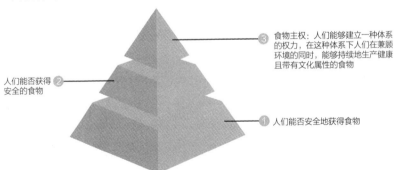

③ 食物主权：人们能够建立一种体系的权力，在这种体系下人们在兼顾环境的同时，能够持续地生产健康且带有文化属性的食物

② 人们能否获得安全的食物

① 人们能否安全地获得食物

图 3-1　关于食物体系应提供的功能和价值的金字塔结构

来源：萨拉·罗维西（Sara Roversi）

---

① 电商模式：生产厂商不经过批发商和零售商，直接向消费者销售产品。

她将食物体系归纳为一个三层金字塔结构，最下层是"人们能否安全地获得食物"；中间层是"人们能否获得安全的食物"；最上层是"食物主权"，指人们能够建立一种体系的权力，在这种体系下人们在兼顾环境的同时，能够持续地生产健康且带有文化属性的食物。她进一步指出，疫情导致金字塔结构的最下层受到了严重威胁，人们必须重新建立起从最下层通往最上层的体系。作为实现该目的的技术手段，她列举了兴建植物工厂等发展都市农业的例子。联合国粮食及农业组织（FAQ）调查显示，截至 2050 年，世界人口的 70% 将集中在城市（现在的数字是49%），城市中食物供应的脆弱性应该是亟待解决的一个问题。

这次的新冠肺炎疫情让人们重新审视的还有无塑化问题。美国的星巴克咖啡过去曾经禁止顾客将可以重复使用的咖啡杯带入店内。随着咖啡外卖数量的增加，为了降低感染风险，一次性包装的使用量也有所增加。如果将预防感染和保护环境两者进行比较的话，虽然眼下预防感染非常重要，但人们不能忘记塑料对海洋生态系统造成的破坏依然在继续。我们的目标不只是追求可持续发展，如何兼顾安全和可持续发展成为人们面对的一项重要课题。

第 2 节
疫情改变了食物价值和商业活动

设想一下下面的情形。你正在居家办公，时间到了中午，在接下来的视频会议之前你必须准备好资料。虽然已经感到饥肠辘辘，但是你根本抽不出时间做饭。你实在不想吃泡面，于是打开手机里的订餐软件，各种口味的菜品一应俱全。你很快就选好了想吃的饭菜，然后下单、完成支付，接下来只需要等待 25 分钟，可口的饭菜就会送到家。在等待的这段时间你又可以继续工作了。

我过去一直认为上述情形只会发生在那些被称为数字原生代的年轻人身上。疫情改变了我们的就餐方式。居家办公的人、忙于照顾孩子的家庭、之前一直认为自己根本无法用手机订餐的人都被卷入其中。人们的智能手机里不知什么时候多了许多订餐和购物的软件，同时人们开始比过去更加频繁地在亚马逊上购物。

餐饮业应该如何看待这些新变化呢？因为新冠肺炎疫情，来店就餐的顾客越来越少，餐厅不得不将目光转向店外，开展外卖业务。作为朝阳产业的外卖行业近年发展迅速，专营外卖的餐厅数量一直呈增长态势。

新冠肺炎疫情让外卖行业的重要性日益增强。餐厅在前台处理外卖订单，在后台使用共享厨房烹饪菜品，借助平台的力量维持经营。这种趋势加快了餐饮业的数字化进程。餐厅不仅在线下要吸引顾客来店就餐，在线上也要成为顾客争相选择的网红餐厅。

与此同时，餐厅将原本集中在一起的功能进行拆分处理①的倾向也越来越明显。过去，餐厅只有将食材、厨师、食谱、烹饪、场地、顾客等诸多功能集中到一起才能向顾客提供餐饮服务。平台的出现打破了原有的服务方式。外卖平台将各个餐厅的菜单进行拆分，例如人们可以选择在 A 餐厅点汤，在 B 餐厅点汉堡包，在 C 餐厅点甜品。实际上，我们在亚马逊上也是通

---

①　拆分处理：将功能分解成若干部分。随着共享服务的发展，企业已经不再需要具备所有的功能。例如餐厅不需要将所有功能集中在一个店铺内，相关内容将在本书第 7 章中进行详细介绍。

过这种方式进行购物的。此时，我们应该如何定义餐厅这个概念呢？同样的变化也出现在零售业里（关于餐饮业的内容读者可以参考本书第 7 章）。当食物和外卖平台相结合，接下来将会发生什么？这是一个人们正在争论的重要问题。

在食物包含的多种价值中，被人们普遍认可的有放松、健康、享受等（相关内容读者可以参考本书第 1 章）。人们期待通过深度挖掘食物价值解决社会问题。人们注意到食品科技在此过程中可以发挥重要作用，新冠肺炎疫情进一步促使人们重新审视现有的食物体系，同时重新定义食物的价值。那么接下来让我们看一看未来有可能出现哪些新的变化。

第 3 节
疫情后人们关注的 5 个领域

下面，笔者将就新冠肺炎疫情中变化最为激烈，同时也是人们最关心的几个热点问题进行说明。

医食同源

因为新冠肺炎疫情，人们比以往更加关注健康。很多场合都要测量体温，人们每天都关注自己和家人的身体是否出现异样。饮食对人们的身体健康有着重大影响。事实表明，功能性疾病会增加感染新冠病毒的风险，因此人们比过去更加关注如何预防肥胖和糖尿病。企业可以根据基因、肠道菌群、健康体检基本项目数据①为每个客户定制饮食方案、全营养餐也早已不

---

① 人体的生命信息，包括可以定期测量的血压、血糖、心跳、睡眠时间。有时也可以理解为运动量、体重以及身体指标等。

是什么新鲜事物。可以肯定地说，今后人们对健康、未病会更加关注。

在纽约工作的总厨医生罗伯特·格拉哈姆（Robert Graham）一直针对贫困人群的糖尿病患者进行烹饪和饮食方面的指导。在纽约贫困人口聚集的地区感染者激增，这给他的工作带来很多困难。格拉哈姆在网上指导人们尽可能多地使用植物性食材进行烹饪，同时向人们呼吁饮食的重要性。

不仅如此，格拉哈姆还准备了一些关于饮食和健康的网上课程，任何人都可以在线学习。纽约的 PSK 超市规定全体员工必须学习这些在线课程。在此次疫情中，超市成为人们的生命线。掌握和饮食、健康相关的知识能够大大提升超市员工的安全感。另一家美国超市克罗格（Kroger）开始向顾客提供一种名为处方餐的服务，即医生向人们推荐食材。虽然这项服务早在新冠肺炎疫情前就已经出现，但是当下人们迫切希望零售业为顾客提供这项服务。

烹饪也是娱乐

现在，在外用餐变得十分困难，于是人们在家做饭的机会多了起来。有报告显示，在欧美越来越多的人选择在家制作面包。和面、醒发、烤制的整个过程既可以缓解压力，也可以增进亲子交流。比起最终面包的味道如何，人们更在意的是享受制作面包的过程。

与此同时，烹调家电的销量一路攀升，值得关注的是像家用烤箱、慢炖锅等这类并不省时的产品受到了消费者的青睐。关于人们的烹饪习惯、用烹饪缓解压力的做法在疫情结束后能否延续下去的问题，分析人士仍然各执一词。疫情让人们感受到前所未有的压力，但缓解压力的方法实在有限，所以不难想象人们很容易把注意力转移到食物上。

另外，在美国也有一部分人完全没有烹饪经验，仅仅靠烹调家电不足以解决他们的做饭问题。于是，流媒体直播型在线烹饪课程应运而生。FanWide 是一家位于西雅图的初创企业，该公司原本向顾客提供派对房型的体育 OTT 服务①，粉丝可以通过此项服务一起观看体育赛事直播。眼下，所有职业体育赛事全都处于暂停状态，于是 FanWide 将节目内容改为直播餐厅厨师做菜的过程。人们可以一边做饭一边和他人保持互动，这也许会让外出受限的人们感到十分高兴。

替代蛋白的市场规模不断扩大

前面提到在美国零售市场植物肉正受到人们的青睐。2020年3月下旬，以肉、乳制品、蛋类、鱼类为原材料的植物性替代蛋白的销量比上年同期增加了 90%。一部分人因为担心在屠宰场发现了新冠感染者而放弃购买食用肉类，并且人们的健康意识比以前更高，这两个因素推动了植物肉销量的增加。

植物肉是否有益于健康？这个问题尚无定论，因此其未来的市场前景也尚不明朗。但重要的是人们产生了一种"想要尝试一下"的想法。只需看一下商店货架上摆放的植物肉，再听一听消费者对它的评价，读者就会同意笔者的上述观点。如果吃过一次后觉得味道还不错，那么接下来无论出于什么原因消费者都会选择继续购买。

美国调查公司 NPD 食品部门的分析师 Susan Schwallie 指出，对于植物蛋白初创企业来说，现在是最好的孵化时机。如果食品超市愿意将更多的植物肉摆放在货架上，并且如果能得到来自消费者更多的反馈，那么植物肉的品质还会得到进一步提高。

---

① 互联网公司越过运营商利用网络提供数据、声音、视频等服务。

由于不需要大量饲养家畜，人们期待能够进一步开发植物肉这种新产品。肉牛的饲养周期平均为 2—3 年，以现在的技术水平，培养植物肉只需要几周的时间，在效率方面，植物肉的优势不言而喻，因此受到人们广泛关注。不需要草场，可以在靠近消费市场的地区建厂生产，更容易根据市场需求调节生产，这些都是植物肉的优势。如果想到此次新冠肺炎疫情导致的长途运输不畅，就不难理解就近建厂是多么重要（关于植物肉的内容读者可以参考本书第 4 章）。

解决食物浪费

和美国一样，在日本，因为餐饮业的不景气，农户陷入了无法及时将农产品销往市场的困境。针对这种情况，有企业利用快速冷冻技术让食品更便于保存，并尝试将新鲜水果制成冷冻水果或奶昔的原料进行销售，这种尝试引起了人们的广泛关注。位于东京的破晓（Daybreak）利用自身的快速冷冻技术将农户卖不出去的草莓进行快速冷冻处理，然后作为冷冻甜品进行销售。这种区别于以往的销售草莓和食用草莓的方式也得到了来自农户的好评。

与此同时，CoCooking 搭建了一个名为 TABETE 的网上平台，餐厅可以在该平台上以外卖的方式销售临期食品。疫情之前就有很多餐厅为了更好地解决食物浪费问题加盟了该平台，据说疫情之后该平台的加盟店数量猛增。对于餐饮业来说，加盟该平台的好处不仅是解决食物浪费问题，还能发展新客户。并且在新冠肺炎疫情结束初现曙光之际，还可以吸引顾客来店就餐从而实现交叉销售。

CoCooking 的联合创始人川越一磨认为，对于餐饮业来说粉丝群非常重要。人天生就有想要为别人加油、帮助别人的想法。因为新冠肺炎疫情，人们在线下接触变得越来越不容易，在这种背景下，能够满足人们这种想法的服务不仅可以减少食物浪费，还有可能从心理上帮助到许多人。

支援奋斗在抗疫第一线的人们

新冠肺炎疫情下，医疗机构、超市、外卖行业的从业人员，救治病人，确保人们获得足够的食物，奋战在抗疫第一线。对于他们来说，在工作中做到三个零，即"零接触购物""零接触配送""零接触支付"是防止疫情扩大的重中之重。

食品机器人在这方面发挥了巨大威力。Alberts 是比利时一家研发个性化奶昔机器人的公司。为了让医护人员安全且方便地摄取到维生素等营养物质，该公司与索迪斯（Sodexo）联手在安维尔斯的医疗机构里设置了奶昔机器人（关于食品机器人的详细介绍读者可以参考本书第 7 章）。被称为"自动售货机3.0"的这款奶昔机器人在极端封闭的环境下发挥了巨大威力，人们意识到这一点可谓意义重大。

这次食品机器人在医疗机构里发挥了重要作用，也许下次它施展才能的舞台就换成了发生自然灾害时的临时避难所、船舱中。食品机器人可以为战斗在抗灾第一线的人们提供充足的食物，保证他们的身体健康。技术只有做到了这一点，之前提到的位于食物体系三层金字塔结构的最上层的"食物主权"才能真正得以实现。

▶ 疫情下的食品科技究竟是什么？

居家抗疫后，人们的日常生活与以往大不相同。出于居家办公、社交距离、封锁边境、失业率上升等原因，经济衰退不可避免。曾几何时，人们可以快乐且安全地享受美食、餐饮行业最看重的是店面位置和翻台率，观光地主要依靠外国游客增加旅游收入，但是疫情改变了一切。

现在，世界各地都在积极推进新冠肺炎疫苗的研制。成功研制出一款新的疫苗通常需要花费数年时间，世界各国正在努力将这个时间缩短到几个月。笔者认为，在食品领域我们同样应该努力推进创新。人类无法仅仅依靠疫苗生存。无论有多少财富，如果没有丰富的食物，无论是在身心健康的层面，还是在社会进步的层面，都无法让人们获得幸福感。

为了让全世界70多亿人口每天的饮食生活变得更加丰富，我们需要扩大食物的价值，并且让全社会都对此达成共识。同时还要在世界各地展开具体行动，培养风险企业。全世界的食品科技团体应该展开合作，为实现"食物主权"共同奋斗。这些才是疫情下我们最应该做的事情。

疫情后人们会重新审视"三间"①吗？
时代将回归原点，未来也许会出现"食品行业的优衣库"

预防医学专家、医学博士　石川善树

　　1981 年生于广岛，东京大学医学部健康科学专业毕业，哈佛大学公共卫生研究生院毕业，获得自治医科大学医学博士学位。公益财团法人 Wellbeing for Planet Earth 的负责人，关于"幸福是什么"这一课题与企业和大学合作，进行跨学科研究。主要著作有《Full Life 将现在的工作、10 年后的目标和 100 年的人生结合在一起的时间战略》（NewsPicks publishing）、《持续思考的能力》（筑摩新书）等。

　　"幸福是什么"是一个特别宏大的问题。作为一名预防医学专家，石川试图通过将幸福这个抽象的概念进行量化来回答这个问题。在新冠肺炎疫情持续的当下，在饮食方面，理想的幸福生活会有哪些变化？未来我们将如何进一步推动食品行业的创新发展？针对以上问题，我们对他进行了采访。

　　　　　　　　　　　　　　　采访者　SIGMAXYZ 冈田亚希子

---

　　①　在日语里，时间、空间、交友这 3 个词中都包含"间"字。

——新冠肺炎疫情给食品领域也带来了不小的影响，您认为在疫情中，人们的想法与以前不同了吗？

石川善树（以下简称石川）：从大的方面来说，人们的生活节奏发生了很大变化。如果把人类历史分成三个阶段的话，在第一阶段，人类需要调整自己的生活节奏来适应自然。有一个词叫作"72物候"，过去人们把一年分成72物候，一直按照大自然的节奏生活至今。那时，人们直接面对严酷的自然，觉得"掌控自己的人生"这种想法简直就是天方夜谭。

到第二阶段，人们需要适应的不再是大自然，变成了机器。机器虽然可以一年365天不停地运转，但是人们能够控制机器，因此出现了一周工作5天休息2天的生活节奏。想要建立一个机器大工业的社会，前提是要将人口和机器集中到城市，于是出现了城市单极化。

接下来，社会和经济准备朝着以城市单极化为特征的智慧城市的方向发展，就在此时暴发了新冠肺炎疫情，于是城市单极化不再是人们追求的目标，取而代之的是发展分散型社会，我们又进入了一个新阶段。

疫情给人们的生产生活带来毁灭性打击，世界发生了各种各样的变化，例如：数字技术瞬间成为人们生活中的主角。在目前的第三阶段，没有什么事情是确定的，一切都在变化。我们需要适应的不再是大自然，也不再是机器，而是"不确定性"。我们应该怎么办？

讲讲大家熟悉的身边事。人们长期被限制外出，工作和聚会等几乎所有的事情都被迫改在线上进行。也许大家都意识到了这样一个事实，原来以为在线上无法完成的事其实都可以做到。这是一个过去很多人虽然想过但从未经历过的崭新世界。

现在，人们开始重新思考应该怎样利用时间。以前，人们工作和生活中很多事情的时间都是设定好的，例如人们知道几点上班、几点约见客户，到了时间就会自然地把自己调整到相应状态。与第一阶段的适应自然和第二阶段的适应机器不同，现在人们必须自己安排从早到晚的时间，这对人们能否有规律地生活是个不小的考验。

随着人们在家时间增多，家庭中和时间、空间、交友相关的种种问题都暴露出来。共处的时间变多，夫妻间、亲子间的关系也出现了变化。虽然在线上，人们也可以和朋友、同事聊天，但总感觉没有在线下聊天那样痛快。总之，一切都和以前不同了。疫情中，人们需要重新审视时间、空间、交友这个所谓的"三间"问题。

在饮食方面，也许人们不再像以前那样一个人在家做饭。无论是在线上还是线下，大家聚到一起共同烹饪的方式也许会更加流行。并且，之前的食品科技，以烹调家电为例，主要在提高效率方面取得了显著进步，即尽量缩短烹饪时间，增加人们做其他事情的时间。但是今后人们关注的不再是如何"节省时间"，而是如何让烹饪的时间变得更充实。我觉得食品科技需要做的不仅是让饭菜变得更可口，还应该让人觉得烹饪是一件快乐的事。

未来流行的可能是"优衣库式的食物"，其目的何在？
——在人们重新审视时间、空间、交友的过程中，未来的食品领域会出现新的变化吗？

石川：以下只是我个人的想象。也许未来人们会重新看待冷冻食品。冷冻食品原本不含有食品添加剂，是一种健康食品，并且因为便于保存，所以在供应链不稳定的情况下，其优势更明显。但我们并不提倡将冷冻食品加热后直接食用的做法。多项数据显示，随着在家时间的增加，人们变得更愿意烹饪。

关于这一点，有一个比较经典的例子。曾经有一家美国企业开发了一款无须放入鸡蛋和牛奶，只需要倒入水就可以进行烤制的松饼预拌粉。企业认为这种方便食品一定会受到人们的喜爱，可产品上市后却无人问津。于是，该企业转换思路，对原来的产品稍加改动，增加了一个加入鸡蛋的步骤，结果大受欢迎。从这个例子中我们可以看到，人们认为做松饼时不放鸡蛋是偷工减料，最开始开发的产品虽然做法简单，却让人们产生了一种罪恶感。因此，比起烹饪时几乎什么都不做，人们更喜欢的是能够参与其中，但又不要过于费事。

现在人们为了打发时间或者调节心情也许会专门选择购买冷冻半成品净菜那样烹饪起来稍稍费些工夫的食品。因此，企业在设计商品时应该更多地关注如何让烹饪本身变得更加有趣。

另一方面，现在人们可以选择外卖的种类越来越多，例如食品、饮料，还有餐厅的饭菜等。于是，人们外出就餐的理由变得越来越少。餐厅的目的是让客人来店就餐，以此为目的的经营模式已经不再适合当下。未来人们也许要将店铺设计成以外卖为主的云厨房。到那时，各种各样的食品科技将发挥重要作用。以冷冻技术为例，如何在不破坏外观的前提下将做好的菜肴直接冷冻，未来的冷冻技术可能会朝着这个方向发展。

——目前，食品科技的现状是越来越多的初创企业不断进入这个领域，但大企业在这个领域却很难进行创新，有所建树。关于这个问题您有什么看法？

石川：创新其实没有人们想象的那么困难。所有企业都有原点。每个企业的理念都来自其自身的原点。关键是首先要找到企业的原点，把原点和未来将要实现的目标联系在一起就形成了企业愿景。知道了原点，企业就能够创新。道理其实很简单。

找到企业的原点之后，接下来要做的是打造企业理念。为了便于读者理解这个问题，可以看下面的图形。该图形主要由横轴和纵轴构成。横轴表示经营，以企业愿景为出发点，接下来从左到右依次是企业理念、战略、决策、运营。纵轴表示市场，纵轴上有消费者洞察和企业偏差。企业理念正好位于经营轴和市场轴的交叉点。好的企业理念一定是让人意想不到的，并且能影响到投资者·分析师、企业员工和社会这三个利益相关者。

打造企业理念时，打破企业偏差格外重要。如果完全相信研发部门的技术人员口中所谓的"常识"，那么企业就无法进行创新。因为他们往往只关注技术，把应用技术当成最终目标。只要能够打破企业偏差，根据消费者洞察和企业愿景打造企业理念，那么企业的创新活动就会变得非常容易。

——最后的问题是您在量化幸福方面进行的尝试在食品行业产生巨大影响。今后您将以什么方式实现两者的结合呢？

石川：对于食品行业来说，量化幸福这个尝试本身并不重要，重要的是通过量化幸福我们知道了影响幸福最重要的因素有哪些。例如在20世纪初，人们通过测量寿命知道了如果想要延长寿命，运动很重要。因为形成了这种认识，所以才有了今天健身行业的大发展。格力高（Glico）开发的零食"Glico"营养丰富，这个概念的形成也是因为对食用者的寿命进行了测试。像这两个例子一样，我期待通过量化幸福也能形成一些新的认识。这是一个巨大的工程，我希望在 2030 年之前能够初步完成。

关于预测今后食物种类会发生哪些变化，如果我们回顾一下时装行业的发展历程也许会得到一些启示。18 世纪后期，英国的产业革命是从毛纺织业等时装领域开始的。以 1851 年举办的第一届伦敦世博会为契机，原本以定制为主的时装概念被标准化取代。

从 20 世纪 90 年代开始，在时装领域出现了"多样性"的概念。因为这个概念的前提是"与众不同"，所以反倒限制了人们表达个性。于是，令人意想不到的是在倡导多样性的时代，标准化反而变得更有价值。最具代表性的时装品牌是优衣库。优衣库的企业理念是 LifeWear，简单地说就是"以丰富人们生活为目的的普通服装"。对于一直以来强调个性的时装行业来说，优衣库的企业理念是具有革命性的。

类似的情况同样可能出现在食品领域里。以啤酒为例，近几年，市场上出现了不少口味独特的精酿啤酒品牌。虽然我们尚不清楚这种现象产生的原因，但是笔者认为也许不久之后标准化概念将重新回归到啤酒行业。未来食品行业中流行的企业理念也许不再是彰显个性的食物，而是"普通食物"，正如时装行业里的优衣库一样。

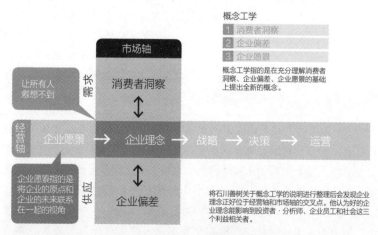

图 3-2　市场轴与经营轴的交叉分析

但是，需要补充一点，打造企业理念必须有现代科技做后盾。再回到上面优衣库的例子，虽然优衣库的企业理念是普通服装，但是生产这些服装所使用的发热技术、名为 Airism 的高级纤维等，都是优衣库和东丽共同开发的高科技产品。虽然没有特别强调时装技术，但优衣库实际上是一个科技品牌。从优衣库的例子中我们可以学到的是，食品科技这种说法本身并不重要，重要的是利用科技打造新的食品理念和生活理念。我们在前面提到过在打造企业理念时打破企业偏差非常重要。如果只盯住技术不放，那么我们的想法往往会受到它的限制。也许我们应该暂时忘记食品科技，只有这样才能让想象力变得更加丰富。

胜俣哲生　整理
刊载于 2020 年 4 月 27 日的 Nikkei Cross Trend

第 4 章

"替代蛋白"带来的冲击

第 1 节
替代蛋白市场迅猛发展的原因

全球替代食品奖（The GAFAs）公布的行业景观图最能说明替代蛋白市场的崛起。2018 年 1 月 1.0 版景观图中有 15 家企业，到 2019 年 1 月的 2.5 版时增加到约 100 家（2020 年 6 月的最新版本 2.9 版中约有 200 家企业上市）。所有人都清楚这个领域发展潜力无限。

美国的 Impossible Foods 可以称得上替代蛋白领域的龙头企业之一。该公司在 2019 年 1 月举办的 CES 2019 上推出了由植物蛋白制作的汉堡 Impossible Burger 2.0。在媒体的宣传下 Impossible Burger 2.0 在 CES 会场吸引了众多极客，并成为互联网上的热门话题（人们纷纷称其是不可多见的食品）。据估算，其宣传效益价值 400 万美元（约合 4.34 亿日元），以至 CES 在官网上称其为 CES 史上一大成功案例。

Impossible Foods 的素食肉饼在 2016 年登上纽约市餐厅"西百福"的菜单。此后截至 2020 年，美国、新加坡，以及中国的香港和澳门地区的 15000 多家餐厅都在使用 Impossible Foods 的植物肉饼。Pitchbook 的数据显示，截至 2020 年 3 月，Impossible Foods 共融资 10.28 亿美元。

同样以制作和销售植物蛋白肉饼而出名的还有美国的 Beyond Meat。该公司于 2019 年 5 月 2 日在美国上市，股价从上市时的 25 美元一度飙升至 235 美元，几乎翻了十倍，成为 2019 年来最成功的 IPO（首次公开募股）。麦当劳在美国推出了素肉汉堡（PLT 汉堡），该汉堡使用的正是 Beyond Meat 生产的植物

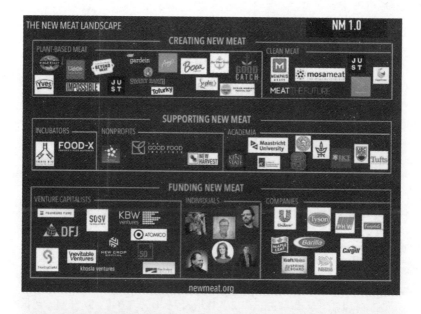

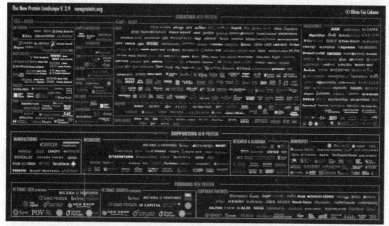

图 4-1　替代蛋白行业全景图

上图中显示的是截至 2018 年 1 月的信息 下图中显示的是截至 2020 年 6 月的
信息

来源：Olivia Fox Cabane，The GAFAs.com http//newprotein.org

性肉饼。同样，肯德基公司也推出了植物肉炸鸡。2020 年 4 月，中国的星巴克咖啡开始销售 Beyond Meat 的植物性肉类替代品。这两家替代蛋白企业目前的发展势头依然迅猛。

▶ 各大食品生产厂商纷纷全面进军植物蛋白领域

关注植物蛋白市场的并非只有初创企业。美国最大的肉类加工企业——泰森食品（Tyson Foods）通过其企业风险投资部门——泰森风险投资（Tyson Ventures）对 Beyond Meat 进行了投资。Beyond Meat 和泰森食品两家企业虽然是竞争对手，但泰森食品预见到了植物性肉类代替品的市场潜力，因此希望通过投资初创企业刺激加快本企业的产品研发。有世界上最大的肉类加工厂之称的巴西 JBS，也在 2020 年 4 月全力进军植物性替代肉市场。

在欧洲，雀巢推出了植物肉汉堡——Incredible Burger①，并于 2019 年 9 月在美国开始销售。这款汉堡有高于牛肉的蛋白质含量，是由雀巢的美国子公司在 2017 年收购的美国企业 Sweet Earth 研发的产品。据说因为使用了在生长过程中具有改良土壤效果的黄豌豆，所以在保证产品可持续性的同时还让这款汉堡的蛋白质含量高于传统牛肉汉堡。此外，总部位于荷兰和英国的联合利华公司收购了 2007 年成立的植物性肉类替代品初创企业——The vegetarian Butcher，并从 2019 年 12 月开始为欧洲汉堡王提供植物肉巨无霸汉堡。

超级富翁们也积极对植物肉领域进行投资。微软创始人比尔·盖茨和英国企业家兼维珍集团创始人理查德·布兰森都投资了 Impossible Foods 和 Beyond Meat。投资 Impossible Foods 的还有

---

① Impossible Foods 声称 "Incredible Burger" 与自己的产品相似，两家企业现在正因商标权而对簿公堂。

其他名人，如体育界的网球运动员塞雷娜·威廉姆斯和音乐界的
Jay-Z、凯蒂·佩里。谷歌联合创始人谢尔·盖布林投资了荷兰
培养肉初创企业 Mosa Meat。投资 Beyond Meat 的推特联合创始人
比兹·斯通（Biz Stone）说："食物是一个真实的社交网络。我决
定投资的原因是 Beyond Meat 的目标愿景让我感到十分震撼，那
就是向全世界的人们提供植物蛋白、拯救地球环境。"

▶ 替代蛋白热潮背后的问题

那么，为什么替代蛋白市场会呈现风口式增长？原因其实
很简单，那就是"为了填饱全世界 100 亿人的肚子"。

据联合国预测，在即将到来的 2050 年，世界人口将从 2019
年的 77 亿激增至 97 亿。随着世界人口"爆炸式增长"，人们产
生了一种强烈的危机感——未来，我们将无法拥有像现在一样
的食品，特别是蛋白质的生产体系将无法应对人口激增。当
然，也有一些研究人员预测未来世界人口将会减少。但是，如
果贫困人口的比例减少，而中产阶级增加，肉类消费量也将随
之增加。这就意味着只要经济持续增长，即使人口减少，肉类
的消费量也会不断增加。因为在欧美和中国，主要的蛋白质来
源都是肉类。而支撑目前肉类供应的畜牧业存在很多问题。随
着未来人口增长（有肉类消费需求的中产阶级人数增加），提供
与人口增长相匹配的蛋白质被认为是难以实现，甚至存在风险
的。这究竟是怎么一回事呢？

当人们听到"畜牧业"这个词，脑海中都会浮现出牛在广
阔的牧场上悠闲地吃草的画面。但事实并非如此。放眼全球，
在农业用地面积无法再增加的情况下，鸡和猪等动物的饲养只
能局限在有限的空间内。在美国，有人指出为了尽快让养殖禽

畜出栏，人们使用抗生素、维生素来促使养殖禽畜以在自然界不可能实现的速度生长、繁殖。尽管牛原本是食草动物，但喂养牛的最常见饲料却是谷物——玉米。这是因为玉米便宜且可以广泛种植。但是有人指出它会给牛的身体带来负担。

1957 年，鸡在孵化后第 57 天的重量为 905 克，但到了 2005年，同样在孵化了 57 天后它们却能长到 4202 克。细胞农业研究机构 New Harvest 的首席执行官伊莎·达塔尔说："养殖鸡在它生长的第五周必须屠宰，因为五周后它会大到无法用双脚支撑自己的身体。"这意味着，我们已经把养殖禽畜的改良培育做到生物学的极限了。

这种不尽合理的禽畜养殖方法存在着暴发传染病的风险。之前也暴发过猪瘟和禽流感等传染病。尽管尚未明确新冠肺炎病毒是否与畜牧业有关，但专家指出，这种不合理的禽畜养殖存在风险。据预测，即使我们冒着风险实现畜牧业的工业化养殖，未来我们还是无法为不断增长的人口提供足够的肉类食品。这种饲养方式也因违背保护生命、感恩自然馈赠的伦理而饱受批评。

此外，无论将生长速度改良到多快，只要是动物就需要饲料、水、空调等大量的能源，这对环境的负荷远高于植物。地球上人类每天要消耗 200 亿升水和 10 亿吨食物。而 15 亿头养殖牛每天要消耗 1700 亿升水和 600 亿吨的材料。生产如此庞大数量的食物和水都需要广袤的土地。

维系一个完全素食主义者一生所需要的饮食需要 4000 平方米的农用地。蛋奶素食主义者所需要的农用地将是前者的三倍。而就美国非素食主义者而言，维系一生饮食所需要的农用地是完全素食主义者所需面积的 18 倍之多。[1]并且，每次吃肉

———

① 网飞（Netflix）的原创纪录片《食品行业背后的腐烂》（*ROT-TEN*）。

还都需要屠宰这些生灵。《人类简史》（*Sapiens：A Brief History of Humankind*）的作者尤瓦尔·赫拉利就这一状况向人们敲响了警钟。他曾在写给保罗·夏皮罗（Paul Shapiro）所著的《清洁肉类》（*Clean Meat*）一书的序章中指出：

> "现今，有10亿头猪、15亿头牛和5000亿只鸡作为饲养禽畜生活在地球上。再看看地球上生活着的4万头狮子、50万头大象，我们就会发现世界上大多数脊椎动物都已经被驯化为家养禽畜了。迄今为止的技术革新并没有把动物看成生命体，而是看成了生产肉、蛋、奶的机器。"

事实上，许多致力于生产替代蛋白的初创企业都将"不依赖动物的蛋白质供应"作为他们的使命。Impossible Foods 是一家将这一使命放在首位的企业。该公司在其网站上设计了一个计算工具，上面显示每吃一个 Impossible 汉堡能减少的温室气体排放量，并且还在主页上发布了一份名为《影响报告》的环境报告。根据这份报告，2019年上市的 Impossible Burger 2.0 与一般肉类汉堡相比，耗水量减少了87%，土地面积的消耗减少了96%，温室气体排放量减少了89%。

这些严峻的环境问题通过媒体、名人和环保活动家的努力，对年轻人（20世纪90年代后半期~2000年生人），特别是被称为"Z世代"的年轻人产生了重大影响。好莱坞明星莱昂纳多·迪卡普里奥也制作了一部名为《牛奶阴谋》的纪录片。这部纪录片中讲述了尽管畜牧业已经成为影响气候变化的主要原因，却没有一个环保组织站出来反对畜牧业的矛盾现状，揭露了畜牧业的真实情况。能够制作出这种乍一看可能引起业界团体反对的节目，其实很大程度上得益于网飞等点播媒体的存在。观影后产生共鸣的人会推荐给他们的朋友，节目很快就会在拥有相似价值观的人群中迅速传播开来。在此之前，也有杰米·奥利弗（Jamie Oliver）和爱丽丝·沃特斯（Alice Waters）等名厨在黄金时段通过电视节目向观众宣传可持续发展意识。

此外，在黑人群体中具有影响力的歌手碧昂斯和 Jay-Z 也经常在社交媒体上分享他们的素食生活方式，美国皮尤研究中心（Pew Research Center）在 2016 年进行的一项调查[①]中得出了有趣的数据。数据显示，2016 年只有 3% 的美国白人和 1% 的西班牙裔美国人有纯素食主义的饮食习惯，非裔美国人中有素食主义饮食习惯的人则高达 8%。此外，2020 年盖洛普（Gallup）进行的一项调查显示，白人的肉类消费量在过去一年下降了 10%，而其他人种的肉类消费量下降了 31%。据《华盛顿邮报》报道，越来越多的非裔美国人，特别是那些看着他们父辈由于经济贫困导致依赖廉价加工食品而患上糖尿病和其他功能性疾病的人变得更加关注健康问题。

然而，即使我们能理解动物保护和环境问题，突然从以肉食和动物蛋白为中心的饮食变成纯素食或蛋奶素食也是有难度的。这时，Impossible Foods 和 Beyond Meat 出现在了人们的视野当中。虽然之前也有过素食汉堡，但它是专门面向素食者的，爱吃肉的人对它完全不感冒。终于，植物替代肉以星火燎原之势，迈进了与真肉相媲美甚至青出于蓝的时代。

▶ 替代肉的五大进阶分类

那么，之前的肉类替代品和现在备受关注的肉类替代品之间的区别究竟在哪里呢？笔者认为，肉类替代品可以分为五个

---

① The New Food Fights: U.S. Pubic Divides Over Food Science.

级别。这里说的"级别"仅仅是按照与真肉的近似度来划分的，并不代表食物本身的优劣。并且，"级别"这一说法也同样适用于海鲜、乳制品和蛋类。乳制品和鸡蛋还具有类似调味的作用，因此判定它们的级别还需要考虑与其他食材的适宜性。

[1级替代肉类："肉类代用品"]

特点：用其他食品替代肉类，例如豆腐汉堡。味觉上明显不是肉的口感。对于这一级别的替代肉，人们重视其食材本身的食用体验和价值。

[2级替代肉类："类肉"]

特点：人们重现肉的质地，并且关注食材的营养成分和健康元素，例如豆腐干、面筋（主要由小麦中的麸质成分制成的食物）等。虽然和肉很类似，但没有肉的香味，需要放在热水中泡发后再烹饪，与真肉的烹饪程序不同。

[3级替代肉类："在食用体验上接近真正的肉"]

特点：努力向真肉的质地和味道靠近，比如素食汉堡等产品。但它其实并没有肉的味道，是面向纯素食主义者的，无法满足肉食爱好者的需求。

[4级替代肉类：从烹饪到食用与真的肉相同]

特点：以 Impossible Foods 和 Beyond Meat 为代表的植物替代肉，以"鲜肉"的状态进行销售，加热后变成褐色，香气随着"肉汁"蔓延，甚至烹饪过程都与肉类相同。味道和质地与真肉没有太大区别，非常适合肉食爱好者。在烹饪过程和饮食习惯方面都不需要改变。同时它环保的特点也为人们带来道德上的成就感。虽然它具有一些优于肉类的功能，如低热量和零胆固醇，但由于含盐量高，因此并不属于健康食品。

[5级替代肉类："超越真肉"]

特点：走在最前沿的业界人士所追求的目标。烹饪过程和食用体验都和真肉一样，比肉更有营养并且易保存，同时还非常健康。

正如我们在前面看到的一样，现阶段的产品属于4级替代肉类。但我们必须明白的是从1级到3级有一个演变过程，而到4级则是一个大的进步。打个比方，从唱片时代到磁带、CD和MD的小型化阶段是向3级的进化。相比之下，4级是便携式数字音乐播放器iPod的问世。携带iPod既酷又时尚，省去了携带多张CD和MD的麻烦。在此基础上又增加了通话功能和各种手机应用程序的iPhone，则相当于5级。iPod是音乐爱好者的工具，但iPhone对任何用户来说都像是一个基础设备。

如此一来，一种食材就有可能转变为不同的食材，食用方式也将发生变化。换句话说，目前世界上处于替代肉类市场第4级的初创企业和大企业所追求的并不是2018年时估价22亿美元（约2400亿日元①）的替代蛋白市场，而是一个更大的市场。至少全球肉类市场的1.7万亿美元是其中的一个目标，另外还有其他相关市场包括全球乳制品市场的7189亿美元（约78.144万亿日元）和全球鸡蛋市场的1624亿美元（约17.653万亿日元）。毫无疑问，我们正在挑战这个总规模约2.2万亿美元（约278万亿日元）的市场，如果我们达到第5级超越真肉的价值，市场规模将会变得更大。

事实上，从需求的角度来看，替代肉的市场规模完全可以变得更大。这是因为世界上有些宗教对食用肉类有特殊的限制。为了被教徒接受，它必须被认证为"可摄入成分"。例如，Impossible Foods植物肉是符合犹太教的食品，并且得到了"Ko-

---

① Mckinsey & Company "Alernative proteins: The race for market share is on"，2019年8月。

sher"（犹太洁食认证）。之所以能获得认证，是因为它完全是植物性的。对于那些出于宗教原因不能吃肉的人来说，肉类替代品有可能成为一种新的食物来源。

第 2 节
替代蛋白领军企业成功的原因

接下来让我们看一下替代蛋白领域领军企业取得成功的主要原因。我们在前面提到过全球替代蛋白市场规模约为 22 亿美元（2400 亿日元），这指的是为了实现用非畜牧业手段获取蛋白质而开发的食品市场。除了肉类之外，这些企业还开发了鱼肉、不使用牛奶的酸奶和不使用鸡蛋的蛋黄酱等各种食品。

从原料和制造方法来看，典型的类别有"植物蛋白"、"真菌蛋白（丝状真菌）"、"昆虫食品"、"培养肉"和"微生物和发酵"五类。还有一些目前正处于研发阶段的新技术，例如美国初创企业研发的"空气蛋白"，它利用微生物将二氧化碳转换为蛋白质从而生产肉类替代品。接下来我们将对五种典型的类别进行说明。

植物蛋白

植物性肉类替代品，顾名思义是由蔬菜、水果、豆类、坚果和种子等植物性原料制成的。消费者对原材料很熟悉，因此不会有心理障碍。最常用来作为原材料的有大豆、小麦、豌豆等。Impossible Foods 和 Beyond Meat 是肉类替代初创企业的代表，它们都使用植物蛋白。

近些年，人们为了让食用体验无限地接近真正的肉类、乳制品、鸡蛋，还在继续发掘可以用作原材料的新植物。比如有些初创企业就采用原产于非洲的阿奇果、东南亚常见的菠萝蜜等。另外，还有一家以色列的初创企业——Redefine Meat，正在研发使用 3D 打印机来生产植物性替代肉的技术。

真菌蛋白

培养从土壤中获取的丝状真菌，然后对其进行加工就形成了真菌蛋白。已经在欧洲销售了 30 多年的 QUORN（阔恩素肉）是这种产品的一个典型例子。许多人把它当成"素食者可以吃的肉"混合在沙拉中食用。

昆虫食品

昆虫作为替代蛋白的优势在于其较高的生产效率："它们产卵多，生长所需的水和饲料量少，生长周期短。"昆虫食品的商业化在欧洲尤其活跃，可食用蟋蟀作为原材料入药。Eat Grub 推出的蛋白质能量棒——entomo 中就混合了可食用蟋蟀的粉末。然而，很多地区没有食用昆虫的饮食文化，所以对于消费者来说需要跨越很大的心理障碍。昆虫食品还被用于畜牧的饲料。

培养肉

培养肉是通过培养牛、猪、鸡等动物的细胞来制造肉类的方法。除肉类之外，在鱼和虾的养殖中其应用也越来越广。这种方式可以减轻环境负荷以及降低人类在道德层面的心理负担。此外，肉类生产的效率极高，通常饲养家畜需要数月乃至数年的时间，而利用这项技术可以在短短几周内就生成肉块。目前，用于培养细胞、血清成分和生长因子的成本过高，因此还无法实现批量生产。此外，这项技术还应考虑到在生产过程中能源效率和二氧化碳的排放等环境问题。

微生物·发酵

这是一种使用微生物来加快发酵、合成蛋白质的方法，是继植物替代肉和培养肉之后被称为"第三次浪潮"的技术。一个典型的例子是美国初创企业 Perfect Day 推出的冰激凌。在一种名为 Buttercup 的酵母菌株中加入用生物合成技术 3D 打印出来的牛的 DNA 序列，产生一种新的酵母，这种酵母可以让糖分发酵形成乳蛋白。它具有与乳制品蛋白质相同的营养成分和风味。

这种生产方法不需要像生产牛奶时耗费大量的水和能源，具有环保的优点。Impossible Foods 为了使产品的口味和形态与真肉更加相似，还利用微生物技术从大豆植物根部提取豆血红蛋白分子。补充说明一下，血红素是和血红蛋白中的铁蛋白非常相似的一种成分，会从 Impossible Burger 的肉饼中滴落下来，扮演"肉汁"的角色。

▶ 植物蛋白领域排名前三的企业

在替代蛋白中，已经作为商品上市的有植物蛋白、真菌蛋白和昆虫食品。其中，开发植物蛋白到达替代肉第 4 级的初创企业正在引领市场。

Impossible Foods 追求与肉类相同的饮食体验，提供餐厅品质的汉堡。这家初创企业的核心是"追求科学"。创始人帕特里克·布朗（Patrick Brown）是一名生物化学家，也是斯坦福大学的医学教授。他的目标是创造一个没有牲畜的世界。Impossible Foods 从营养、气味、外观和烹饪体验、口感这四个角度不断追求与肉类相似，甚至超越肉类。

该公司还有一项有趣的业务，他们试图从脑科学的角度解释人类是通过什么来认知肉这种食物的。人类通过像是肉类加热时从鲜红色变为棕色的这种视觉效果，或是通过不同味道混合的嗅觉信息来判定眼前看到的东西是肉。呈现这种视觉和嗅觉效果的关键成分是一种叫作"血红素"的化合物。这是使 Impossible Foods 的植物替代肉无限接近"肉"的核心技术。为了批量生产需要使用到转基因酵母，这让它很难在有转基因食品限制的国家上市。但这并不影响他们成功地做出了与真肉十分相似的汉堡。

Impossible Foods 的销售战略也很巧妙。他们最初将销售渠道定位在高档餐厅。这有两点好处。第一点是在餐厅用餐时，顾客都不会仔细查看成分表。只会在菜单上看到植物性食品的标注。因此，就算没有清洁标签"CleanLabel"①顾客也不会太在意。人们一旦品尝了它，就会被它的味道打动，因此很容易就会口口相传。

另一点是作为餐厅品质的奢华感。在美国西雅图的一家快餐店，一个普通的汉堡要 8 美元，但换成 Impossible 的汉堡则要额外支付 5 美元。并且餐厅的名厨也起到了很好的宣传效果。

Impossible Foods 在 2020 年 1 月的 CES 会议上，推出了 Impossible Pork，这是一种完全植物性的"猪肉"。目前该公司已经将业务扩展到新加坡，以及中国香港，未来有可能进一步加速向亚洲市场的扩张。（具体内容可以参考本章后面的人物专访）

Beyond Meat 被称为 Impossible Foods 的竞争对手。该公司的创始人伊森·布朗（Ethan Brown）以前从事再生能源行业，后来转行进入食品行业。Beyond Meat 强调他们不使用转基因食品、大豆以及麸质。该公司把豌豆和大米作为蛋白质来源，并使用椰子油、马铃薯淀粉等使产品的口感更接近真肉。

如果只看到这里，读者可能觉得它和 3 级替代肉类没有差

①　清洁标签"CleanLabel"是在欧美食品行业中的新风潮。它是指食品的标签清晰易于理解，成分简单天然等。

别。然而，Beyond Meat 为了将该产品作为鲜肉进行销售，专门把产品放在超市生鲜区真肉的旁边，以吸引前来购买肉类的消费者。并且，该产品的颜色会随着加热从红色变为褐色，在视觉上和真肉也十分接近。其原因是使用了甜菜根的色素。这意味着无论你是 BBQ 派对上的素食者还是肉食者，都能以同样的方式享受烤"肉"的乐趣。

从早期阶段开始，该公司就通过美国有机食品超市——全食超市（Whole Foods Markets）等零售渠道销售肉饼、香肠等产品，还向美国的肯德基炸鸡店和麦当劳等快餐连锁店提供各种产品。在快餐店里这些产品与普通肉类的处理方法相同，这使得该产品更容易被快餐店接受。

Beyond Meat 拥有生产合作伙伴，同时也在积极向海外扩张。与 Impossible Foods 不同的是，他们不使用转基因食材，更规范化，因此更容易形成规模、实现量产。并且他们与欧洲肉类巨头 Zandbergen World's Finest Meat 合作，扩大了在欧洲的生产基地。宜家（IKEA）也在商讨引进他们的产品。他们还与法国原材料供应商 Roquette 签订了长期合同以确保豌豆的供给。该公司凭借其量产实力积极开拓市场。

另一家公司 JUST，成立初期的名称是 Hampton Creek。因为该企业推出的完全植物性蛋黄酱 JUST Mayo 引起巨大轰动，由此将公司名称改为现在的 JUST。目前该公司的主打产品有 2018 年推出的用绿豆提取蛋白制成的"蛋液"，以及 2020 年推出的植物性"煎蛋"。该公司也在致力于从细胞培育出鸡块、和牛等培养肉的开发。

该公司分析了从豆类和玉米等数十万种植物中提取的植物蛋白的分子特性和功能（水溶性、黏度等）。他们的优势是拥有一个自动化系统——"发现过程"，他们将分析得到的数据储存到数据库中,并能从中搜索到主要成分。因此,动物成分可以自由地被植物来源的关键成分所取代:容易乳化的植物蛋白可以用来制作"蛋黄酱",而与鸡蛋相似的蛋白质可以用来制作"鸡蛋"。

该公司主打产品 JUST Egg 比普通鸡蛋对环境的负影响要低得多,饱和脂肪酸减少 66%,胆固醇减少 100%,相反比鸡蛋含有更多的蛋白质。当在煎锅中烘烤液态 JUST Egg 时,从绿豆中提取的蛋白质会发生凝固反应,从而做出松软酥脆、口感上乘的美式炒蛋。据说如果事先不知道它不是真正的鸡蛋,你甚至根本看不出它和真蛋的区别。此外,该公司还于 2020 年推出了植物性"玉子烧",只需从袋子中取出加热即可食用。也可以放在松饼上用面包机烘烤,食用方式多种多样。

图 4-2 零售店出售的食品的包装

来源:Beyond Meat

图 4-3 不含鸡蛋成分的"JUST Egg"

来源：JUST

▶ 价值 3500 万日元一个的汉堡包

继植物性替代肉之后人们期待的下一个产品是培养肉，虽然尚未实现商用，但与其相关的研究开发正进行得如火如茶。此外，在这个领域也出现了为培养肉成品生产厂商提供支持的企业。例如培养液及其原料的生产厂商、生物反应器生产厂商、成型技术研究企业等，这些培养肉成品生产厂商的周边领域也正在形成一个生态系统。培养肉面临的问题不仅是技术层面的，还有生产成本过高的问题，因此有必要降低整个行业的成本。下面，我们来看一个培养肉初创企业的具体例子。

这个领域的先驱人物是荷兰马斯特里赫特大学的教授马克·波斯特（Mark Post）。2013 年 8 月，波斯特在伦敦举办了全球首次使用牛肉肝细胞培养肉汉堡的品鉴会，培养肉的口感与真肉非常接近。但是，一个汉堡的价格要 3500 万日元。我们可以清楚地看到培养肉技术已经发展到了可以食用的水平。波斯特于 2016 年创立了 Mosa Meat。该公司计划于 2020 年 1 月，与 Nutreco

图 4-4　3500 万日元一个的汉堡

来源：Mosa Meat

（一家为畜牧业和渔业提供饲料解决方案，同时也为畜牧业提供营养解决方案的企业）合作，专注研发营养价值高的培养肉。另外，培养肉虽然不剥夺动物生命，但通常还是需要用牛胎血清进行培养。该公司已经转变方针，不再使用牛胎血清进行培养，目前正在进行培养过程（尤其是组织工程）自动化的研究和开发。

正当 Mosa Meat 努力降低生产成本时，出现了第一个成功降低成本的企业——美国的 Memphis Meats。该公司成立于 2015 年，2016 年初推出了首个培养肉肉丸产品，2017 年成功生产出从细胞培养出来的鸡肉。两款产品都是世界首创。此后，该公司扩大了其产品组合，之后又开始进行培养海鲜的研发，成为最受关注的培养肉初创企业之一。创始人兼现任首席执行官 Uma Valeti 是梅奥医学中心（Mayo Clinic）的心脏外科医生。任首席科学官（CSO）的尼古拉斯·诺瓦塞（Nicholas Genovese）

曾是干细胞研究人员。在 2015 年的时候，他们已经成功将与 Mosa Meat 肉饼相同重量的肉丸型培养肉的生产成本降到了 1200 美元（约合 13 万日元）。

该公司被人们寄予厚望，迄今已经获得了来自比尔·盖茨、理查德·布兰森等风险投资（VC）、日本软银集团（Soft Bank Group corp.）、新加坡政府支持的投资公司淡马锡（Temasek）等接近 200 亿日元的投资。

投资者中还包括美国肉类巨头泰森食品。在宣布这项投资的新闻稿中，泰森食品这样说道："我们将继续投资现有的业务，但我们也非常关注像培养肉那样能在未来为客户提供多种选择的技术。"值得注意的是，这些现有的肉类巨头也在为初创企业的成长做出贡献。

▶ 替代蛋白世界里的"英特尔"

现今，从植物肉到培养肉，第三波的替代蛋白技术备受关注。这是一种通过将微生物代谢过程进行编程，生产蛋白质的方法。尽管这种技术才问世一段时间，但现在人们已经可以做到通过微生物转基因技术生产任意一种蛋白质。从这个过程来看，它也被称为以发酵为基础的肉类替代品，可以生产的蛋白质种类越来越多，包括牛奶蛋白、蛋清蛋白和鸡蛋白等。这个生产过程的关键是探寻菌种和管理发酵过程。其中有些公司，仅负责生产蛋白质，食品的实际生产则外包给其他生产厂商。

美国初创企业 Perfect Day 就是一个很好的例子。我们在前面提到过该公司利用微生物培育出了与牛奶营养成分相同的蛋白质，并推出了牛奶蛋白冰激凌，引起了相当大的轰动。人们期待今后这种蛋白能应用到各种乳制品当中。虽然可以用椰子、大豆、杏仁等植物做出和乳制品相似的东西，但其营养成分与用牛奶制成的有所不同。在这一点上，Perfect Day 的产品与众不同，非常具有特色。该公司不打算自己生产食品，而是与其他拥有发酵设备的企业进行合作，将生产外包。这种无工厂的商业模式也很有趣。

美国的 Motif FoodWorks 正在努力使用这种基于发酵的蛋白质生产技术来改善植物替代肉的质地。该公司作为生物设计专家专门从事生物设计，成立于 2019 年，迄今已筹集了约 117 亿日元的资金。首席执行官乔纳森·麦金太尔（Jonathan McIntyhre）曾是百事可乐高级研发部门的副总裁。该公司的销售主管从事食品行业已经 30 多年，之前曾在雀巢和杜邦（DuPont）工作。这样一家精英聚集的 Motif，与澳大利亚昆士兰大学合作发起了一项改善植物肉替代品质地的项目。

目前我们看到的很多替代蛋白初创企业，尤其是植物替代肉企业，从设计到制造以及销售都是各自为战，但是我们也需要关注像 Motif 这样的以横向联合形式开展产品设计的企业。它就像电脑行业里的英特尔。虽然培养肉现在还处于研发阶段，但由于其生产过程的特点，预计未来的生产需要大规模的设备。正在考虑进入这一领域的企业应该清楚地找到自身的定位，同时密切关注谁手握核心技术。

第 3 节
在日本依然"沉睡"的替代蛋白技术

实际上，日本大冢食品于 2018 年推出了以大豆为原料的替代肉饼 ZEROMEAT，日本的肉类替代品市场也已经开始出现了变化。目前市场上销售的 ZEROMEAT 有两种，一种是附带酱汁的肉饼，另一种是香肠。2020 年 3 月，大冢食品与大型肉类公司 Starzen 联手开始面向企业进行批发。大冢食品此前曾致力于研究以大豆为基础的肉类替代品，现在正通过"逆向工程"的手法重新科学地研究真肉的质地和风味。据说 ZEROMEAT 中的油酸和亚油酸等成分与真肉几乎相同。

其实日本也有在世界范围内率先推出替代肉类的企业，例如不二制油。作为大型油脂企业，不二制油占据全球第三大商业巧克力市场份额。该公司自 20 世纪 50 年代起开发大豆食品原料，1957 年推出"大豆肉"产品，还向食品生产厂商提供"大豆颗粒蛋白""粒子状大豆蛋白"等 60 余种大豆肉原料的食材。

目前他们正在利用分子技术分析真肉的组成，调整原料的配比、温度，并根据替代肉产品的类别改变质地。他们逐步积累的关于油脂成分的技术和知识会成为替代肉好口感的关键。这些技术未来将会用于 4 级替代肉类或更高级别产品的生产。由于人们健康意识的增强，大豆肉正在吸引更多的关注，市场也在不断扩大。大阪府泉佐野市的工厂已全面投入运营，不二制油还将于 2020 年在千叶建造新工厂，产能将进一步得到提高。

▶ 日清食品和东京大学合作开发培养肉

装有粉红色液体的培养皿的中间有一个长一厘米左右的白色物体，它就是日清食品控股（HD）与东京大学工业科学研究所竹内昌治教授正在进行共同研究的培养肉牛排。他们计划在 2025 年前开发出一项技术，利用该技术可以生产出长、宽各为 7 厘米，厚度为 2 厘米的"肉块"。放眼全球，虽然 Mosa Meat 和 Memphis Meat 等企业正以爆炸性的速度推进培养肉的研究，但日本企业的不寻常之处在于培养肉牛排的厚度，日清食品和东京大学称得上是该技术的领跑者。

图 4-5　日清食品控股（HD）与东京大学合作开发的世界第一块骰子形"培养牛排"
来源：日清食品控股

众所周知，日清食品的主打产品"杯面"中使用的骰子状成分"神秘肉"是由大豆成分和猪肉混合而成的"大豆肉"。目前正在开发的培养肉牛排，对于人类来说却是一种未知的成分，简直就是未来的"神秘肉"。那么，为什么日清食品要研发比植物性替代肉难度更大的培养肉呢？日清食品全球创新研究中心负责人中村太史表示："世界各地正在开发的培养肉都是'肉末'，但全球90%以上的牛肉消费量都是块状肉。这就是为什么我们从一开始就把目光投向了更接近消费者需求的牛排肉[1]。"

日清食品和东京大学的目标是再现真肉的结构，并赋予它

---

[1]　*Nikkei Cross Trend* 2020 年 4 月 27 日刊登的文章：《日清食品公司推出的"神秘肉"培养牛排肉，在不久的将来会改变人们的餐桌吗？》

牛排肉特有的耐嚼口感。通常，将牛肌肉细胞浸入培养基中的做法只能得到片状培养肉。因此，日清食品和东京大学设计了一种方法，将含有成肌细胞的细长胶原凝胶并排排列，并以等间距交替堆叠两种带狭缝的模块，使培养液渗透到内部。通过这种方式，肌细胞成长为方向整齐的纤维状肌肉组织（sarcomeres），与真实肌肉的三维结构非常相似。

一旦牛排肉被培养出来，就可以自由地根据需求设计产品了。例如，可以使用功能性脂肪来重现和牛的大理石纹理，同时使其更加健康。反之，还可以降低脂肪含量，以增加蛋白质含量。较早进入市场的植物性替代品含有饱和脂肪酸，增加了患心血管疾病的风险，而且比正常肉类含有更多的盐分，这是一个难以忽视的真相。中村表示："培养肉不需要担心任何健康问题。"这也是培养肉的优点之一。并且，除了牛肉，也可以用同样的技术挑战生产出人造金枪鱼和鳗鱼。

在国际会议上，培养肉初创企业 Integriculture 的首席执行官羽生雄毅用流利的英语谈论着他们公司的愿景和拥有的技术。他于 1998 年获得牛津大学化学博士学位，曾在东北大学多学科材料科学研究所、东芝研究开发中心系统技术实验室工作。并于 2014 年与研究人员和学生一起创建了研究和开发细胞农业技术的科研团队。他们使用 DIY 生物技术开发出在家也能生产培养肉的平价细胞培养液。Integriculture 成立于 2015 年，致力于实现培养肉的商业化。

他们通过开发全自动生物反应器①和通用大规模细胞培养系统 CulNet System，实现细胞农业的规模化和产业化。目前，该

---

① 生物反应器是一种利用微生物和酶等生物催化剂来合成和分解物质的装置。

公司自主研发了完全由食物组成的培养液,并成功生产出食用培养鹅肝。他们的目标是 2021 年在高级餐厅进行试销,2023 年开始正式面向市场进行销售。

▶ 日本企业应如何应对肉类替代品

前面提到的 US JUST 之中有一位自 2018 年以来一直作为食品科学家工作的日本人,他就是滝野晃将。滝野在完成京都大学农业研究生院的硕士课程后,于 2014 年加入了味之素,在该公司的食品研究室工作多年。刚加入 JUST 时,滝野对两家企业开发速度的差异感到惊讶。

在 JUST,利用机械臂的自动化系统可以一天 24 小时进行数以万计的提取测试。这正是 JUST 庞大的植物数据库的孵化器。在滝野看来,JUST 的研发速度是极其惊人的。

他说:"大企业可能会在研发上投入更多的资金,但只有初创企业才能有这样的专注度和速度。不仅企业的硬件配备无可挑剔,在企业掌门人提出的'吃得好(吃得好,吃得健康)'的清晰愿景下,全体员工都带着使命感,为实现以低廉的价格、可持续的方式生产对地球环境有益的产品而努力奋斗。刚到这里时,员工高昂的工作热情最让我震撼。"

目前,JUST 大约有 160 名员工。其中,47 人是像滝野一样的技术专家,48 人拥有博士或硕士学位,还有 3 名曾在米其林星级餐厅工作的厨师。可以说,JUST 汇聚了各个领域的人才。之所以能吸引如此众多的人才,原因是该公司的目标具有吸引力且充满挑战。滝野表示:"日本的主要食品生产厂商虽然也从企业社会责任(CSR)的角度解决环境和食品问题,但还只是停留在其现有的业务领域之中。能否突破传统业务领域,追求更高的目标将是 JUST 区别于其他企业的决定性因素。"

这可能是用来说明日本大企业在创新时面临种种困难的最贴切的例子。如果真的是这样，日本的大企业可以考虑通过与 JUST 这样的企业进行合作推进自身的创新活动，同时也可以将自己的优秀人才和先进设备对外开放。想要在市场上占据一席之地就需要这样的想法和行动。

当我们在日本探讨替代蛋白时，有很多人质疑日本是否真的需要替代蛋白。替代蛋白在海外有很大市场，迟早也会进入日本。不过，到目前为止笔者还没有遇到过对替代蛋白感兴趣的人。

在日本不常听到替代蛋白的原因之一是，与其他国家相比，日本的饮食中肉类占的比重较小。欧瑞信息咨询公司的一项调查显示，在美国、德国、法国、巴西等欧美国家和中国，肉类是人们获得蛋白质的首要来源，其次是乳制品。然而，日本的首要蛋白质来源是大米·意面·面食，排名均在肉类之前。日本料理中多以大豆为基础食材，原本日本人就以各种形式摄取植物性蛋白。日本人本来就觉得豆腐和豆腐肉饼很好吃。所以很多人对是否有必要将替代肉的等级提高到 4 级抱有疑问。在美国流行的植物性肉类替代品极大地降低了胆固醇，却使盐的含量增加了 8 倍。也有许多人质疑这是否真的能称得上健康食品。并且让人失望的是，在日本人们的环境意识仍然不高，很少有人会把食用肉类和环境问题联系在一起。

而美国之所以如此热衷肉类替代品是由于汉堡是美国的国菜，肉类对美国人来说是必不可少的。笔者不禁想到日本的国菜是什么呢？

▶ 挑战传统主食的 BASE FOOD

日本的初创企业 BASE FOOD 成立于 2015 年。企业最初的产品是全营养意面。企业理念是让拉面、面包等主食更新换代，把"让健康成为常态"作为企业的使命。所有的产品都以全谷物为基础，而营养成分，如奇亚籽（Ω_3）、海带粉（叶酸）和维生素等都是经过计算后加入的。根据厚生劳动省的"营养成分表示基准值"，该企业的产品在减少碳水化合物（糖分）和盐分的同时，能够提供现代人一餐所需的 29 种营养素。

图 4-6 BASE FOOD 的完全营养意面与面包

资料来源：BASE FOOD

BASE FOOD 的产品理念是用人们最常吃的食物让人们过上不用担心健康的生活。提到完全营养食品，虽然美国 Soylent 等企业的代餐饮品出现更早，但 BASE FOOD 的首席执行官桥本聪注重的是"维持正常的餐饮习惯"。长期食用代餐饮品既单调又难以坚持。日本人的饮食以大米、面包和面条为主，而不是以肉类作为植物蛋白的来源。因此，挑战主食类革新的 BASE FOOD 就像是日本版的 Impossible Foods、Beyond Meat。与 Impossible Foods、Beyond Meat 不同的是，BASE FOOD 并非使用特别的原料制作意面或面包，三家企业的相同之处是他们都力争让产品的口感更接近食物原本的味道。

事实上，桥本也一直关注 Impossible Foods 与 Beyond Meat，并尝试将他们的成功经验用于自己的企业。桥本看重的并不是均衡营养的代餐领域，而是更大的市场，一个把健康当作常态的世界。桥本说："我们只是想让食物吃起来美味可口，所以我们专注于味道。我们也需要借助大企业的力量，做出在世界上任何地方都能畅销的产品。"

他们的产品不断更新，目前意面已经开发到了 6.0 版本。2008 年春天，BASE FOOD 的产品被纳入连锁餐厅 Pronto 的意面菜单。在日本的饮食中，为了健康而改变主食，似乎比替代肉汉堡更容易让人接受。

"植物基=肉类替代品"时代结束 植物油脂技术升级"肉味"

不二制油集团总公司社长 清水洋史

1953 年出生。1977 年毕业于同志社大学法律专业，毕业后入职不二制油。1999 年任新原材料事业部总经理兼新材料销售部部长。2001 年，任食品功能剂事业部部长。2019 年，任不二制油（张家港）有限公司常务董事。2012 年起担任专务董事。2013 年任现职。

当海外的食品科技初创企业因植物替代肉而崭露头角时，作为食品原料生产厂商的不二制油一直在追求食物本来的味道，并不断积累与植物油脂和大豆蛋白（蛋白质）相关的技术。"替代品时代已经结束"这句话的真正含义是什么？

采访者：Scrum Ventures 外村仁、SIGMAXYZ 田中宏隆

——不二制油一直在积极扩大大豆加工材料业务。 请问贵公司是如何决定开展这项业务的？

清水洋史（以下简称清水）：不二制油成立于二战后的 1950 年，在造油企业中是后起之辈。最初，我们用棕榈油和椰子油生产可可脂、黄油这些高附加值的油脂替代品，在此过程中不断打磨我们在油脂方面的技术。这些替代油的优点是应用广泛，可以改变熔点、食物在口中融化的口感等。比如，巧克力是一种典型的由油脂加工而成的食品，无论

在阿拉斯加还是在非洲，它吃起来都很美味。

除了油脂以外，我们公司还关注用作油脂原料的大豆渣（脱脂大豆）。实际上，大豆中含有大约20%的油，但脱脂后的大豆中含有的蛋白质却高达30%。最初，它仅仅被当作牲畜的饲料。为了能够让人类食用，我们于1979年成立了大豆蛋白营养研究会（现在是不二蛋白质研究振兴财团）专门研究大豆蛋白。之后，我们开发了以大豆蛋白为原料的炸豆腐丸子，但销路不是很好。这样的状况一直持续到方便面的普及。方便面调料包中的炸豆腐的需求量很大，我们的大豆蛋白终于有了用武之地。虽然大批量生产并没有为我们带来可观的收益，但是我们依然在坚持。

——那是出于什么原因呢？

清水：不二制油从创业之初就怀有"大豆将拯救地球"的信念。这是因为作为人类必需的营养物质来源大豆具有很多优点。例如大豆生产消耗的水比饲养牲畜少得多，并且大豆的能源效率非常高。多年的研究也表明，它具有降低胆固醇、内脏脂肪、甘油三酯等多种功效。有预测称2050年世界人口将达到100亿，因此人们开始重新审视以动物为中心的蛋白质来源是否稳定，而我们在很早之前就开始关注大豆并相信大豆具有无限的潜力。

在我还是科长时，为了将大豆蛋白产品推广到世界各地，我们在1994年制作了一个名为"每周一次素食"的视频。那个时候西方就已经开始反思过去的高脂肪、高热量饮食，重新审视素食主义者的饮食。从那时起，在思考日本人的饮食习惯时，我们建议即便不成为完全素食主义者，也可以一边享受美食一边尝试以蔬菜为中心的饮食。这种饮食习惯现在被称为弹性素食主义（每周至少一次有意识地减少动物性食物的饮食习惯），变得越来越普遍。我们深感这个时代终于苏醒，追上了我们的脚步。

——在这样的历史背景下，贵公司于2012年10月对外宣布了大豆业务的中长期经营战略——"大豆复兴"，以及实现它的新技术"USS（Ultra Soy Separation）制法"。我认为这是一个很大的转折点，可以这样理解吗？

清水：没错。为了让有益于健康和环境的大豆进一步融入人们的日常生活中，我们选择再次回归到大豆的原点，创造全新价值。我们制订"大豆复兴"计划，努力为人类和地球的健康发展做出自己应有的贡献。获得专利的"USS制法"是一种独特的分离分馏技术，能保持大豆的原汁原味。通过这项技术，我们成功地将大豆分馏成豆浆淡奶油和低脂肪豆浆。我们是世界上首家制作出这两种新食材的企业。USS制法诞生的契机是我们了解到美国开发了一种使用超临界技术的物理榨油技术。这是一项具有划时代意义的技术，因为在此之前大豆油都是使用化学食品添加剂，在高温下提取制成的。物理榨油意味着利用大豆蛋白也能生产出有机食品。我满心期待地把这种用物理技术生产出的大豆蛋白带回了日本，并请不二制油研究所对其进行测评，却收到了杂质太多、营养能力过低、无法制成产品的回复。我对这个结果非常失望。重要的是虽然可以有机提取大豆蛋白，但我们还是得用现有的标准思考问题。

与此同时，孟山都（现在的拜耳）培育出一种新型大豆。这种大豆蛋白中含有非常高浓度的β-伴大豆球蛋白，可以去除甘油三酯。我们用它制作豆浆时，或许是因为品种尚未成熟，油分刚好自然分离出来。我觉得这很有意思，于是接下来我们去拜访了乳制品的技术人员。因为牛奶具有通过离心即可分离成黄油和脱脂牛奶的特性，这对大豆行业来说是理想的选择。在场的技术人员建议我们："大豆的话，应该会分离出豆渣，用我们的机器试试吧。"

我们立刻进行了尝试，但什么都没发生。我垂头丧气地又去拜访乳制品生产厂商的技术人员，结果他说："这真有意思！因为确实实现了自然分离，所以一定是有办法的，应该只是还没找到而已。"他的这番话让我茅塞顿开。

我鼓起勇气把它带回公司，不断地改变方法、摸索尝试。我不方便细说，因为它是我们的核心技术，但我们通过在离心前进行一些处理，成功地将大豆分离成低脂豆浆、豆浆淡奶油和豆渣。

——用USS制法生产的产品，从蛋黄酱到鲜奶油、奶酪、素白开水，真的是应有尽有。

清水：大豆和西红柿一样，谷氨酸含量很高。USS产品充分利用了

制造工艺的不同

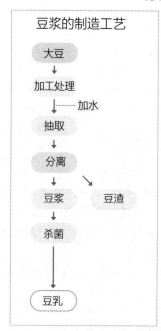
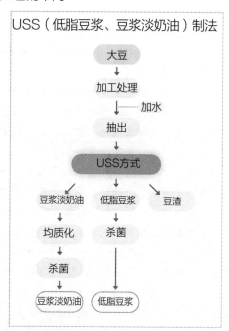

图 4-7　豆浆和 USS 制法在制造工艺上的差异

大豆自身的美味，因此以 USS 制法生产的低脂豆浆和豆浆淡奶油为原料，可以制作出美味的植物性蛋黄酱、奶酪、素食汤等。除了牛奶，乳制品生产厂商还通过附加值更高的奶酪和冰激凌来赢利，豆浆也可以走同样的路线。

——原来如此。最近，特别是在美国，植物性替代肉初创企业开始崭露头角，对此您怎么看？

清水：虽然日本国内市场上的大部分素肉都是由我们生产的，但我认为我们应该在满足不断变化的消费者口味方面向那些初创企业学习。它们虽然没有像我们这样在大豆营养功效方面拥有扎实的技术，但是也没有把募集到的资金一股脑儿用在宣传上，而是踏踏实实地研究当下消费者的需求，特别是年轻人追求的美食。

另一方面,自从有了 USS 制法,我们就一直致力于开发大豆意大利食品(结合大豆和意大利食品)和使用大豆奶酪的提拉米苏,但市场对它们的反应平平。然而,在新冠肺炎疫情暴发后,我们看到了一个机遇,人们开始追求可持续发展和基于植物性食品的解决方案,这和我们一直以来的理念非常契合。

并且我们也拥有与之契合的技术支持。我们是一家在油脂技术方面具有优势的企业,这也是我们和初创企业的一大区别。例如,牛肉没有多汁的脂肪就不好吃。菜也是,拿麻婆豆腐打比方,最开始就得用辣椒和花椒爆香,用油调味之后,再把豆腐和肉末放进去才好吃。简而言之,脂肪和油是将味道传递给舌头的载体,它们需要与蛋白质中的氨基酸相结合。在打造植物性可持续食品的味道方面,两者的结合尤为重要。

——也就是说,原本"油脂拥有的魔法"会在现代重新显示出巨大的威力。另外,贵公司对植物蛋白和杂交技术的研究在世界范围内实属罕见。那么,未来植物性替代肉的口感是否会大幅提升?

清水:迄今为止,用植物性材料很难制作出与牛脂和猪油等动物油脂相同的味道。但是我们已经设计出与油脂杂交的植物性材料。我们已经完成了一项基础技术的研发,有了这项技术,只使用植物来源的成分就能生产出具有肉的口感和味道的原材料,人们不久就会在市场上看到这种原材料。通过这项技术,只需要用纯植物油就能获得猪骨汤和鸡汤的味道。

如果将利用这项技术生产的新材料添加到植物性替代肉中,烹饪时就不需要再添加其他调料了,而是可以以油脂为载体获得更为丰富的口感。在不久的将来,通过使用这项技术,人们可以在家中享用与真肉相同或比真肉更美味的菜肴。

——那样的话这种新产品就不是"替代品"了。本来担心"替代肉"这个词会给人一种违背伦理的感觉,但随着世界朝着可持续发展的方向前进,植物性的产品可以说是更接近本质的、更具有价值的"正品"。

清水:没错,我认为植物性产品被称为替代品的时代已经结束,未来它将成为主流。随着食物慢慢减少，我们所拥有的生产植物脂肪和大豆蛋白的技术将直接促进可持续食品的生产和发展。

重要的是我们不能仅仅满足于以可持续的形式生产出了替代肉类的产品。如果就此停下脚步的话，是没有办法拯救人类的。我们需要从满足消费者需求的角度出发，将如何不断生产"美味的食物"与食品科技结合起来，让这种"美味的食物"在未来成为具有价值的食品。

从这个意义上说，我觉得有趣的是，今天的植物肉初创企业正在生产看起来与快餐汉堡一模一样的东西。但年青一代会继续支持这样的产品吗？说到这里，我想为了吸引年轻人也许我们可以生产夹在面包中间的炸豆腐丸子。

——如果不二制油将专业知识和技术向行动力强的初创企业开放，植物基市场可能会瞬间活跃起来吧？

清水：多年来我一直在思考这个问题。我们的商业模式是 B2B（Business to Business），并且之前的合作对象都是日本食品生产厂商。但是受疫情影响，现在电子商务变得更加普及，餐饮行业中外卖也开始崭露头角，整个世界都在发生变化。因此，就算不是直接合作，联手合作建立新业务的势头也越来越强。

2019 年，在大丸心斋桥店本馆地下 2 层新建了一家"UPGRADE Plant based kitchen"。我们在这家店里推出了用 USS 制法生产的新豆浆食材、大豆制成的汉堡馅、炸鸡块、千层面等，目的是不断地提升自我，让产品变得更加美味可口。利用之前积累的经验和知识，我们未来可能会以多种方式与初创企业展开合作。

无论如何，我们在油脂和大豆蛋白方面的技术是划时代的，虽然可能在业务上会存在起步较晚等问题，但我们对未来充满信心。我相信，在不久的将来，我们将能够拯救地球和人类。我对这一点深信不疑。

Nikkei Crass Trend 胜俣哲生　整理

第 5 章

IT 四巨头（GAFA）
打造的全新食物体验

第 1 节
什么是厨房操作系统？

　　前几天去超市购物时，我看到店内在销售羊排。之前虽然在餐厅吃过烤羊排，但买回家自己做还是第一次。我当时想回去上网找一下做法，再放到微烤一体机里烤一下应该没问题。于是我买了 2 块重量 191 克的羊排兴冲冲地回了家。回到家后我迫不及待打开电脑开始在网上搜索做法。

　　电脑屏幕上出现了各种美食网站。仅仅是 Cookpad 上就有1500 多种做法。我不知道选哪个好。我想也许在微烤一体机专用食谱上能找到答案，于是又重新搜索了一下，令我吃惊的是居然没找到与羊肉相关的食谱。接着我尝试着搜索了一下和羊肉做法比较接近的其他菜肴的做法，例如照烧鸡肉、炸猪排、奶酪烤菜、盐烤鲭鱼等。微烤一体机居然能做这么多种菜，我不由得大吃一惊，同时又非常困惑，它们之中究竟哪一个更适合用来做羊肉。

　　我继续在网上搜索，平底锅食谱、平底锅+烤箱食谱、烤箱食谱，食谱多得让我看花了眼。即便都是用微烤一体机烹饪，火力的大小、烤制时间的长短，每个食谱上写的也都不一样。最后我能确定的只有一件事情，那就是我要烹饪的是眼前这两块 191 克的羊排。

　　纠结了好久，最后我决定用烤鱼用的烤架来做这道菜。我打着火，对烤架进行预热，烤制的时间全凭自己以往的烹饪经验。

　　相信很多人都有过和我一样的经历。从上面这段经历中我们可以发现，烹饪被分解成购买食材、查找食谱、实际操作几个毫不相干的部分。每个部分都实现了数字化，但是它们彼此之间却毫无关联。因此，选择哪个食谱，根据食谱如何进行实际操作，很多地方都需要人们自己最终做出判断。如果有烹饪经验的话，可以在烹饪的过程中发现食谱中存在的问题并及时进行修正，有的人甚至非常享受这个过程。可是那些不经常做饭的人，或者第一次接触这种食材的人，他们心里一定会想："如果食谱写得再详细些就好了。"总之一句话，把饭菜搞砸了时的那种心情实在是糟透了。

本章接下来将要介绍的厨房操作系统，作为一种解决这个问题的有效方法，它在国外正显示出强劲的发展势头。厨房操作系统这个概念首次被人们提及是在 2016 年美国举办的智能厨房峰会上，是和烹调家电物联网化几乎同时出现的一个概念。两者的关系相当于个人电脑领域的 Windows 和 MacOS，或是手机领域的 iOS 和 Android，指的是一种数据基础，它可以保证与厨房相关的应用软件（例如食谱，以及与之相对应的烹调指令等）能够在多种环境下运行。厨房操作系统可以将智能手机应用程序中的食谱通过 Wi-Fi 或蓝牙与烹调家电实现互联互通，烹调家电可以读取食谱内容，按照食谱的指示进行操作。

最近，在欧美各国出现了一些发展势头强劲的新平台。它们将之前毫无关联的购买食材、查找食谱、实际操作这几个部分联系在一起，积极推进食品领域的数字化转型①。这些平台手中掌握庞大的食谱数据，他们以此为基础与厨房家电企业展开合作，改变了人们在零售商店的购物体验。我们可以将这些手

———————

① 英文缩写为 DX，指企业利用 IT 技术对产品、服务、商业模式、组织架构等进行改革。

握大量数据的平台称为"IT 四巨头"（GAFA，Google、Apple、Facebook、Amazon）。厨房操作系统究竟是在谁的主导下发展起来的？它将如何改变我们的食物体验？针对这些问题，接下来笔者将从打造厨房操作系统的两个前提条件，即物联网烹调家电和食谱的发展历程为读者进行一一解读。

第 2 节
利用物联网家电实现餐桌的可视化

　　提起食谱，人们脑海里出现的通常是一本书，上面写着烹饪用的食材、每种食材的用量、烹饪步骤，最好再配上几张图片。但是这几年，食谱却完全变了个模样。传统的食谱被制成软件，和烹调家电实现了互联互通。

　　美国的 Hestan Smart Cooking 是一家开发智能烹调家电的初创企业。该公司开发了一款名为 Hestan Cue 的系列产品，将带有传感器的不锈钢平底锅与可以用智能手机控制的 IH 加热炉实现互联互通，通过这种方式可以重现顶级厨师精湛的烹饪技法。

　　该公司的技术总监 Jon Jenkins 将食谱的进化分为三个阶段。第一阶段是将纸制的食谱进行数字化处理。第二阶段是将食谱制作成视频。虽然在这个阶段，可以将家中烹调家电的相关信息保存下来，但是无法用手机控制家电。简单地说，这个阶段是将写在纸上的食谱变成视频动画。接下来的第三阶段是将食谱制作成软件。到了这个阶段，之前需要用 5~6 个步骤进行说明的食谱被编成了由数百行程序构成的指令。被制成软件的食谱可以通过通信功能与烹调家电互联互通，利用智能手机

图 5-1　食谱进化的三个阶段

来源：根据 Jon Jenkins 提供的资料制作而成

上的应用软件就可以控制烹调家电。与微波炉出厂时自带的食谱不同，第三阶段的食谱可以随时补充新的内容，同时用户也可以根据使用的烹调家电的种类、食材的分量、用户的健康信息等灵活地选择最适合自己的食谱。

前两个阶段的食谱主要存在"表达不够准确，操作困难""无法重复"等问题。例如，我们经常可以在食谱上看到这样的描述，"烤制 20～30 分钟，到半熟状态"，烹调时间前后相差50%，并且"半熟"是一个比较主观的表达方式。不仅如此，如果食谱上写的是 4 人份的用量，而实际操作时需要做 3 人份的时候，如何根据实际情况进行调节也是一个难题。另外，气温、每种食材的特性等影响菜品最终效果的变数非常多，实际做出来的效果有时会和食谱上的图片相差甚远。最后，传统的食谱也很难根据用户的健康状况、偏好的口味调节盐的用量和热量。

能够解决以上这些问题的是第三阶段的食谱和与之互联的

烹调家电。这个阶段的食谱更加能够体现用户的个性化口味，用户接口（UI）可以根据实际情况灵活地做出调整。总的来看，目前日本的食谱尚处在第二阶段，Cookpad 等一小部分企业开始向第三阶段发起挑战。在欧美，食谱很快将从第二阶段升级到第三阶段。食谱被制成软件，与之互联的物联网烹调家电也越来越多地进入人们的视野。

▶ 美国人每周六制作培根

2017 年 5 月，美国专门从事食品科技报道的媒体 *The Spoon* 刊载了一则题为"美国人每周六制作培根"的报道。笔者很想知道这篇报道里究竟写了什么内容，于是带着好奇心读完了整篇报道。原来美国的 ChefSteps 公司研制了一款名为 Jouie 的物联网低温烹调机，该公司通过观察应用软件的使用情况发现一个叫作 Amazing Overnight Baconl 的食谱在周六的使用频率非常高（图 5-2）。这个食谱的内容是教人们用 15~16 小时的时间在家制作培根。该公司还发现虽然人们在周末制作鸡胸肉、鸡蛋等其他菜肴的频度也不低，但是远远不及培根。并且在一周的时间里人们只会选择在周六制作培根。

另外一则有趣的报道是美国 Perfect Company 公司开发了一款物联网智能秤。通过分析调制鸡尾酒的应用软件 Perfect Drink 的使用情况，可以准确地知道美国人家庭中鸡尾酒的实际消费量（图 5-3）。不仅如此，还可以知道莫斯科骡子（Moscow Mule）、大都会（Cosmopolitan）这些鸡尾酒的消费量和消费场所，以及伏特加、朗姆酒等其他酒类的消费量。同时令笔者感到吃惊的是，早在 2015 年该公司就已经开始采用这种方法统计鸡尾酒消费的相关数据了。

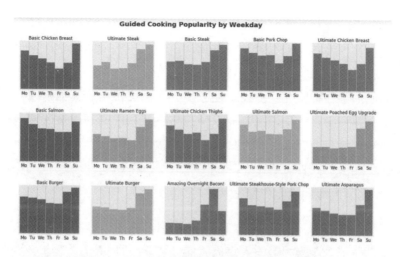

图 5-2　ChefSteps 的低温烹调机应用软件使用情况

来源：ChefSteps

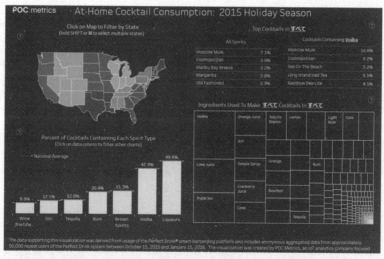

图 5-3　使用智能秤的家庭中鸡尾酒的消费量数据

来源：Perfect Company

以上这些数据未来会成为重要的市场数据。肉店也许知道周六猪肉的销量很好，但是无法知道人们将购买到的猪肉用来制作什么菜肴。曾经对家庭烹饪动向进行过调查的人也许会知道人们通常会在周六提前多做一些菜为下周做准备，但是他们却无法预测猪肉的销量会因此增加多少。ChefSteps 的物联网低温烹调机就不同了，只要在应用软件中输入肉的部位、重量（有时只需扫码就可以完成），就可以知道这块肉会被做成培根。按照这个逻辑，食谱甚至可以告诉我们一餐中摄取了多少蛋白质。如果这些数据实现了可视化，那么随时都可以知道人们做了什么菜、吃了什么菜。

如果 Perfect Company 通过数据知道了某个地区的人喜欢在家喝哪种鸡尾酒的话，那么就可以建议这个地区的零售商准备一些与这种鸡尾酒相匹配的零食，同时也能为销售酒类的企业提供有用的信息。

过去，烹调家电和厨房工具的生产厂商将产品批发给销售商后，对于产品的使用情况几乎一无所知。如果产品出现了问题，生产厂商也许会收到来自消费者或销售商的反馈。但是关于产品的日常使用情况，只能通过大规模的消费者调查或者仔细分析网上的信息才能略知一二。生产厂商无法知道在各家各户的厨房里究竟发生了什么。物联网的出现揭开了厨房的秘密。

▶ 饮料生产厂商进军物联网家电领域

借助物联网家电获得的食材和饮料的消费数据，是食品和饮料生产厂商最渴望得到的信息。生产厂商通过零售商销售食品和饮料，但是他们完全不知道这些食品和饮料在家庭中是如何被消费掉的，只能通过模拟调查进行大致的推测。

为了获得宝贵的消费数据，欧洲的饮料生产厂商先行了一步。位于比利时的大型酒类生产厂商百威英博（ABInbev）和德国的咖啡机生产厂商克里格（Keurig）在 2019 年共同出资成立了 Drinkworks。该公司的主要产品是家庭用鸡尾酒机，只需在机身上安装一个专用配件就可以轻松地制作鸡尾酒和啤酒，和咖啡机 Nespresso 的原理相同。通过观察这款鸡尾酒机的实际使用情况，Drinkworks 发现在周末早餐和午餐之间的这段时间鸡尾酒的消费量较大。这个发现让他们大吃一惊。因为一直以来他们都认为人们只会在晚上喝鸡尾酒。于是，该公司立刻决定开发适合人们在这个时段饮用的鸡尾酒。正如我们从这个例子中看到的一样，饮料生产厂商也开始涉足物联网烹调家电领域，主动地去了解消费者的喜好和行为。

第 3 节
世界各地的厨房操作系统企业开始崭露头角

前面提到的物联网烹调家电有与之配套的专用食谱，人们可以通过智能手机的应用软件控制这些家电。厨房操作系统企业以食谱为核心，将数个物联网烹调家电和食材的网购功能进行无缝连接。于是，用户的个人信息、做过哪些菜、购买过哪些食材等信息不断地被集中到厨房操作系统中。因此厨房操作系统企业被称为"IT 四巨头"（GAFA）。厨房操作系统成为连接大型家电生产厂商和大型食品生产厂商的中枢，促成了这些企业的跨界合作。

在这种服务融合的大潮中，食谱开发企业作为厨房操作系统的核心备受人们关注。这是因为人们喜好的食材、对食材是否过敏、保有的烹调家电·烹调工具等个人数据全部掌握在这些企业手中。一部分开发食谱的欧美初创企业甚至掌握用户的基因和肠道菌群信息。当然，这里所说的"食谱"已经远远超出了我们的想象。

最希望获得这些个人数据的是烹调家电·烹调工具的生产厂商，以及食材生产厂商。烹调家电·烹调工具的生产厂商认为食谱不久将会被制成软件，所以它们正在考虑如何让食谱和烹调家电·烹调工具实现互联互通。食材生产厂商的目标则是向顾客提供个性化的半成品净菜，以及改变人们在零售店铺和电商平台的购物体验。过去，由大型流通企业主导的大量流通是食材流通的主要方式。未来，能够反映人们的喜好、健康状况、保有的烹调家电·烹调工具的个性化食物将受到消费者的青睐。

食品相关的企业最应该关注的问题是如何让食谱、食材、家电三者实现无缝对接的用户体验在消费者中得到普及。过去，将查找食谱、购买食材、实际操作三者统合在一起并提供给消费者的服务是不存在的。未来，市场上将会大量地出现一种新型烹调家电。这种家电和食谱实现了互联互通，当人们决定好食谱后，下一步就可以直接在网上购买食材并进行烹饪。人们会发现食材变得越来越重要。因为与食谱网站和烹调家电相比，食材才是烹饪的前提条件，将成为决定企业能否赢利的关键因素。食品生产厂商从现在开始必须制定相应的战略，像提供数字服务和生产数字家电的企业一样具有高度的灵活性，跟上食谱网站和烹调家电企业创新的脚步。

▶ 主导厨房操作系统的初创企业

接下来向读者介绍几家代表性的厨房操作系统企业。它们分别是美国的 Innit、SideChef、Chefling 和欧洲的 Drop。其中，Innit 最初是一家开发食谱的企业，而 Drop 最开始生产的是智能称量工具，该工具主要用于称量调料及食材。四家企业中 Innit 和 SideChef 积极地与家电生产厂商展开合作，是厨房操作系统领域中的佼佼者。

Innit 利用企业自行研发的应用软件对家电进行控制。用户登录后需要输入在食物方面的喜好、是否对某些食物过敏、是否是素食主义者，以及食材、烹调家电的种类等信息。Innit 根据这些信息为用户提供个性化食谱。接下来根据食谱信息形成指令，并通过 Innit 的应用软件将指令发送给烹调家电进行烹饪。

例如，你选择了使用鸡胸肉制作泰国的绿咖喱。家中的烤箱应该预热到什么温度、什么时候煮蔬菜、什么时候开始做咖喱，这些具体的操作都会显示到屏幕上，通过应用软件发出开始烹饪的指令后，就可以自动启动程序开始对烤箱进行预热。

与此同时，Innit 也不断扩大与家电生产厂商之间的合作。例如，Innit 与博世（Bosch）、通用家电（GE Appliances）、LG 电子（LG Electronics）、飞利浦等家电生产厂商展开合作，利用 Innit 的应用软件可以对这些企业生产的电器进行控制。此外，IT 企业中的谷歌也开始涉足厨房操作系统领域，语音 AI 谷歌助手（Google Assistant）实现了不同种类家电之间的互联互通。用户发出预热的指令后，应用软件就会根据当时的具体情况灵活地判断"按照这个食谱烹饪这种食材的话，应该用什么方法烹饪、烤箱应该预热多长时间"。同时 Innit 还将顶级总厨等专业人士制定的权威食谱进行编程处理，用户不必担心因为食谱的问题导致烹饪失败。

在食材方面，Innit 正在积极推进和零售企业的合作，不久前刚刚收购了一家名为 ShopWell 的手机应用程序开发企业，该公司开发的应用软件能够对食材的营养价值进行评价，了解用户口味，向用户提供饮食方面的建议。Innit 通过这种方式向用户推荐应该购买的食材。不仅如此，Innit 还和美国大型零售企业沃尔玛展开合作。用户使用 Innit 的应用软件扫描沃尔玛超市销售的食材外包装上的条形码，立刻就可以知道这种食材可以用来烹饪什么菜肴以及这道菜肴的具体做法。目前 Innit 正在下大力气打造的是为顾客提供虚拟半成品净菜①服务。

最近 Innit 的合作对象终于扩大到了食品生产厂商，例如美国食用肉大企业泰森食品。用户用 Innit 的应用软件扫描泰森食品的肉类外包装后，应用软件立刻就可以提示微烤一体机这块肉最适合的烹调温度。食品生产厂商可以通过 Innit 了解到自己的产品是如何被制成各种菜肴的。

Innit 的 CEO 凯文·布朗（Kevin Brown）曾公开说过："我们要成为烹饪的 GPS。"他希望 Innit 能像汽车导航一样，客观地反映出用户在烹饪过程中所经历的每个步骤。Innit 之前积累了大量的食谱，所以与之互联的厨房家电才能有条不紊地执行每一步操作。真正的厨房操作系统就应该是这个样子。

接下来让我们看一看 SideChef。SideChef 原本是一家提供在

---

① 虚拟半成品净菜，是指超市根据食谱将制作每道菜肴所需的原材料进行洗净、切削等事先处理，并按照每份菜肴的实际用量把处理好的半成品进行包装。消费者将这些半成品净菜买回家后可以直接下锅进行烹饪。

图 5-4　Innit 积极推进与家电生产厂商和零售商的合作

来源：SIGMAXYZ

线视频食谱服务的初创企业，这次它将目光投向了毫无烹饪经验的人群，通过向他们详细地介绍每种食材的性质和具体做法博得了很高的人气。它的视频食谱非常吸引人，并且可以使用家里的烹调家电把菜肴做得和食谱上的图片一模一样，这是 SideChef 的最大特点。同时，为了让毫无烹饪经验的人也能够学会如何烹饪，SideChef 在应用软件上也花费了不少心思。例如你会发现像"苹果是什么？"这样简单的问题，SideChef 都会耐心地进行解答。

在文化多样性体现得非常明显的美国和欧洲，SideChef 的做法具有重要意义。在一种文化中非常普通的食材到了另一种文化里会让人感到束手无策。在日本的美食网站上你根本看不到对于"白米是什么""米饭是什么"这类问题进行的说明。但是在 SideChef 上你就能找到这些问题的答案。SideChef 受到人们的欢迎也证明了在美国确实存在一部分不会烹饪或者毫无烹饪经

118

验的人。这些人中的许多人被称为千禧一代，他（她）们虽然对食材和烹饪一无所知，但是对没有尝试过的民族风味菜肴和新式服务抱有浓厚兴趣。对于在现实生活中和不同文化的人频繁接触的千禧一代来说，SideChef 让他们感到无比亲切。

为了让人们享受烹饪而进行的种种尝试反映了 SideChef 的创始人兼 CEO Kevin Yu 的理念。他原本从事的是网络游戏开发，据说过去根本不会烹饪。因此他根据自身经验了解到如何才能让烹饪变成一种享受，他的目标是把烹饪变成游戏并开发相关的应用软件。

现在，SideChef 正积极推进和亚马逊、谷歌助手的合作。除此之外，还在家电领域和中国海尔集团旗下的 GE 工具、韩国的 LG、欧洲的伊莱克斯等企业展开广泛的合作，提高了 SideChef 在欧洲、亚洲的影响力。

最后要介绍的厨房操作系统的初创企业是欧洲的 Drop。它原本是一家生产烹饪用称量工具的企业。现在正在做的是将网上大量的食谱进行处理，使这些食谱与 Drop 对应的烹调家电实现互联互通。这些家电不仅包括微烤一体机，还包括亚马逊上每年最畅销的、目前全美 20% 家庭都保有的 "Instant Pot" 等家用小型烹调家电。当榨汁机、烤箱等小型烹调家电与厨房操作系统实现互联互通后，被制成软件的食谱都可以应用到这些烹调家电上。

▶ 为什么大企业会关注厨房操作系统？

过去，欧美、韩国、中国的大型家电生产厂商努力的目标一直是让家中的家电产品实现互联互通的智能家居。LG 电子、德国的博世（Bosch）和西门子分别利用名为 LG ThinQ 和 Home

Connect 的平台对产品进行物联网化处理。担任博世战略部门负责人的 Anne Rucker 称，"大约从 2017 年起，我们开始向市场投入一部分试制的物联网家电，现在我们已经做好了充分的准备，接下来将针对大众市场销售物联网家电"。博世在 2017 年 11 月收购了一家名为 Kitchen Story 的美食网站初创企业，在此之前，它的活动领域仅限于家电生产。博世期待未来能够建立起一套网络系统，用来收集顾客的反馈。

对于家电生产厂商来说，智能家居曾经是他们最关注的一个领域。从 2018 年左右开始，与监控摄像头、能源的有效利用等相关的应用软件开始受到人们关注。家电生产厂商开发的物联网家电应用软件是上述应用软件的结合体，因此他们的地位陡然上升。但是最近，人们的关注点迅速转移到了语音 AI "Amazon Alexa"上，企业开始下大力气研究如何通过语音控制家电，目前已经取得了很大进展。到 2019 年，作为新的合作平台，谷歌助手的应用范围越来越广。不必将各种电器连在一起，安装了语音 AI 的智能音箱就可以控制所有家电。

通过语音对家电进行控制，这种技术最有可能发挥重要作用的地方就是厨房。烹饪时双手被占用，所以用语音控制家电对于用户来说非常具有吸引力。家电本应该是厨房里的绝对主角，但不知从什么时候开始大量的用户数据被储存到了亚马逊、谷歌的智能音箱里。现在，家电生产厂商为了深度了解用户，迫切地想要与厨房操作系统的初创企业进行合作，进一步推进家电的物联网化。原因就在于这些企业手里掌握着核心内容——被制成软件的食谱。

目前，厨房操作系统的初创企业和大型家电生产厂商正处于蜜月期，关于它们之间的主要合作关系，读者可以参考图 5-5。

初创企业的业务领域	初创企业	主要家电生产厂商的合作伙伴
食谱	Yummly	Whirlpool
食谱	SIDECHEF	GE APPLIANCES, Electrolux, LG, AEG, SHARP, BOSCH, SAMSUNG, Panasonic
食谱	innit	GE APPLIANCES, Electrolux, B/S/H/, AEG, LG, beko, GRUNDIG, PHILIPS
食谱和称量工具	drop	GE APPLIANCES, Electrolux, LG, thermomix, BOSCH, Instant Brands, KENWOOD, Panasonic
称量工具	Perfect Company	Vitamix
食材库存管理	Chefling	GE APPLIANCES, BOSCH
烹调步骤支持	HESTANCUE	GE APPLIANCES, thermomix

图 5-5　厨房操作系统初创企业和大型家电生产厂商的合作关系

来源：SIGMAXYZ

从图 5-5 中可以看出，现阶段很少有日本企业参与这种合作。虽然有少数日本企业的海外工厂表现得比较积极，但大多数日本企业对于让厨房操作系统控制自己产品的这一做法仍然比较抵触。一方面，是因为这些日本企业对自己比较自信，认为没有必要与厨房操作系统初创企业合作，凭借自己的力量也能完成家电的物联网化。另一方面，他们也担心与厨房操作系统初创企业的合作会让自己处于被动地位，凡事要听命于对方。

与日本企业不同，海外的家电生产厂商认为仅仅依靠家电本身的功能已经无法实现差异化，因此越来越多的企业为了追求新的价值选择和厨房操作系统初创企业进行合作。有记者问 Innit 的高层："为什么美国的大型家电生产厂商能够下决心将微烤一体机的功能毫无保留地对 Innit 公开？"对方立刻回答道："因为它们非常清楚仅仅依靠微烤一体机本身的功能已经无法实现差异化。"

烹调家电和厨房操作系统的关系与智能手机和手机应用软件的关系非常类似。当人们购买到智能手机后，通常要下载各种应用软件。厨房家电也是如此，只有配合食谱等各种"应用软件"一起使用，才能成为具有吸引力的商品。因此，现在家电生产厂商会选择多家厨房操作系统企业，与它们展开全方位的合作。

第 4 节
"食品数据"成为企业合作的关键

未来的厨房操作系统和家电产品会变成什么样子？关于这个问题，我们先来看一下食品生产厂商与 IT 四巨头的竞争及合作关系，然后再对日本企业未来的生存策略进行分析。

对于厨房操作系统的初创企业和大型家电生产厂商来说，目前最大的威胁应该是四巨头的存在。业界普遍存在这样一种看法"早晚和亚马逊、谷歌有一场硬仗要打"。其中最让人头疼的是亚马逊，它不仅提供名为"亚马逊生鲜（Amazon Fresh）"的食品配送服务，旗下还拥有全食超市（Whole Foods Market）。用户通过语音 AI Amazon Alexa 可以随时补充家中缺少的食品。2018 年亚马逊又推出了自有品牌的微波炉等家电产品，涉足的领域不断扩大。应该如何与强大的亚马逊展开竞争？业界对此担心不已。

但是目前对于厨房操作系统的初创企业来说，四巨头并不直接对他们构成威胁。相反，四巨头正积极寻求与这些初创企业进行合作，例如之前提到的 SideChef 与亚马逊和谷歌助手、

Innit 与谷歌助手正展开合作。就在不久之前，SideChef 宣布将于 2020 年 4 月 23 日与脸书的智能家居设备 Portal 进行合作。到时用户可以通过 Portal 使用 SideChef 的食谱。SideChef 的 CEO 称："我们之前已经与很多家电生产厂商进行了合作，确立了商业模式。因此我们完全不担心与亚马逊和谷歌的合作。"

目前亚马逊还没有正式进军厨房领域。外界分析主要原因是亚马逊的接单配送服务在很多方面仍然无法满足食品市场的需求。亚马逊在家电、服装等这些领域已经建立起生产厂商→批发商→零售商的流通网络，所向披靡，然而在食品领域，虽然提供食材和家电等"硬件产品"不是件困难的事情，但是开发新的食谱等"软件产品"却需要花费较长时间。因此在亚马逊看来，和擅长这一领域的初创企业合作才是上策。

另一方面，Innit 和 SideChef 这些初创企业的目的是尽快建立起一个新的体系，这个体系可以为用户提供包括如何选择食材、如何进行烹饪、如何享受美食在内的"从上到下的一整套软件服务"。因此它们能够和亚马逊、家电生产厂商实现共存。家电生产厂商也是同样的想法。它们尽可能与所有企业展开全方位合作，让自己在激烈的竞争中处于有利地位。

▶ 以提供全栈（full stack）服务为目标的企业间合作

在食品科技领域，"全栈"正成为一个关键词。在笔者对多位企业家进行采访的过程中，频繁地听到他们使用这个词。上面提到的包含选择食材、提供菜单，甚至健康和医疗服务在内的从上到下的一体化服务就可以被称为全栈服务，也就是努力建立一个把所有要素都包含在内的体系。

如图 5-6 所示，为了向用户提供全栈服务，企业之间展开

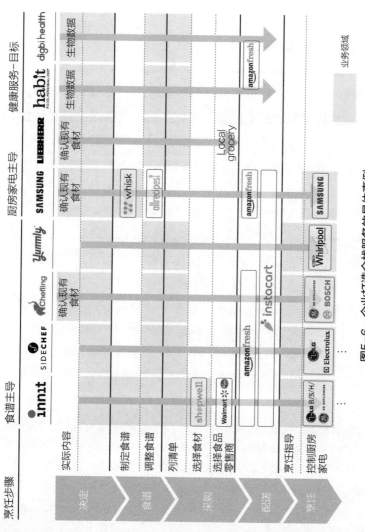

图5-6 企业打造全栈服务的具体事例

说明：该图展示了企业在打造全栈服务时主要的合作对象
来源：SIGMAXYZ

124

了积极的合作。指向下方的箭头越长意味着向用户提供的服务越具有连续性。例如 Innit、SideChef、Chefling 等厨房操作系统企业从食谱制作到最后的烹饪，整个过程都和各种企业进行合作，创造用户体验。家电生产厂商三星为了让冰箱能够自动感知里面的食材，向用户推荐当天的食谱，收购了开发食谱自动生成应用软件的初创企业 Whisk，进一步完善了从食谱选择到菜肴烹饪的全栈体系。

另一方面，针对糖尿病患者和减重人群，Habit 和 Digbi Health 根据个人数据为用户推荐治疗疾病和减重的食谱，同时还与其他企业进行合作，目的是在不久的将来为用户提供"购食材"服务。这些企业通过仔细分析自己的强项和短板扩大了业务范围。反过来，如果一种服务与其他服务毫无关联，那么即便这种服务本身非常有价值，但是人们对它的评价也不会很高。这种价值观的变化也许不久以后也会出现在日本。

▶ 日本应该打造怎样的厨房操作系统？

前面我们已经看到随着物联网家电的出现，企业掌握的消费者数据越来越多：家电深入我们的生活，了解我们的行动；通过厨房操作系统应用软件可以通俗易懂地指导我们进行烹饪，并且根据我们的喜好和身体状况为我们提供饮食方面的建议。这究竟是怎样一种体验？

我们不必花费时间考虑"今天应该做什么菜"，也不用担心忘记购买食材，更不会出现烹饪失败的糟糕情况，也许有的读者对此充满了期待。相反，也有人认为烹饪是一种有趣的体验，在烹饪时不愿意受应用软件的束缚，想要自己动脑筋玩出点新花样。烹饪绝不是按一下按钮就万事大吉的行为。冷冻食品和微波炉虽然是了不起的发明，但有些人在食用冷冻食品和使用微波炉时仍然会不由得产生一种罪恶感。所谓的烹饪，应该是自己思考、自己动手，感情投入也是烹饪的重要组成部分。

实际上，厨房操作系统企业 Drop 的 CEO 本·哈里斯（Ben Harris）在 2019 年举办的智能厨房峰会上曾经说过："厨房操作系统的作用是最大限度地增加用户的烹饪知识。"这是一个非常重要的观点，不仅家电和应用软件正变得越来越智能，人们自身也需要不断地了解食物，知道什么更有益于自己的健康。SideChef 的 CEO 也表示："如果厨房操作系统无法与用户进行深度交流，那么它的存在将毫无意义。"人们追求的既不是整个烹饪过程的全自动化，也不是将食谱强加给用户，这一点很关键。

也就是说，厨房操作系统以及与之互联互通的烹调家电未来追求的目标应该是，如何利用科技的手段让用户感受到烹饪所具有的价值。例如亲自动手烹饪的体验、掌握一种新的面包制作方法等，让烹饪变成一种更有价值的体验。

在这方面 Cookpad 的尝试具有重要意义。该公司开发了一款调料匙 OiCy Taste。人们在烹饪时通常用大匙或小匙称量调料，这款调料匙可以和 Cookpad 上的食谱实现互联，自动对酱油、味淋、料酒等进行称重，并将它们做成混合调料。在 2018 年的日本智能厨房峰会上，时任 Cookpad 智能厨房团队的负责人金子晃久谈到了开发这款产品的原因。他说："在烹饪的过程中，人们会觉得有的步骤很有趣，而有的步骤却很麻烦。有趣的步骤人们都想亲自参与。我们发现配制调料是人们在烹饪时最不愿意做的事情，因此开发了这款产品。"

▶ **实现企业间合作，创造多样价值**

　　味之素的消费者分析·事业创造部的佐藤贤认为，对于消费者来说，厨房操作系统将烹饪的各个步骤联系在一起，能够让人们的食物体验变得更加丰富。同时，各个企业通过将实现食物价值最大化的各种活动联系在一起，可以让食物的未来变得更加美好。

　　他认为当我们从想要实现的价值这一角度回顾烹饪的发展历程（图 5-7）时就会发现，现在正处于从烹调 3.0 向烹调 4.0 升级的转折点。烹调 3.0 关注的是"如何让烹饪变得更轻松"，以及"如何把菜肴做得更美味"，烹调 4.0 追求的则是过去往往被我们忽视的"情绪上的满足感"以及"个性化价值"。

　　同时他还指出，虽然现在我们口头上经常呼吁多样性、多样化，但是我们对价值的理解往往过于一成不变。一个典型的

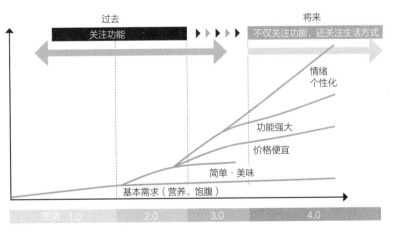

图 5-7　烹调 1.0→烹调 4.0

来源：味之素的佐藤贤

例子是我们对"时间"的理解。过去我们一直认为时间的最大价值在于有效利用。新冠肺炎疫情的暴发让我们逐渐开始改变原来的想法，现在越来越多的人认为"时间应该用在更有意义的事情上"。按照这个逻辑，花费时间应该是一件非常有价值的事情。重要的是除了时间，我们对于价值的理解还发生了哪些变化。如果我们能从整体的角度看待这些变化，那么食物的未来会更加令人期待。

最后佐藤谈道，味之素从创业之初一直坚持从营养的角度对食谱进行分析。现在，味之素正利用多年积累的相关知识，与各个领域的企业展开合作，努力打造一个实现食品价值最大化的系统。为了实现这个目标，味之素投入了大量的数据资源，例如精细的食谱，以及和健康相关的各种数据。现在正在将这些数据进行特殊加工处理，制成手机应用程序编程接口（API）。手机应用程序编程接口不仅可供味之素自己使用，也可以对其他企业开放。另外，需要强调的是这些数据的覆盖范围非常广，涉及了与实现食物价值相关的多个领域，因此在娱乐、体育、时尚、观光等领域中同样可以发挥重要作用。并且通过从这些领域获得的用户信息和反馈，味之素未来将积累更多的数据。

前面提到的以家电的自动控制为核心的厨房操作系统可以让每个用户更加深刻地理解食物和烹饪。味之素试图打造的系统则可以让企业更加清楚在消费者眼中食物具有怎样的价值。因此可以称之为"食物价值操作系统"。味之素是一家具有百年历史的大企业，一直以来专注于日本饮食的研究，因此它的尝试非常值得我们关注。

2020 年暴发的新冠肺炎疫情打破了人们正常的生活，也对人们的价值观造成巨大冲击。生活、学习、工作、时间、出行、人际关系等，之前的平静生活戛然而止。食物与我们的生活和社会息息相关，疫情让我们重新认识到它的价值。有报道称，实施封城后的欧美国家，在家烤面包的人比以前多了，连续几周人们都很难在超市货架上看到面粉和酵母。从理论上讲，自己和面、烤制面包具有让人放松的"正念减压效果"，人们的实际感受也是如此。

烹调家电销量的增加同样印证了这一点。据说在美国，家用烤箱的销量是上年同期的 8 倍。烤肉器、意面机的销量也有所增加。烹调家电实现物联网化，通过应用软件或语音控制家电是未来的发展趋势。在厨房领域，未来人们追求的应该不单单是用起来方便以及功能强大的烹调家电，还包括更符合人们价值观的厨房操作系统和食物价值操作系统。

专 栏

从世界各地的厨房我们看到了什么
——厨房观察家看到的烹饪的力量

　　有人将饮食比作"社会的镜子"，这个人就是厨房观察家冈根谷实里女士。据说她曾经深入观察过30多个国家的厨房。在朋友的帮助下她去到当地人家里，和他们一起烹饪、就餐，体验各个国家普通民众最日常的饮食。同时，她还细心地考察当地的耕地和超市，走进池塘收获食材，甚至在非洲和当地人一起捉虫子。

　　最近几年她去的次数比较多的国家是保加利亚。众所周知，保加利亚的酸奶非常有名。1个保加利亚人每天消费的酸奶是1个日本人的3倍。冈根最感兴趣的食物是当地老人利用酸奶制作的一种被称为"塔拉托（TapaTop/ Tarator）"的汤。当地人把这种汤盛在一个大碗里直接端上餐桌。汤里有黄瓜、香草、核桃，最适合在炎热的夏日饮用，是保加利亚的特色家庭菜肴。因为保加利亚人在夏天几乎每天都喝这种汤，所以导致酸奶的消费量非常大。

图 5-8　保加利亚的家常菜"塔拉托"

来源：冈根谷实里

130

随着调查的深入，冈根发现了保加利亚乳业发达的真正原因。原来在社会主义时期，保加利亚政府曾号召全国大力发展乳业，因此酸奶作为"国民食品"在保加利亚得到了普及。当时的保加利亚食用肉产量不足，为了向工人阶层提供稳定的食物，政府想到了原本发达的乳业。现在一提到保加利亚人们就会想到酸奶。人们之所以会有这样的印象，一是因为酸奶是保加利亚的传统食品，另一个重要原因是社会主义时期在国家的大力推动下，保加利亚的乳业得到了迅猛的发展。

1991 年苏联解体后，保加利亚的集体农场也相继关闭，农场规模变小，资本主义的生产方式进入酸奶产业。加入欧盟后，周边国家的酸奶、其他的蛋白质食材也进入保加利亚，这给保加利亚酸奶的品质和地位都带来了一定冲击。也许日本人从未想过自己吃的食物是来自社会主义国家还是资本主义国家这个问题。但是，饮食不仅是一种生活方式，有时也带有浓厚的政治色彩。

顺便说一下，以保加利亚酸奶为主要原料，再放入一些蔬菜做成的"塔拉托"和日本的大酱汤比较类似，两者都是以发酵食品为原料制成的汤。在相隔万里的保加利亚也能看到相似的菜肴，想到这一点，也许日本人会对保加利亚产生一种亲近感。冈根在讲座中和日本的孩子及普通民众分享了她的这些发现。

看遍了世界各地的厨房，冈根认为烹饪的本质就是"无论哪个国家、哪个地区，虽然使用的食材不尽相同，但实际上日常饮食的构成要素基本相同。所以即便你对一个国家不太熟悉，也能因为食物对这个国家产生亲近感。食物可以跨越国境、跨越种族把不同国家的人联系在一起"。如果把冈根上面说的话和透过食物看到的社会结构的变化放在一起进行理解，我们就会发现人们烹饪食物、享用食物这一看似简单的行为实际上具有丰富的内涵。

冈根在大学时学习的专业是土木工程，过去的梦想是通过帮助发展中国家发展基础设施，让这些国家的普通民众过上幸福的生活。但是后来她亲眼看到了大规模的道路开发对人们的生活造成了巨大的破坏。看到人们幸福地围坐在餐桌前吃饭的情景，她突然意识到一日三餐直接关系到我们每个人的幸福。于是她辞掉了原来的工作，在 Cookpad 找到了自己真正想做的事情。现在她每年依然会利用一段时间辗转于世界各地的厨房，继续探索如何才能让人们的生活变得更加丰富。

第 6 章

超级个性化服务创造的
食品未来

第 1 节
从"大众服务"到个性化服务的转变

产品服务正在朝着满足个人需求的方向发展，"超个性化"服务的时代正在来临。在这里请跟随笔者一起来看看个性化需求的背景、具体商品和服务，以及它的未来愿景。

我们中的一位作者在年复一年的代谢征候群诊查结果中没有看到任何改善，以此为契机开始了自己测量血糖值。他使用的是美国雅培（Abbott）公司的微创血糖测量仪 FreeStyle Libre。这是一种带显示屏的阅读器（读取装置）与佩戴在手腕上的贴片通过蓝牙连接，结果可随时在传感器上查看。

这样测量到的是葡萄糖水平，它是血糖水平（GI 值）的近似值。通过 24 小时实时测量，掌握血糖峰值。血糖峰值是饭前饭后 GI 值急速上升和下降的现象，曾被指出与脑梗死、心肌梗死、糖尿病有关，据说发生的次数越少越健康。

佩戴了血糖仪后就会让人忍不住一直查看测量到的数值。我们没有什么午餐时间，我的这位同事在 3 分钟内吃完饭团、肉包子和竹轮卷（圆筒状鱼糕）后，几分钟内 GI 值就飙升至 250。一般来说 GI 值应该在 100—120，在 2 周的佩戴期间，有 5% 的概率会在进餐时出现血糖峰值。在不知不觉中，人们就不再能无忧无虑地享受美食了。

这就是"无干预下的数据可视化"带来的悲剧。它的好处是可以找到问题的所在。即使在我们没有接受特定的治疗时也能使用这样的设备来了解自己身体的变化，这一点是非常具有划时代意义的。但是，我们还会忧心于如何解决设备发现的问题。针对这些问题，原本是有相应的对策的，比如"×××会导致你的血糖飙升。吃饭的时候配合着×××一起吃吧"或是"吃完饭走10分钟左右吧"等。进一步说，如果餐厅可以推荐符合我们身体状况的菜单，或是提供为我们匹配食材直接送货上门的服务就可以解决我们的忧虑。这样一来，血糖峰值也一定能够得到控制。①

事实上，我们体验身体数据的采集还有一个原因。我们发现，海外出现了许多个性化营养服务，并且这个市场有迅速扩张的迹象。

2018年10月，在西雅图举行的智能厨房峰会上，时任Habit首席执行官的尼尔·格里默（Neil Grimmer）宣布了一项前所未闻的个性化服务，引起了极大轰动。他用一段视频来解释给在场的人们：运动和饮食给人体带来的影响因人而异。有的人可以通过一些方法减掉相应的体重，但同样的方法换成另一个人就达不到同样的效果。因此为了达成目标，我们必须针对每个人的不同体质拿出具体的解决方案。

他们提供的具体业务如下：首先，注册Habit的账号后，用户将收到一种特殊的饮品。

用户喝下它并将血液测试和部分口腔黏膜样本邮寄给Habit。Habit对其进行分析，诊断用户的体质和消化特征，并据此指导用户应摄取的营养和运动量。并称，今后他们打算和送餐业联手发展。但最后，他们放弃了送餐业务，Habit随后被生物技术企业Viome收购。现在，Viome负责根据收集到的人体数

---

① 用FreeStyle Libre测量血糖能得到以下三点效果：①数值的可视化让我们开始注意自己应该吃什么，也能因此而减轻体重；②数值的可视化时刻提醒我们应该有意识地去调整自己的健康状况；③只要测量过一次就能学会一些相关知识。

据为用户提供食品和保养品方面的指导建议服务，而 Habit 则负责根据偏好调查和可穿戴设备获取的数据为用户提供指导服务。

的确，Habit 曾经想要挑战的送餐业务是有难度的。但在 2019 年的 CES 上，我们遇到了一家初创企业，它在茶饮领域推出了个性化服务。

图 6-1　Lify Wellness 的定制化茶饮

来源：Lify Wellness 官方主页

Lify Wellness 是由李明心和李港慧姐妹二人发起的一家香港初创企业。在香港一直就有着喝养生茶的习惯。而且，据说中国茶要在适合的温度和时间饮用才有效果。

于是，Lify Wellness 首先设计出了手机应用程序。当用户在平台上回答一些如皮肤状态、睡眠质量等与身体状况相关的问题后，系统就会推荐搭配好的花草茶、中国茶，在专用设备上按照手机应用程序上的指示就可以冲泡。虽说是让用户从预设的几种备选方案中进行选择，尚未完全实现为每个人量身定制茶饮，但是这家公司将业务开展在健身馆、水疗中心等高健康意识人群聚集地持续收集数据。

在个性化饮食领域，我们已经看到了提供身体数据采集、诊断和评估，并提供与之匹配饮品的全栈式服务。量产食品和饮料的企业虽可以为用户提供订购服务，但个性化服务这种少量多种类的销售模式对于他们来说门槛过高。而有关个性化服务潮流，我们究竟需要了解些什么呢？

第2节
个性化的三种数据需求

这个时代经常会被称为低欲望时代。我们的生活中，可以称为生活必需品的物品都已经一应俱全。而购买新的物品一般是用来替换旧的物品，或者是为了个人的兴趣爱好而购置。这样一来，企业就需要考虑顾客追求什么样的生活方式，并以"大规模客制化"的方式满足这些被碎片化的需求。过去的大规模生产和价值链在这个时代不起作用，现在需要一种新的供应模式。

除此之外，我们还要面临即将到来的"超·个体优化"，通常我们称之为个性化。客制化是客户直接指定商品样式，而个性化是即使没有顾客的直接指定也能够从行为模式和偏好等大数据中为顾客做出最好的提案。在顾客清楚自己需求的时代，企业就只需等待顾客的订单。然而，在顾客不知道自己真正想要什么的时代，了解他们并能够主动提议拿出问题的解决方案变得至关重要。

人们对"食物个性化"的关注度逐步提升的原因之一是，食品多样化的长尾型需求随着食品科技的发展和传播而日渐明晰。

不论是以一周还是一天为单位计量，人们对食物的需求都是在时时刻刻发生着变化的。根据 2019 Food for Well-being 的调查结果，日本人对早餐的首要需求是"不管在工作日还是节假日都能够轻松和舒适地享用早餐"。而对晚餐，不论是在工作日还是节假日，"想要获得营养均衡的餐食"和"想要吃到喜欢的食物"的需求都位居前列。对于午餐，人们在工作日想要适合一人用餐量的餐食，节假日的需求与晚餐的需求相似。

网飞在观测用户的观影趋势时对时段进行了切分，他们称这是因为即使是同一个人，在不同时段想观看的内容也是不同的。食物的选择也是如此，把一日三餐、下午茶、饮品这些都算在一起的话，一个人每天对食物的选择要进行 5 次以上，而且很有可能每次都是针对不同需求而进行选择。即使是具有高度的健康意识，为了健康而特意选择低 GI 值和低卡路里饮食的人，也会有忍不住吃薯片和方便面的时候。或是，即使有很强的"饮食原则"，当下的选择也会因当时的心情和情况而改变。这就说明，仅仅依靠大规模客制化是无法满足消费者时刻都在改变的需求的。

在这种情况下，以下三个数据可以看作构建个性化服务的关键（图 6-2）。

①烹饪信息：烹饪成果（都做了什么样的餐食）、配料信息、评价信息；

②关于人体生物特征的信息：身心状况、身体状况、好恶/是否有过敏食物；

③有关食品的信息：营养/效果的可视化、购买渠道、保质

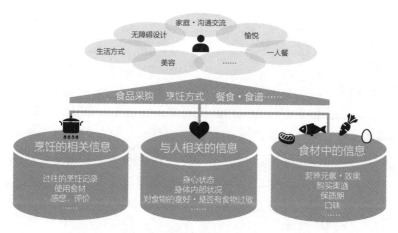

图6-2　食品个性化服务的要素

来源：SIGMAXYZ

期、味道等。

　　最终的个性化就是将这三条信息整合，根据个人的"各种情况"，提供餐食、烹饪方法、烹饪技巧等。

　　关于①烹饪信息已在第5章厨房操作系统中有详细讲解，在本章中将介绍②关于人体生物特征的信息、③有关食品的信息，并将展示若干案例，可供各位在今后思考开展相关业务时做一些参考。

▶ 个性化营养（Personalized Nutrition）来到了食品的世界

　　近年来，分析血液、基因、肠道微生物群等生物数据并为人们提供饮食和运动建议的个性化营养领域中出现了一连串的创业和收购风潮。2018年6月，"个性化营养创新峰会"（Personalized Nutrition Innovation Summit）在美国旧金山召开，来自该领域的参会企业达20余家。

图 6-3 中按业务领域绘制出了参会的企业。

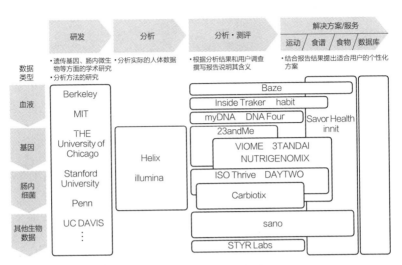

图 6-3　个性化营养领域的企业

来源：SIGMAXYZ 根据 Personalized Nutrition Innovation Summit 2018 内容制成

竖轴表示企业获取的信息类型，横轴表示从研究开发、分析·评估到解决方案（运动、食谱、食物、数据库构建）等服务流程。从中我们可以发现，多数初创企业都在做从数据分析到解决的全栈式业务。也有一些公司只使用基因和肠道微生物群等几种数据。

个性化营养服务的兴起离不开在他们背后提供数据支持的公司。比如，像因美纳（illumina）这样在生物数据解析方面具有优势的企业和 23and ME 这样具有分析优势的企业，都推动了个性化服务的发展。

部分读者也许会好奇这种涉及医疗的服务是否受到监管。诚然，在日本如果想要开展涉及医疗行为的服务需要面临各种规定限制因而很难开展。

而在美国，这种个性化营养服务的开启却并非在治疗领域，而主要是在"肥胖控制"领域。肥胖症是美国健康方面最大的社会问题之一。如果不加以控制，据预测，在2029年，超过50%的美国人口将患有肥胖症（出自美国医学杂志 *NEJM* 中的相关论文）。这往往会引发如糖尿病等与生活方式相关的疾病。消除肥胖症是这些业务的目标，所以比起治疗疾病更加容易进入市场。而且，最重要的是，肥胖可以通过食物来控制。这类被称为"医食同源"的服务，近年来在美国大幅增加。

总部位于英国的餐饮业 IT 解决方案供应商 VitaMojo 与 DNA 测试初创企业 DNAFit 合作，开设了根据每个人的体质提供定制菜单的餐厅。首先，顾客需要提前采集自己的唾液样本邮寄到 DNAFit 进行 DNA 检测。然后，当顾客去餐厅时，与其 DNA 相匹配的菜单会自助显示出来。位于西班牙的美食之城圣塞巴斯蒂安的 BCC（巴斯克烹饪中心）[①]也参与了这项业务。

▶ 零售业中的食品个性化服务趋势

食品个性化服务之风也吹到了零售业。

英国的初创企业 DNA Nudge 开发了一个系统，使顾客可以根据 DNA 的检查结果选择和购买最适合自己的产品。来到店里的客人要先进行 DNA 检测。一个小时后就能得到检测结果，顾客会领到一个有自己 DNA 数据结果的腕带。把腕带对准商品条形码，如果它亮绿灯就说明这件产品与顾客的 DNA 相匹配，否则就会亮红灯。这样一来，即使都是巧克力，也能知道哪些品牌的巧克力适合自己的体质，哪些不适合。过去人们通过看标

---

① 请参考第 9 章"如何打造食品科技产业化"中的表格"海外主要学术机构、孵化器和团体开展的活动"。

签或包装上的"低脂肪""低碳水化合物"等字眼来挑选食品，现在可以进行更精准的选择。这家公司不断扩大这项业务的同时，强调他们会在顾客购物结束后立即删掉顾客的信息，以避免个人信息的泄露。

与此同时，美国大型超市克罗格（Kroger）于 2019 年与医疗机构合作，启动了一项针对糖尿病患者的个性化营养处方项目试点。这个项目中，顾客在医院接受检查后，会拿到根据自身病情特制的食品购物清单及优惠券。克罗格店内的营养师会针对每一位患者的生活方式、预算和烹饪水平提供咨询和饮食建议服务，帮助患者将营养建议融入他们的生活当中。

此外，克罗格提供的手机应用程序能对用户的饮食习惯进行可视化和监控，根据用户的购买历史对其营养摄入状况等进行评分。传统形式上的医生对患者的饮食指导并没有得到患者的完全理解，现今这些手机应用程序有望缩小饮食指导和患者现实生活之间的距离。

▶ 串联起来的食材数据

当有关人体生物的数据可以精准地可视化，也有了相应的食谱、食材方面的解决方案之后，下一步需要的就是食材本身的数据了。除了营养成分，如果有硬度和口感、保质期、产地和流通渠道等方面数据，就可以生成多种建议方案。虽然现在每种食品材料都有它的成分表，很多国家也都有如何标记加工食品的相应政策，但这些和上面所说的有关人体的数据，以及烹饪时的数据之间还没有相互关联。

举个例子，即使同样是"茄子"，有的人会想知道它是从什么样的土壤真菌中培养出来的，有的人会想知道它的维生素含量、味道、颜色、软硬、食谱、加热后营养元素会发生怎样的变化，在我们的肠胃中会如何消化。每个人想要获取的信息都是不同的。这些信息来自不同的领域，因此并没有一个对茄子的全方位定义，没有一个定义茄子的共通语言。

美国加州大学伯克利分校的马修·兰赫（Mathew Lange）教授发起的 IC3-FOODS 正在努力创建这种基础设施。兰赫教授的目标是创建食品互联网，一种类似 HTML 的食品相关语言。如果能用这种语言来描述食材，那么数据之间就能建立起连接。兰赫教授不定期地召开会议并邀请研究人员、政府官员和企业来一起构建语言。其中 IC3-FOODS 的合作伙伴——GODAN（全球农业和营养开放数据）是在全球倡议使营养素和其他食品数据标准化的领军者。

在日本，Delica Foods Holdings 以分子营养为基础测量数据，同一蔬菜的营养价值因季节而异，他们能够研究出在什么时候吃什么食物才最营养美味。

正如 IC3-FOODS 的材料（图 6-4）所示，除非数据可以串联起来，否则很难实现对消费者真正有意义的食品服务，个性化服务的建设迫切需要建立数据平台。

▶ 日本企业追求的个性化服务

日本企业中开展个性化服务的还很少，接下来笔者将介绍其中几家企业开展的业务。

食品生产厂商日冷正在开发一项名为 conomeal 的业务，它能将人们对食物的喜好可视化。企业业务开发负责人关屋英理子称，根据企业的食品与幸福方面的调查得知人们的幸福感来自以下几点："比起餐桌上的山珍海味，轻松愉快的氛围更重

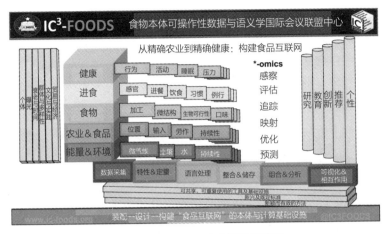

图 6-4　IC3-FOODS 公司业务范畴

来源：IC3-FOODS

要""能运用各种信息享受菜肴""只买自己需要的东西""在与人交流的过程中巧妙地收集信息"。关屋英理子综合这几点并概括出饮食与幸福的理念——"制造愉快的用餐环境""无须特意查找就能在适当的时机出现自己想要的信息"。

conomeal 通过饮食观念、情绪、环境分析出个人的食品喜好，并以此种方式促成人与健康美食的邂逅。他们首先做的是通过推荐菜单、食谱等来为每天的家庭生活中人们最为苦恼的一日三餐提供帮助。关屋英理子这样描述食品行业的个性化服务特质："固然有像亚马逊那样依照热卖榜进行推荐的方式，但是在食品方面人的心情和当下的情况都会影响到人们对食品的选择。人们对食品的喜好极易发生变化。比起从购买记录中探寻人们对食物的偏好，我们认为从个人的饮食观念出发并考虑情绪、环境等变化因素从而对顾客进行饮食推荐的方式更为妥当。"

这种饮食观念是通过日冷独创的技术实现的，该技术使用心理测量学（心理统计分析）分析关于食物的潜意识，并将其分为六种意识。多年以来，日冷一直在研究如何消除消费者对日常餐食选择冷冻食品而产生的内疚感并探索改进消费者潜意识的方法。他们拥有食品生产厂商独有的研究和技术。通过回答"conomeal"中的六个问题，构建了区分六种类型的算法。而且随着使用频率增加，饮食观念类型就越细化，推荐的商品也就越能契合消费者的个人情况。

除了这六种类型之外，如果某次消费中消费者并未选择系统推荐的商品，系统也会发现消费发生变化的情绪、场景，并记录下来。此外，为了使消费者在使用"conomeal"时能拥有意外发现带来的惊喜体验和通过自己选择而带来的成就感，他们还提供应季食谱。

正如第 1 章中阐述"食品的长尾效应需求"时提到的，人们对食物的需求具有多样性，且具有随时都会发生变化的特征。这种着眼于消费者需求特征的方式应该可以说是基于人们喜好的、最本质的个性化服务。另外，食品需求的多样性也可能意味着人们的有些喜好是无意识的，科学的分析方法可以为我们发掘这些新的个人食品喜好。

值得我们关注的是，国外企业聚焦于食物的功能性，而日冷是将饮食观念与烹饪信息整合，以此来追求食物的综合性口味。

笔者要介绍的另一个案例是一家 2019 年创立的名为 Can Eat 的初创企业，其宗旨是帮助由于偏食或其他原因导致在外就餐时会遇到困难的消费者。这家企业针对这一人群推出了一项服务：消费者可以事先在网上填写自己不能吃的、不喜欢吃的和爱吃的食物，并与朋友、餐厅分享这些信息。

据说，以往与食品过敏或饮食限制相关的纠纷大多是沟通不畅和相关知识不足造成的。即使消费者提前告知了对方自己对大豆过敏，但呈上餐桌的菜品中还是会出现豆芽，类似的乌龙事件时有发生。

Can Eat 在获取消费者有关食物禁忌详细信息的同时，还根据不同食品过敏源给出详细的指导意见。他们与婚宴等聚餐酒席企业联手，使这些指导意见的信息进入到厨房内部。他们同时也为企业的食堂提供这项服务。通过这项服务，消费者也能准确无误地传达自己对哪些食品过敏。这样一个集中食物过敏相关信息的平台，不仅能为餐饮服务业提供个性化服务的支持，而且倘若与正在着手与制造和销售个性化食品的生产厂商和家电生产厂商合作，还能为大众提供全方位的服务。消费者真正需要的不是将食物过敏信息可视化，而是基于它来实现膳食。

第 3 节
食品行业中的网飞会出现吗？

前面我们介绍了人体相关数据和与食材相关数据的获取。那么，基于数据结果呈现的餐食要如何烹饪呢？3D 打印技术作为新生烹饪技术备受关注。①只要有精准的烹饪设计图和作为"墨水"的食材就能将个人定制的意大利面等"印刷"出来。此类研究正在荷兰等欧洲国家积极开展。其中与 TNO（荷兰应

---

① 3D 打印机是一种可以根据三维数据快速创建立体模型的设备，可以将食材作为 3D 打印机的"墨水"为食品开辟新的可能性。它有如下优点：a.能将食材做成复杂的形状；b.可以实现远距离烹饪；c.能根据个人的需求调整食材等。

用科学研究组织）、瓦格嫩根大学和埃因霍温科技大学合作的数字食品加工计划（Digital Food Processing Initiative）正在为了实现食品营养层面上的个性化与意大利面生产厂商 Barilla 等私营企业合作开发 3D 食品打印机。

此外，食品机器人技术作为实现个性化的手段之一也引起了人们的关注，具体会在本书的第 7 章中详细阐述。现在食品机器人学在不断发展，近年来餐饮行业存在着人手不足的问题，随之出现了食品加工烹饪自动化等方式。本次新冠肺炎疫情的暴发也使自动烹饪成为重大议题。

食品机器人学与自动烹饪的区别在于生产的分散化。目前，批量化生产活动都是在郊外的大型工厂中进行。在大批量生产同样的商品时，这无疑是非常高效的。但若是按照个体需求生产商品的话，还是应该将生产活动分散开来。在消费者的附近安置生产线，比如说在零售商的店铺中安置生产线，这种形式叫作"边缘化"①。随着食品机器人学的发展，生产个性化食品也会因"边缘化"而变得轻松容易。

我们在第 2 章也介绍过植物工厂初创企业 Plantex 采取 Hyper Precision Agriculture（超高精准度农业），在完全封闭式的环境中通过控制光、温度等大量地变量栽培蔬菜。有了这项技术就可以控制每 100 克中的 β-胡萝卜素的含量等，未来蔬菜也有望实现个性化定制。当前在市场上售卖的生菜中每 100 克中 β-胡萝卜素的含量就比普通生菜高 16 倍之多。通过这项技术，除了能增加营养成分含量外，也能去除蔬菜中引起过敏的

---

① 边缘化是 IT 行业的术语。它指的是在附有传感器的终端（边缘侧）处理数据的技术和想法，而不是在集中管理大量数据的云端。在食品行业，这一概念促使人们对按需生产重新关注，就是说生产更接近消费者的个性化需求，而并非在大型工厂统一大规模地生产。

物质。这种模式的蔬菜工厂位于京桥的 PLANTPORY Tokyo 之中，那里生产的"京桥生菜"在东京都的各大超市中售卖。食材的个性化定制时代也在不经意之间到来了。

但我们如何在这个已经成形的大批量生产和大批量交付的食品系统中实现食品个性化？谁又能引领风向呢？

此时，浮现在笔者脑海中的是美国网飞的发展故事。网飞起家于 DVD 租赁业务，随后转变为数字发行，并通过分析用户的收视行为估测出用户的喜好，为用户筛选、推荐影片，与此同时他们还自制影片。这样做下来的结果，在第 20 届奥斯卡颁奖典礼上网飞的作品获得的提名次数最多。

网飞为发展个性化服务从 2019 年开始使用 AI 自动生成电影预告片。同样的电影可以根据用户的喜好制作出不同的预告片，有为动作片喜好者准备的版本，以及为爱情片喜好者推荐的版本等。 同样一部电影却有着不同的宣传营销方式，不再需要用户从面向大众的作品当中自主挑选，而是为用户提供符合个人口味需求的影片。这样的个性化服务也会来到食品行业当中吗？

亚马逊与优步美食（Uber Eats）等外卖平台正在收集有关消费者饮食方面的数据。尤其是亚马逊，它的平台本身就直接向消费者提供大量的商品，同时还在自家旗下的全食超市的市场上开发包括生鲜食品在内的自有品牌。因此，不管是对那些食品健康意识高的人群，还是其他人群，亚马逊都能拿出有力的食品推荐方案。随着与 Alexa（亚马逊旗下对话式人工智能助手）兼容的家电产品开始增多，亚马逊可获取的消费者数据的范围和数量、可推荐的产品阵容，以及购买方式的多样化等已经远远超越了作为食品·家电生产厂商、零售商的水平。

▶ 即将到来的个性化服务 3.0

那么，亚马逊这样的平台能引领个性化服务风向吗？至今为止包括食品行业在内的所有行业中的个性化服务，都是基于消费者的购买记录的服务（1.0 版本）。而本章和第 5 章中介绍的根据食材、人体生物数据等提供解决方案的服务可以称为 2.0 版本。

但实际上个性化服务还有更为广阔的未来世界。如果就这样停留在 2.0 阶段的话，恐怕会成为"AI 控制人类饮食的世界"或是"各自用餐的孤独世界"，抑或相反，人们可能最终抛开这些通过数据演算推荐的餐食方案，随心所欲地安排自己的餐食。那么，倘若在此之外还存在个性化服务 3.0，会是怎样的服务，又会创造怎样的体验？笔者在这里提出三个观点。

更加智能的个性化服务

如果个性化服务不单单是让人们被动地接受推荐，而是一种允许人们自主选择、通过自己的亲身感受做出选择的服务，又会如何呢？我们在第 2 章中提过的 snaq.me 就采用了这样的方式。在为客户邮寄订购的个性化零食时，每次都配有一个小册子，上面写着有关产品的各种说明，比如对环境无害的零食、对健康有益的零食、在遥远国度收获原料的故事、零食的新吃法等。通过这种方式他们就可以道出在一般的食品包装上难以讲清楚的事情。

换句话说，就是让人们在吃东西的时候清晰地认识到吃东西的意义。如果换成食谱的话，人们可以根据它的内容尝试自己不曾试过的烹饪方法，也可以将从未尝试过的传统食材融入烹饪中，或是能为避免食品浪费做出贡献等。我们会来到隐藏在个性化服务背后的世界，一个自我成长机制的世界。笔者认为这种匠心能为那些趋于机械化的个性化服务带来温度。

具有集体意识的个性化服务

也有具有集体意识的个性化服务。对此，负责开发的 conomeal 业务的日冷职员关屋表示："虽然一个人用餐的时候，可以只吃自己喜欢的食物，但是与之相比，人们聚在一起用餐时更能感受到幸福。与家人一起用餐的幸福可以是妈妈为了家人下厨，或是妈妈通过做自己想做的菜而获得成就感等，众多的要素构成了家庭餐桌的幸福感。"

我们可以通过一起用餐增进与家人朋友等身边的人的相互了解，让彼此感到愉悦。如果少了这些，用餐将会变得非常无趣。食品给我们带来的快乐还包括与人分享自己喜欢的食物，和喜欢的人吃同样的食物，因为某种食物而怀念某个人等。除此之外，还会有因为是对方特意为我们做的而觉得格外美味的情况。

这和我们上文提到的 Can Eat 那样将导致过敏的信息传达清楚，让餐桌上的所有人都享用到安全餐食的方案也有关联。由此，是否可以考虑推出一个不但具有个体适宜性，还能与周围人一起融洽进餐的服务呢？

基于社会全局考量的个性化服务

2020 年 2 月 27 日，一场基于个性化服务的美食发布会——"Customize"①在纽约召开。这次活动中的议题之一是"切勿只以人为中心"。如果只考虑人类的方便，我们就丧失了为社会和整个地球考虑的全局观。不少参会者对追求"个体适宜性"抱

---

①　是一项由智能厨房峰会的创办人迈克尔·沃夫主持的活动，参会者中除了食品生产厂商外，还有食品零售商。

有危机感。很多参展的初创企业不仅追求个体适宜性，而且注重可持续性价值等为社会提供价值的诉求。引人深思的是，这些争议早在新冠肺炎疫情席卷纽约前夕，乔治·弗洛伊德之死①引发的示威活动发生之前就存在了。

长期以来，人们一直担心基于 DNA 测试的各种服务实际上可能会引发种族主义。一味地迎合、满足人类的欲望可能会伤害到其他生物或对社会产生副作用。我们想要的个性化服务并非如此。我们应当思考个性化服务对整个地球和社会来说是否有益，对于社会系统来说是否是最合适的。我们应当从全社会的角度去发展个性化服务。

---

① 2020 年 5 月 25 日，美国明尼苏达州明尼阿波利斯市的一名警察在执法过程中动作失当致一名非裔男子死亡。

让 AI 为人类提供防患于未然的食品
——Humanome 研究所

"累了一天，我可要吃顿大餐""肠胃不舒服、不消化，想喝点儿粥"，从这些在我们日常生活中不经意间涌现的想法就可以看出我们的身体状况和食物有着千丝万缕的关系。这就说明只要能把握顾客当下的身体状态就能做出"提高顾客满意度的食品""让人健康的食品"。

那么，我们在实际制定个性化饮食时要通过何种方式获取顾客身体相关信息呢？一般来说，我们一年才做一次健康体检。但是，每天吃的东西却是不同的，仅凭借一年一次的体检结果去设计每日的饮食显然是不合理的。因此，与食品有关的身体状况检测需要每月、每天甚至每个小时都进行。这样的身体状况检测真的现实吗？

笔者在这里介绍一项活跃于 IT 和医疗保健领域的 Humanome 研究所进行的实验，希望能给读者们一些启示。他们使用近年来发展迅速的可穿戴数字装备来观测人体一个多月的日常身体状况，6 家不同专业的企业分别负责相应数据的测量 [诊断急性心肌梗死（AMI）肠道微生物群：Metagen 公司；活动量·睡眠：NeuroSpace 公司；饮食·血压：Wellnas 公司；问卷调查：Rhelixa 公司，配合调查的对象是在山形县鹤冈市温泉小镇·汤野滨工作的 40~60 岁之间的 25 名工作人员。

实验过程中，为了测量营养摄入用手机拍摄进餐，并通过手表式设备（结合日常活动测量）和安装在睡眠设备上的固定传感器自动测量睡眠状态。早、晚各测量一次血压值，实验期间采集 3 次肠道细菌（肠道菌群），采用各种最新的测量方法测量调查协助者的健康状况。

检测报告除了返还给本人外，还会交由 Humanome 研究所用人工智能技术进行综合分析。25 名协助者的数据都具有各自的特征，但其中一人的观测数据中显示有一周的数据与以往的测量结果相差很大。从调查问卷的结果得知该名协助者在这周的后半段感冒了。因为是实时监测，所以能从数据中看到人们从感冒前到治愈为止身体的变化情况。

这说明，实时监测能在人自身察觉感冒之前就捕捉到身体状况的变化，如果这时就为人们提供治疗感冒的饮食就有预防感冒的可能性。

与此同时，这项实验中也存在一些问题。比如观测设备电量耗尽时就无法继续测量数据，人们不得不经常留心这些设备的状态，而且对同时佩戴多个设备的人来说负担过重。由此得出，要想将健康和食品联系起来，就需要升级技术使之可以进行长期且高频率的监测，另外还要减轻佩戴负担。

（Humanome 研究所 濑濑润社长 撰文）

人物专访

世界上最短时间拿到米其林三星的大厨讲述烹饪与科技
让机器人获得"失败"的能力

HAJIME 总厨米田肇

1972 年出生于大阪府。曾在电子零件制造业任职，1998 年摇身一变成为厨师。在日本和法国深造厨艺后，于 2008 年开起了自己的餐厅 Hajime RESTAURANT GASTRONOMIQUE OSAKA JAPON。他仅用 1 年 5 个月就获得了米其林三星，是世界上用最短时间拿到米其林三星的厨师。2012 年，他将餐厅名改为自己的名字 HAJIME，到目前为止连续三年获得米其林三星。

用毫米精确计算的原创菜品让"世界之舌"为之惊呼。米田肇被称为烹饪界的创新者。有着超越常规想法的米田先生是如何看待烹饪与科技相融合的未来世界的呢？

采访人 Scrum Ventures 外村仁

——新冠肺炎疫情对餐饮服务业造成了沉重打击。在危机时刻您挺身而出，领头发起签名活动要求国家和议员们施行防止餐饮行业破产对

策，最终第二次补充预算案通过，大家才拿到了薪金和房租补助。这次签名活动最终征集到了18万人的签名也是多亏了您的号召。在这里首先要向您表示诚挚的谢意。

米田肇（以下简称米田）：这并非我一个人的功劳。前段时间，我的很多同行朋友最终都走到了关店这一步让我非常痛心。但这一次我们取得了一定的成果，至少能帮助到一些还在坚持的同行朋友，让厨师们的料理之火不被扑灭，让食物成为人们的希望，也让我自己开始向前看。所以我也希望大家都要尽自己的全力，不要放弃。

这次，我们餐饮行业陷入困境是众所周知的事实。聚集会造成感染风险加大。将聚集和感染危险性画等号其实就是将人与人之间的沟通与感染风险画了等号，而人与人的沟通聚集却恰巧是我们餐饮的核心价值。在强调消化吸收、营养摄取的功能主义与强调用餐会使大脑释放多巴胺的快乐至上主义的中间还存在着沟通主义。这次疫情让我更清晰地认识到这三者的融合才能体现餐厅的价值。

餐厅的价值在疫情结束后也不会发生改变。不知道未来医疗卫生技术能在多大程度上降低聚集带来的感染风险，与此同时还需要考虑客户是否愿意冒着被感染的风险也要去餐厅就餐，因此我认为今后两极分化将更为严重。比如，居家防疫期间，很多人都比以前有了更多的富余时间，所以之前为了节省时间才经常去的餐厅，或是只是为了填饱肚子而去的餐厅对顾客来说就失去了价值。顾客会选择打包带走、外卖点餐或是自己在家烹饪。反而那些提供特别的餐饮服务、一年才会去几次的店，或是受到当地人喜爱的物美价廉的小店会得以存续。

——来店就餐的动机也非常重要吧。与顾客个人有沟通来往的店还好，那些因承办企业宴会而生意兴隆的餐厅如今却陷入了困境。这次疫情来临之后，餐饮界有了很多新的举动，比如美国的一些餐厅开始将专业的烹饪食材打包零售，餐厅仿佛变成了食品超市。在日本也有一些厨师开始网络在线教授烹饪。这些厨师不仅讲授烹饪的方法，还会谈到自己的人生观和思考问题的方式等，吸引了大量的观众。我想这样的现象是和您刚才提到的沟通的价值有共通性的。

米田：的确。今后餐饮业中会涌现出更多新的形式。有些人在紧锣密鼓地开启新形式，而我正在思考餐饮业中的长期的变化以及背后的本质。这次疫情中，日本政府对居家防疫补贴等的应对措施的实施速度缓慢，很多经营者为了维持眼前的生活开始外卖业务，但收益不过是原本的10%左右，因此很多店面最终还是不得不选择关店。我希望未来技术的发展能够弥补这次暴露在食品服务行业的漏洞。

其中我最关心的问题之一是在孩子们学校的餐食。在新冠肺炎疫情的影响下，孩子们在学校用餐时会被告诫尽量不要说话，就餐时与人保持距离，不能面对面用餐。这样一来用餐中的沟通价值就无法得到体现，孩子们在这种环境中长大以后对在餐厅用餐会产生与我们不同的感觉。就算用上虚拟化身等虚拟技术也好，我认为有必要使用科技手段将用餐和沟通连接起来。

——我明白了。还有其他扩大餐厅优势的科技应用方式吗？

米田：一直以来支撑起一个餐厅的是厨师自身具有的特质与随机应变的能力。怎样将厨师的能力程序化，这里面就需要用到科技了。比如，HAJIME的店里在烹饪肉菜时会使用到10多个不同的温区，我们使用与温区数量相同的厨房设备来完成。现有的厨房设备在特定应用方面（例如保持100摄氏度恒定）具备出色的稳定性。但反过来说，它不具有随机应变的灵活性。然而，食材是有个体差异的，最终还是要依靠人工把控。而人与人之间又存在着技术水平的差异，这会导致最终呈现的菜品出现参差。我认为在我所看到的一些以往案例中，是能在一定程度上赋予设备灵活性的。然而，若是加入厨师的创造力的话，可能需要重新审视设备开发概念的本身。

因为没有"失败"，创造力就无法诞生。现代科技是不允许失败的，但是，我个人在做新菜品的时候，会特意把它交给在厨房中发挥不稳定的员工。这是因为缺陷往往会带来新发现。尤其是在实验厨房创造新口味的过程中，非常需要这种具有灵活性的机器人，要是真的发明出来一定会非常有意思。说到底，就是因为机器人不会失败，所以也永远不会超越人类。

图为米田先生的代表作，使用100多种蔬菜，经过适当的烹调发挥出食材的最佳风味，用以展现地球的周期。宛如艺术作品一般每一毫米都经过计算。（Masashi Kuma 拍摄）

图 6-5　米田先生的代言性菜品

——的确，当下的厨房设备生产商中不存在"失败"的概念。听说您会以 0.1 摄氏度为单位调整食材的烹饪温度，以 0.1 毫米为增减量改变下刀方式并尽力将这些精密的处理数值化，那么您认为数据库建立之后，厨师的感觉、直觉被科技所替代的时代会到来吗？

米田：我认为几乎是可以被代替的。其实在餐厅的厨房里人要比机器更容易犯错。人在身体不舒服、心情不好等情况下会很容易失误。所以我在每天与餐厅员工问好的时候会特别注意观察员工们当天的状态。然而，如果我们把工作交给配备人工智能的安卓，除非电池耗尽，否则它会和人类做得一样好。例如，如果从一直合作的供应商那里购买的胡萝卜看起来不理想，碰巧该供应商当天休息的话，人类就会选择妥协而继续使用这些胡萝卜。但是如果换做机器人，它在进货的一瞬间就能在测量出胡萝卜的糖度之后退货处理或是给我发邮件。再加上，与机器人不会发生劳动纠纷，它能为我们彻夜打扫厨房，让厨房始终保持着一尘不染的状态。

前面提到的机器人缺少灵活性确实是个问题，但在那之前的阶段，人也只有两只手，机器人就没有这样的限制。机器人能同时处理 100 种食材，在指定温区里同时做出好几份菜品。因此我认为我应该在我的厨房里大量使用机器人。

什么是美食学的"五个进化"？

——2019 年在 FOODIT TOKYO 与您交谈时，您提到了有关科技与烹饪的五个关键词：①"餐饮美食学（餐饮空间）"；②"烹饪设施美食学（空间艺术）"；③"空间美食学（宇宙空间）"；④"奇点美食学（数字科技世界）"；⑤"医学美食学（医疗领域）"。在那之后您的想法有什么改变吗？

米田：这次疫情让我思考了很多有关宇宙空间食品的问题。不出门宅在家中的状态，就和在外太空很相似。我们要如何应对一点细菌或是病毒都会引发大问题的情况。另外，食物的意义是什么，你如何创造未来的可能性？自从我正式参加了 JAXA（日本宇宙航空研究开发机构）和 Real Tech Fund 策划的未来美食板块"SPACE FOODSPHERE"之后，我希望能继续传达我作为厨师的知识。

——米田先生您最初为什么对美食学的"五个进化"感兴趣呢？

米田：最初的契机是我在 2015 年与丰田汽车公司的 Lexu S 合作参加了米兰设计周，我们展出了 3 个空间艺术与烹饪联合的展位，获得了热烈反响，一周内动员了 48000 名参观者。我们做的活动中有一项是在播放雨的影像的空间中，让人们吃跳跳糖，用身体感受"雨滴"的感觉。另一项活动的主题是"生命之树"，在一个仿佛是在树干中间的空间里让参与者们将可可脂制成的球体放入口中，体会树木吸收水分时展现的生命力。第三个是名为"宇宙诞生汤"的作品。据说地球下着大雨，植物性浮游生物在海洋中诞生时，海水的味道与拉面汤相似。现在地球上由于人种等问题发生战争，然而人类最初都是从同样的"汤"中诞生。这个作品就是为了让人们在品尝由多种食材制成、味道均衡的汤的同时，感受人类的起源。

这些展出吸引了大量的观众，我们准备的食材在第一天的下午就全部用光了。到后来我们只能和观众说"我们只展示空间艺术"，但很多观众听到这就说："那我第二天早上 10 点再来吧。"之后就回去了。看到这里我觉得很有意思。这就像是，如果电影院中有一个设施可以加上美食体验，尽管到目前为止我们只是去电影院中享受看电影的乐趣，但这样一来就出现"如果只是电影我就不会去了"的顾客。不仅如此，通过加入美食这项附加值，电影本身的呈现度也会提高。从这次经历中，我开始认识到餐厅与其他领域也有融合的可能性。

　　——奇点美食学是指虚拟世界吗？

　　米田：电脑中有声音、影像、音乐和照片，但还没有"味道"。我查了一下，发现把U盘放进嘴里能感觉到甜、辣、苦的设备已经出现了。要是这样，我认为从亚马逊等在线商店购买酱油时，最好有一个"品尝按钮"。在餐饮行业经常会因为顾客没办法提前知道味道而遇到麻烦，比如说在高级餐厅点的菜不合自己的胃口，但是看在它高昂的价格上却不得不吃下它。正因如此，网上的客户评价中要数饮食店相关的点评最多。要是有了"品尝按钮"，是不是就可以避免一些问题呢？

　　除此之外，要是瞬间转移的研究取得进展，那么物流业就会发生改变，食品的废弃问题也会得到解决。当然，这些并非一下子就能实现的事情，需要有人在这些问题上付诸行动。我希望能和与我拥有同样想法的企业合作实现这些设想。

　　——厨师的想法与商界的碰撞真的是很让人期待。那么，"医疗美食学"又是指什么呢？

　　米田：我现在构想的是"最后的晚餐"项目。如果味觉信息能通过电极传递给人类，那么就让在生命最后一刻想吃饺子的人感受到饺子的味道，并用声音传递饺子的多汁感。这样一来就能让人在满足之中度过自己生命的最后一刻。我看重的并不只是食品的功能性，我主要是希望能用赋予人们"希望"和"感动"的菜品来改变医院中的餐食。

　　产生创新的先决条件是从不同寻常的地方做起。我们首先要打破的是像给贫穷的人送去高品质的餐食等传统做法。应该使用新的科技来解决问题。我认为这是今后厨师们应该思考的问题。比如，在国外某些正在爆发战争或传染病的地区，我们即使想伸出援手也没办法到当地去。这种时候要是有AI、5G等技术将信息与当地共享，就能和远程医疗一样将餐食与感动传递到有需要的人们手中。这样的时代一定会到来的。

——随着未来食品和科技的关系越来越密切，商业界应该有什么样的构想呢？

米田：我认为最好是在初期阶段就能实现想法的共享，尽可能多的去进行沟通。从一些简单的东西着手，即使他们之前还是一个与饮食行业不相关的领域，但后期可以将其结合起来，创造出个性化的产品或服务。我认为转变思路、迎接挑战的姿态很重要，不能光有不切实际的想法，应该尽快聚集起那些思考"如何开启新事业"并能真正提出切实可行的建议的人。

（胜俣哲生、桥长初代、吾妻拓编写，改编自 *Nikkei Cross Trend* 2019 年 11 月刊登稿、2020 年 6 月追加采访）

第 7 章

食品科技带来的餐饮业升级

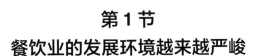

第 1 节
餐饮业的发展环境越来越严峻

近年，餐饮业用工不足的问题格外突出。厚生劳动省发布的《雇用动向调查》显示，餐饮住宿行业的用工缺口率是全国平均值的 2 倍以上。造成这一现象的原因之一是居高不下的离职率。餐饮住宿行业从业人员入职后前 3 年的离职率在所有行业中排名第一，超过 50%。同时，与其他行业相比，餐饮业的人均劳动生产率仅为 250 万日元，远低于人均 870 万日元的全国平均值，在所有行业中排名垫底。

ROYAL HOLDINGS 的菊地唯夫董事长表示："餐饮业劳动生产率偏低是不争的事实。一般来说提高劳动生产率的方法有两个：一个是提高附加值，另一个是减少员工数量。企业经营者往往选择后者。与其他行业不同，餐饮业属于服务行业，提供服务和消费服务这两种行为在同一场地进行，并且同时发生。因此如果仅靠减少员工数量提高劳动生产率，那么就有可能导致服务质量大打折扣。"

另外，受此次疫情影响，为了减少人与人之间的接触，餐饮业用工不足的问题变得更加严重。在员工和资金有限的条件下如何提高附加值，这个对于餐饮业来说老生常谈的问题现在变得尤为紧迫。

▶ 人手和店面位置的结构性矛盾开始显现

因为新冠肺炎疫情，日本餐饮业 2020 年 3 月的营业额与上年同期相比减少了 17.3%。这个数字超过了 2011 年 3 月东日本大地震时的 10.3%。专家预测 2020 年 4 月和 5 月的降幅会更大。

现在餐饮业的结构性问题已经彻底暴露出来。菊地董事长称："一直以来，餐饮业通过增加或减少临时工的办法应对旺季和淡季的人手问题，但是这次疫情让餐饮业意识到临时工的工资不再是可变成本。"

过去临时工是餐饮业应对人手不足最有力的武器，如果招不到临时工就意味着店铺将无法维持经营。餐饮业从业人员的 82% 为临时工，他们对于餐饮业来说不可或缺。过去临时工的工资对于企业来说是可变成本，现在变成了固定成本，餐饮业的成本结构因此变得缺乏弹性。人手不足导致餐饮业的产业结构正悄然发生变化。

如果人手不足的问题一直无法得到解决，那么接下来削减成本的对象就变成了房租。对于餐饮业来说，除了工人工资，房租也是固定成本。过去，对于餐饮企业来说店面位置非常重要。但是现在，因为有了送餐和外卖，店面位置的重要性大大降低。并且因为店内不需要设置用餐的座位，所以店铺面积也自然变小。

日本餐饮业面临的这些外部环境的变化在日本以外的其他国家同样可以看到。以美国为例，2020 年 3 月美国餐饮业的销售额预计减少 300 亿美元，到了 4 月份预计将减少 500 亿美元，2020 年年末预计总共将减少 2400 亿美元。

一直以来美国餐饮业人手不足的问题都非常严重。在这种背景下，餐饮业的结构出现了新的变化。优步美食和 Doordash 等外卖平台数量不断增加，这些平台主要依靠零工①为顾客配送

---

① Gig worker，利用网络上的平台服务，接受一次性的工作委托获得收入的人。

餐食。近几年，美国餐饮业正在构建一种具有超强适应能力的新型餐厅模式，这种餐厅模式不仅可以大大提高送餐效率，还可以帮助企业应对餐厅科技以及新的业务模式。

例如，2019 年 1 月在拉斯维加斯举办了一场名为 CES 2019 的活动。在该活动上展示了一款烹饪机器人，这款机器人在活动现场向人们展示如何制作面包。新鲜烤制的面包散发着诱人的香气，刺激着现场每个人的食欲，面包的美味程度大大超出了人们的预想。

3 个月后，在旧金山举办了餐饮业首次专门讨论食品与机器人技术（Food × Robotics）的国际会议 ArticulATE。餐厅、零售业、物流业等食品领域相关人士齐聚一堂，就"人与机器的共存"展开热烈讨论（在旧金山，很多人认为机器人会剥夺人类的工作机会，因此对机器人餐厅持反对意见。据 ArticulATE 的主办方称，举办该活动的目的之一正是深入讨论食品机器人和就业之间的关系）。送餐机器人穿梭于整个会场，升级版的沙拉机器人在现场为人们制作新鲜的沙拉。在会场附近的美食街，人们可以购买外形酷似自动售货机的机器人制作的咖啡和拉面。机器人上菜、准备饮品这种看似只有在未来才能发生的场景已经悄悄地融入了我们的生活。

▶ 改变餐饮业的四个趋势

餐饮业面临人手不足、生产效率低下、固定成本占比过高等结构性问题。为了解决这些问题，同时也为了创造新的客户价值和新的食物体验，人们必须充分利用科技的力量。未来值得关注的四个趋势有食品机器人、自动售货机 3.0、送餐和智能取餐柜、影子厨房和共享型中央厨房。

首先，作为餐饮业新的中坚力量，人们对食品机器人充满了期待。受新冠肺炎疫情影响，人们开始重新审视机器人在效率和卫生方面的优势。同时，餐厅还可以向人们展示机器人烹饪的过程，由此产生的娱乐效果也不容小觑。

接下来是自动售货机3.0。如果将遍布日本大街小巷的销售饮料的自动售货机称为"自动售货机1.0"，那么可以根据个人喜好添加砂糖和牛奶的咖啡自动售货机就是"自动售货机2.0"。目前在欧美国家，一种可以被称为"小型无人餐厅"的新型自动售货机越来越多地出现在人们视野中。它可以为人们提供现做的拉面和定制沙拉。这是一款升级版自动售货机，因其具备的强大功能，我们可以称之为"自动售货机3.0"。人们可以使用智能手机上的应用软件下单和支付，有的自动售货机上设置的选项超过了1000种，完全可以根据顾客的个人喜好为其提供新鲜的食物和饮料。

第三个趋势是送餐和智能取餐柜。虽然送餐服务早已不是新鲜事物，但是因为疫情，这项服务进一步受到了人们的关注。美国的优步美食和DoorDash、欧洲的Deliveroo在原有的基础上将送餐服务进一步升级。充分利用智能手机的预约和支付功能，在餐厅或智能取餐柜，人们可以选择在不和人直接接触的前提下拿到餐食。因为疫情，这种新系统的重要性得到了进一步提升。

最后是影子厨房和共享型中央厨房。一直以来只有大型连锁餐厅才设有中央厨房，目的是将多个店铺的菜肴集中到一起进行烹饪从而提高效率。笔者在前面曾提到过，现在有一些餐厅没有实体店，只提供送餐服务。最近，吸引数家这样的餐厅入驻的影子厨房，以及可供几家餐厅共同使用的共享型中央厨房多了起来。这些厨房之所以出现，原因是餐饮业前台出现了新的变化，例如送餐和智能取餐柜等。这些厨房出现后，随之而来的是在餐饮业后台诞生了一些新的餐饮平台。①我们将在下一节对这 4 个关键词进行进一步说明。

第 2 节
食品机器人的优势不仅仅是提高效率

食品机器人是支持餐厅运营的机器解决方案。美国调查公司 Meticulous Market Research 的调查②显示，预计 2025 年之前食品机器人市场将以年均 32.7% 的速度扩大，达到 31 亿美元的规模。食品机器人的用途广泛，它们除了承担烹饪、摆盘、清洗餐具等餐厅后台的工作，还出现了能够上菜、收拾餐桌等承担一部分前台工作的机器人。

说到这里，读者也许会产生这样的想法："未来的餐厅会采用无人服务吗？"这个问题笔者暂时无法回答，但是现在正在研发的食品机器人有一个最重要的特征，那就是它的目的是"通过人类和机器人的共同协作让顾客的食物体验更加丰富"。人们对食品机器人的期待与之前的烹调家电、食品工厂中的机器设备完全不同。人们希望它不仅可以提高烹饪效率，还要有其他本领，例如通过向顾客展示烹饪过程取悦顾客，以及向顾客提供新的价值（例如食品的安全性和透明性等）。2020 年暴发的新冠肺炎疫情导致人们对这些新价值的需求大增。

---

① 前台指和顾客直接打交道的过程，泛指顾客能看到的所有服务。后台指厨房、物流、信息系统、管理等顾客看不到的所有功能。

② 《食品机器人市场预测 2019—2025》的调查对象是可以编程、能够正确执行多个任务的全自动或半自动机器人。

▶ 日本国内外最新的食品机器人

接下来向读者介绍几款具有代表性的食品机器人。美国的 Creator 公司生产的机器人能够在接受订单后自动制作高品质的汉堡包。该公司在旧金山有一家餐厅，这个餐厅使用的正是 Creator 公司自己生产的汉堡机器人。厨师的烹饪过程被编入程序，从接单、切菜、烤汉堡坯到烤汉堡肉饼一连串的操作全部由机器人自动完成。

这样做的好处在于接到订单后机器人马上就可以开始准备食材并进行烹饪，做出来的食物既新鲜又美味。配料、口味、汉堡肉饼烤制的火候等，顾客下单时最细致的要求也可以通过触屏终端被准确无误地记录下来。因为食品机器人模仿专业厨师的手法制作汉堡，所以从接受订单到出菜的一连串操作极为高效。该公司销售的汉堡包中最便宜的是 1 个 6 美元，而同等水平的汉堡包在旧金山其他餐厅的售价为 12 美元。

食品机器人的优点还不止这些。餐厅将机器人设置在店内，顾客可以看到机器人烹饪的全过程。这既能让顾客赏心悦目，同时能亲眼看到菜品的制作过程，也让顾客感到更加放心。餐厅将烹饪全部交由机器人完成，工作人员则将全部精力用于接待顾客。餐厅让顾客以便宜的价格享受到专业厨师的味道，向顾客展示菜品的烹饪过程，同时还为顾客提供了舒适的就餐环境。

美国的威尔金森烘焙公司（Wilkinson Baking Company）开发了一款名为 BreadBot 的自动制作新鲜面包的迷你烘焙机。在 2019 年举办的 CES 上，这款迷你面包机一亮相就引起了全世界的关注。

　　该款面包机的机身透明，面包的整个制作过程一览无余。从投放原料到揉面、烤制、摆盘的一系列操作完全实现了自动化，1 小时可以制作 3500～4000 克面包。考虑到这款烘焙机的用户主要是食品超市，所以占地空间并不大（宽度大约为 3 米，深度大约为 1.35 米）。来超市购物的顾客能够闻到从机器里飘出的新鲜面包特有的焦香味道，此时的超市仿佛变成了一个小型面包房。

图 7-1　Creator 的汉堡机器人

来源：Creator

　　在 CES 2019 展会上，该公司总裁说道："在让人感到幸福的食物中，没有比新鲜面包再好的了。"他们提供给顾客的不仅是新鲜面包的焦香口感，还有顾客五感得到充分刺激时所感到的喜悦。一直以来，面包生产厂商都是在位于郊外的大型工厂里批量生产面包。但是现在人们更希望看到的是，在靠近消费者的地方根据消费者的需求生产面包。该公司敏锐地捕捉到了这种变化，开发了这款符合生产边缘化潮流的烘焙机。

图 7-2　迷你烘焙机 BreadBot

来源：威尔金森烘焙公司

　　机器人曾经是日本最擅长的领域。现在工厂中使用的工业机器人，无论是在硬件上还是在控制技术上，日本依然处于世界领先地位。与工业机器人不同，食品机器人主要在人们工作和生活的空间发挥重要作用。读者一定好奇日本企业在食品机器人领域里表现如何。

　　日本的 Connected Robotics 是一家食品机器人初创企业，开发的机器人主要从事烹饪、清洗餐具、帮厨等工作，为厨房提供全方位支持。与其他机器人企业不同的是，该公司的核心业务不仅有机器人，还有与机器人相关的软件开发。已经投放市场的产品有制作章鱼小丸子和冰激凌的机器人，以及煮面机器人。该企业将其他企业生产的通用机器人和自己开发的制作这些食物的软件相结合，成功地研制出以上几款食品机器人。

　　例如，该公司生产的制作章鱼小丸子的机器人 OctoChef 利用影像识别技术确认章鱼小丸子烤制的程度，通过反复转动机

172

图 7-3　伊藤洋华堂幕张店的章鱼小丸子机器人

来源：Connected Robotics

械臂使其达到最佳的烤制状态，是一种自动烹饪机器人。厨师在铁板前制作章鱼小丸子时需要承受长时间的炙烤。这款机器人不仅可以减轻厨师的负担，还可以避免烤制出来的章鱼小丸子出现质量参差不齐的情况。现在，人们在步行商业街、观光地的主题公园等地都可以看到这款机器人的身影。在人流如织的场所能够欣赏到机器人烹饪的有趣画面，这无疑为这些地方增加了重要的娱乐元素。前面介绍的 Creator 和 BreadBot 同样具有这种娱乐功能。

▶ 食品机器人在实际应用时需要注意的两个问题

The Spoon 是一家专门从事食品科技报道的美国媒体，前面提到的专门讨论食品与机器人技术（Food × Robotics）的国际会议就是由它主办的。主导运营该媒体的迈克尔·沃夫指出食品机器人在应用时会遇到以下两个问题：一个是后台业务过于陈旧并且过于繁杂；另一个是目前食品机器人只有一部分功能实现了自动化。除了这两点以外，引进机器人还意味着要重新安排餐厅的室内布局以及建立新的系统。他补充道："在大型连锁餐厅设置机器人的难度更大。"因此餐厅需要从全局的观点看待自动化。

令人感到高兴的是一些企业已经开始了在这方面的尝试。它们试图从全局的观点重新建立一个系统，在新的系统下，餐厅的后台业务更加集中，并且和前台业务实现了互联。例如2018年成立的美国SousZen公司，正在尝试将店内所有业务进行数据化处理。该公司正在和百事可乐的英国分公司进行实验，将食材的购买记录、物联网家电和顾客的订单、烹饪自动化、共享食谱和烹饪手册等所有业务变成数据。

这种尝试与本书第5章介绍的Innit等厨房操作系统企业做的事情基本相同。稍有不同的是它们将互通互联进一步向前追溯到前台的订单处理。这样不仅可以提高厨房的工作效率，还可以为顾客提供更加个性化的菜单。这种尝试非常值得日本企业学习，不仅要重视食品机器人的机械性功能，还应该让食品机器人和整个餐厅的数据实现互联互通，针对使用的平台开发和安装与之相对应的食品机器人。

我们高兴地看到日本企业也向这个领域发起了挑战。索尼提出了"机器人烹饪法"的企业愿景，目标是实现人和机器人的合作，两者共存取长补短。在索尼的概念视频里可以看到这样的场景，全家人围坐在蛋糕前，手拿刮刀的机器人正在给蛋糕涂奶油，最后由孩子将水果装饰在蛋糕上。烹饪的真正乐趣在于人们能够共同参与美食的制作，机器人的作用则是帮助人们享受这种乐趣。烹饪是一门和人体五感相关的科学，我们通过感觉理解食物的口味、气味、温度等食材的分子结构和搭配。不仅如此，索尼在"机器人烹饪法"的企业愿景里还提到了未来人们可以利用 AI 技术开发出新的食材搭配。

以上尝试和挑战并不意味着机器人可以代替厨师，它们真正的目的是让机器人进一步激发厨师的创造性。食品机器人可以减轻家庭的烹饪负担，并且和餐厅的厨房业务实现互补。不仅如此，还能让人们享受更多烹饪带来的快乐以及发挥更大的创造力。这正是索尼设想的烹饪×机器人的世界。

第 3 节
自动售货机 3.0——移动的餐厅

由食品机器人派生出来的自动售货机 3.0 是眼下食品科技的一股新潮流。我们也可以称之为"箱式烹调机器人"或"移动的餐厅"。本章开头曾经提到，自动售货机 3.0 不止是一台销售食物的机器。因为制作菜肴和饮料的所有功能全部被压缩在一台主机内，所以它还具有功能强大且占地小的特点，可以被用作活动会场里的临时店铺。 另外，还可以利用其 24 小时工作的特性，在不具备就餐条件的地方为人们提供餐食。

自动售货机 3.0 的另一个特点是从下单、烹调、上菜直到支付的一连串操作完全可以由机器代替人完成。让店员抓狂的个性化菜单，对于它来说也是小菜一碟。读者可以试着回想一下在星巴克和塔利咖啡（Tully's）的柜台前点餐的情形。尽管顾客知道在点餐时可以提出各种各样的要求，但是选项过多有时会让顾客感到不知所措。不仅如此，有的顾客还会担心点餐时间过长会影响其他顾客，或者引起店员的不满，结果往往每次点的都是比较容易做的那几款咖啡。

但是自从有了自动售货机 3.0，点餐就变得方便多了。在很多餐厅顾客都可以用智能手机或者店里的平板电脑点餐，很容易从众多的选项中选到自己想要的餐食。如果想吃沙拉，可以随意选择蔬菜以及配菜；如果想喝咖啡，可以选择不同的口味以及牛奶的种类。甚至可以选择普通的咖啡店觉得做起来麻烦、干脆不向顾客提供的咖啡。 餐厅可以通过这种方式提高人均消费。

不仅如此，自动售货机 3.0 还可以保存顾客的消费记录，例如谁曾经点过哪些餐食，下次顾客来店时就可以直接向其推荐合适的餐食。另外，消费记录还可以在补货、开发新产品时发挥重要作用。疫情下以及疫情后人们提倡"三个零"消费，即零接触购物、零接触配送、零接触支付。因为不需要人的参与，所以自动售货机 3.0 完美地体现了"三个零"消费的宗旨。作为一种提供餐食的工具，它让人感到既安全又放心。和食品机器人一样，自动售货机 3.0 上也可以安装厨师的烹饪方法和烹饪心得，所以虽然是机器制作的餐食，人们却不必担心口味会大打折扣。自动售货机 3.0 完全可以为消费者提供全新的餐饮服务，未来拥有广阔的发展前景。

▶ 最具代表性的几家自动售货机 3.0 初创企业

接下来为读者介绍目前备受关注的 3 家自动售货机 3.0 企业。第一家是美国的 Chowbotics。该公司开发了一款个性化沙拉自动售货机 Sally，今后这款自动售货机将越来越多地出现在机场、大学、医院等就餐相对不太方便的地方。同时该公司还宣布从 2020 年 3 月到 5 月将在美国和欧洲的医院里设置 70 台 Sally，专门为奋战在抗疫一线的医护人员提供新鲜的沙拉。后面要介绍的比利时企业 Alberts 也将在安维尔斯的医疗机构设置提供定制化奶昔的自动售货机，两家企业都是充分利用了自动售货机 3.0 占地小的特点，将其用作在特殊时期为人们提供餐食的工具。

图 7-4　沙拉自动售货机 Sally

来源：Chowbotics

　　用户可以在 Sally 的触屏上选择蔬菜、沙拉汁、配菜，蔬菜的种类多达 22 种。 Sally 可以用这些材料为用户制作超过 1000 种个性化沙拉和谷物碗，只需等待大约 1 分 30 秒沙拉就可以制作完毕。不仅如此，用户还可以知道自己的沙拉中含有的热量、碳水化合物、食物纤维、脂肪、蛋白质等相关营养信息。蔬菜分别保存在机器内部具有冷藏功能的密闭容器中，能够保证制作的沙拉干净卫生，因此 Sally 是一款非常具有吸引力的产品。

　　随着新冠肺炎疫情的流行，今后沙拉吧台可能会从餐厅里彻底消失。像 Sally 这样的沙拉自动售货机完全可以代替沙拉吧台为顾客提供安全放心的沙拉。

第二家是美国的妖怪速食（Yo-Kai Express），它是由来自中国台湾的几个年轻人在硅谷成立的一家初创企业，他们开发了一款能够自动制作拉面和越南米粉的自动售货机。顾客点餐后，该机器仅用 45 秒就可以做好一份热乎乎的拉面。这款自动售货机最多可以同时制作 2 份拉面或越南米粉，2 分钟以内可以为一个四口之家做一份餐食，也可以满足多人订单。笔者在美国品尝了这款机器做的拉面，虽然与日本拉面店相比味道还差那么一点点，但对于常吃拉面的日本人来说味道还是相当不错的。

如果只考虑效率，把做好的冷冻拉面解冻后直接提供给顾客似乎更省时。人们在餐厅吃饭，通常是顾客点餐后餐厅进行制作，然后将做好的饭菜端给顾客。让机器人制作拉面的目的在于重现餐厅的魅力。如果想到深夜还在医院和工厂里工作的人们、深夜刚下飞机的乘客、灾区临时避难所的灾民，读者就不难理解这个时候如果能吃上一口刚刚做好的饭菜是多么幸福。

妖怪速食的拉面自动售货机还可以通过观察实时数据随时补充销量多的人气拉面。为了方便机器内部的操作，面饼被随机摆放在有限的空间内，成功地做到了用最短的时间和最少的次数补充面饼。用户用这款机器购买拉面或越南米粉时可以用信用卡或代金券进行支付。

最后介绍的是比利时的一家企业 Alberts，该公司的主要产品是制作个性化奶昔的自动售货机。在日本到处都可以看到出售易拉罐或塑料瓶装饮料的自动售货机。Alberts 的独特之处在于用户可以使用应用软件或 Alberts 机身上的触屏根据自己的喜好选择 2~3 种食材，Alberts 可以立刻将这些冷冻水果、蔬菜、

图 7-5　妖怪速食的拉面自动售货机

来源：SIGMAXYZ

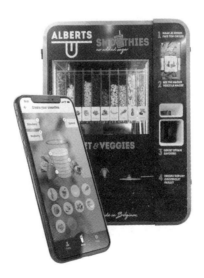

图 7-6　Alberts 的奶昔自动售货机和专用应用软件

来源：Alberts

水进行粉碎并混合，为用户制作一份不添加糖浆和加工酱汁的纯天然奶昔。就好似街上根据顾客要求制作饮料的饮品站，但和饮品站相比，Alberts 的优势在于能够满足顾客更细致的要求，并且还能告知顾客奶昔中所含的营养成分。

因为这次新冠肺炎疫情，Alberts 开始在越来越多的医疗机构里发挥重要作用。不仅因为只需要一部手机就可以轻松完成支付和下单，还因为它能够为工作繁忙的医护人员提供富含营养的饮品。顺便说一下，Alberts 的 CEO Glenn Mathijssen 参加了2019 年举办的日本智能厨房峰会，他对日本市场表示出了浓厚的兴趣。

▶ 日本也开始对自动售货机 3.0 进行实证检验

看到这里，读者一定会有这样的印象，那就是自动售货机3.0 是只有在欧美国家才看得到的新鲜事物。但实际上，日本也有生产自动售货机 3.0 的企业，例如 2018 年成立的 New Innovations 开发了名为 rootC 的咖啡机器人，这款机器人可以通过 AI 对咖啡的需求量做出预测，2019 年开始进行实证检验。

顾客使用手机下单后，咖啡机器人可以根据用户取咖啡的时间萃取咖啡。顾客可以在咖啡机器人旁边的智能取餐柜拿到刚刚冲泡好的咖啡，rootC 通过这种方式为顾客提供无须等待的购物体验。New Innovations 未来的目标是使用单品咖啡豆，根据每位顾客的喜好和心情制作现制现饮的混合咖啡，进一步提高用户体验。

通过以上事例不难发现，与传统的自动售货机相比，自动售货机 3.0 的优点在于能够为顾客提供更多的选项和定制化餐食。当然，街头的饮品站和咖啡厅在某种程度上也可以满足顾客多样化的需求，但是一旦顾客在自动售货机 3.0 上购买了餐食，机器就可以记录下顾客的个人喜好，今后顾客随时都可以在任意一台这样的机器上轻松地下单购买到自己喜欢的餐食。虽然目前顾客在下单时，因为面对过多的选项可能会花费较长的时间，但是如果应用软件企业能够开发出新的软件、提高用户体验，这个问题应该不难解决。

并且，虽然服务菜单的内容较多，但是这款机器却非常节省空间。因此不仅可以节省房租，还完全不用支付人工费。如果提供同等水平的餐食，在成本方面应该比饮品站和咖啡店更具竞争力。

最后，应该充分利用自动售货机 3.0 的优势发展开拓哪些新业务呢？例如，生产厂商可以把它当作直销渠道将产品直接销售给用户。如果是咖啡生产厂商的话，获得新产品的订单数据后，可以利用它对咖啡豆进行试销。同时，自动售货机 3.0 还可以变身为胶囊咖啡店作为一种新的业态出现在街头。除此之外，将多家餐厅的菜单集中到一起的精品店式的自动售货机也是一个不错的想法。如果朝着这些方向发展，自动售货机 3.0 作为一种小型餐饮复合机构有可能发展成为新的自动售货机平台。

自动售货机 3.0 并非没有缺点。它的缺点在于将过多的功能集中在一台机器上，例如烹饪和保存食材的设备、下单和支付的应用软件、菜单开发、食材处理和冷冻加工、给机器补充食材、机器的日常维护保养、数据分析等。仅凭一家企业很难开发具有上述所有功能的机器，只有科技企业、厨师、食品生产厂商、食品零售商等共同合作，自动售货机 3.0 才能为顾客提供更具吸引力的服务。

专　栏

超未来食品餐厅——OPENMEALS 的尝试

OPENMEALS 是诞生于日本的一个团体。它的主要目的是推进"食品数据化"项目，该项目的发起人是在电通担任艺术总监和设计战略师的榊良祐。OPENMEALS 的成员包括各个领域的专家、企业家、山形大学等高校、YAWARAKA 3D 共创财团。

2018 年在美国得克萨斯州奥斯汀举办的西南偏南艺术节上，OPENMEALS 向人们展示了一款名为 SUSHI TELEPORTATION 的高科技寿司。它将构成寿司的各种要素，例如形状、味道、口感等进行数据化处理，然后从东京发送到 SXSW 会场，通过设置在会场的 3D 食品打印机将寿司现场打印出来，这个异想天开的想法让人们惊掉了下巴。

现在该团体正在积极推进的是一个名为奇点寿司（SUSHI SINGULARITY）的项目。该项目的主要内容是打造一家包含了个性化营养、个性化设计等要素在内的最先进的高科技餐厅。它计划 2020 年在东京开设第一家"超未来食品餐厅"。顾客第一次来这里就餐时需要进行体

图 7-7　超未来食品餐厅的效果图

来源：OPENMEALS

检，然后餐厅会发给每位顾客一个名为"健康 D"的号码。顾客来店就餐时餐厅通过人脸识别系统对其身份进行核实。据说顾客不需要提出任何要求，只需要在座位上坐好，餐厅立刻就会端上符合其喜好和健康状态的寿司。除了寿司，该团体现在还开展了一个名为"Cyber 和果子"的项目，利用气象数据设计日式点心。

这家餐厅将本书第 5 章介绍的厨房操作系统、第 6 章介绍的个性化，以及本章介绍的食品机器人这几个要素巧妙地结合在一起。厨师可以一边熟练地运用这些高科技手段为顾客烹饪食物，一边与顾客进行交流。也许我们现在还无法想象能够下载和转发菜肴究竟是一种什么体验。关于这个问题，我们不妨和音乐做个对比。过去如果没有唱片和 CD 这些设备人们就无法听音乐，可是现在连更加复杂的 MV 都可以转发。科技的力量就是如此神奇。

人们可以自由设计和创造食物的创意性体验也许会成为缩短人和食物之间距离的一个重要契机。

第 4 节
迅猛发展的送餐行业和智能取餐柜

早在新冠肺炎疫情发生之前，送餐行业就是食品科技里投资最活跃的一个领域。如图 7-8 所示，美国调查公司 PitchBook 的调查显示，2019 年风险资本对送餐市场的投资额高达 90 亿美元。不仅有优步美食、Grub Hub，在欧洲有亚马逊出资成立的 Deliveroo，在美国有迅速发展的 DoorDash，除此之外很多企业也进入了这个领域，竞争异常激烈。

后文会提到，这些提供送餐服务的企业中有一部分还涉足影子厨房（专门为只出售外卖的餐厅打造的共享厨房）。共享经济进入了餐饮服务的前台和后台。

为了改变固定成本（房租）过高的商业模式，餐饮业正在

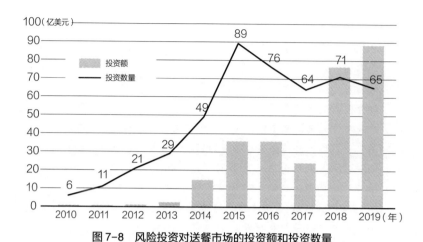

图7-8　风险投资对送餐市场的投资额和投资数量

来源：PitchBook "Emerging Tech Research Food tech 2020 Q1"

寻找一种分散利润的方法。特别是因为这次新冠肺炎疫情，吸引顾客来餐厅就餐变得越来越困难。因此无论是在日本还是在其他国家，餐厅和顾客对送餐服务的需求都有所增加。

但是，目前很多外卖平台是由风险资本等企业出资成立的，整个行业的利润率偏低。一方面，顾客缺乏为送餐服务支付较高费用的激励；另一方面，外卖平台要对每家餐厅在广告、支付、开店等方面提供支持，还要留住离职率较高的临时工，因此外卖平台是一个成本较高的行业。

为了保证利润，外卖平台会向餐厅收取较高的手续费，这对餐厅来说是一个不小的负担。DoorDash、Grub Hub、优步美食、Postmates[①]等几家美国大型外卖平台收取的手续费最高相当于销售额的30%。高额的手续费已经成为一个世界性问题，在

———————

① 2020年7月6日优步宣布收购Postmates，依然保留Postmates品牌。

笔者撰写本章内容的 2020 年 4 月，美国有部分城市正在商讨制定限制外卖平台收取高额手续费的条例。

新西兰总理杰辛达·阿德恩（Jacinda Ardern）针对过高的手续费，甚至呼吁国民在那些可以提供送餐服务的餐厅购买餐食。新西兰本国的汽车租赁公司以较低的租金向开展送餐业务的企业提供车辆和司机，想要通过这种方式建立手续费低廉的外卖平台。在日本，因为打车的消费者越来越少，国土交通省开始实施了一项特别措施，允许全国的出租车公司开展货运业务。

在这种背景下，有的外卖平台开始效仿网约车的做法。例如 Postmates 在 2019 年开始向消费者提供一种名为 Postmates Party 的服务，居住地邻近的顾客可以多人共同下单购买外卖。顾客通过应用软件可以知道附近的人在哪家餐厅点了外卖，从第一个订单生成后的 5 分钟以内，如果总金额达到了 10 美元，那么这几位顾客就可以享受免费送餐的服务。优步在网约车业务中为顾客提供优步池（Uber Pool）服务，Postmates Party 和优步池的原理基本相同。虽然这项服务当初的目的是降低不愿意支付高额送餐费的顾客购买外卖的门槛，但是在餐厅看来，把这些订单放在一起处理可以增加利润，对于 Postmates 来说这种做法也可以提高送餐效率，三者皆大欢喜。

▶ 同样受到关注的智能取餐柜

还有一种新型服务同样受到了关注。做好的外卖不是被送到自己的家里或是办公室，而是顾客亲自到餐厅指定的地点取回。顾客在网上完成支付，只要取餐地点具备智能锁等解锁功能，就可以高效地为顾客提供自动取餐服务。

Brightloom 是一家美国初创企业，因为曾经开设了一家名为 Eatsa 的无人餐厅为人们所熟知，现在专门为餐饮企业提供智能取餐柜 cubby。美国大型比萨连锁企业必胜客将 cubby 和必胜客的订单系统相结合，开设了一家顾客无须等待就可以购买比萨和饮料的体验店。在这家体验店里，顾客可以从上面写有自己名字的储物箱里拿到餐食，支付和取餐都不需要与人接触。不久之前，美国星巴克宣布投资 Brightloom，将该公司的智能取餐柜和星巴克的移动下单、支付、积分、定制化的应用软件进行互联互通，为顾客提供新型取餐服务。

在日本，物联网初创企业 UBO 开发了一套名为 SERVBO 的餐厅用智能服务系统。UBO 在自己的概念商店 beeat sushi burrito Tokyo 里安装了该系统，这个概念商店主要销售寿司卷饼①。顾客可以体验不需要面对快递员的智能取餐柜服务。顾客完成在线下单和支付后，就可以用 PIN 或二维码打开概念商店的储物柜。通过摄像头和传感器可以监控取餐过程。受新冠肺炎疫情影响，Cookpad 也开发了一套类似的系统，从 2020 年 4 月末开始涉足智能取餐柜领域。在此之前，该公司开设了生鲜食品电商平台 Cookpad Mart。首先在农产品市场和直销点设置专门的区域，将通过电商平台销售的生鲜食品集中到这个区域，然后按照固定线路将这些生鲜食品送至设在东京和神奈川县等地的大约 120 处被称为 Mart Station 的生鲜配送柜，最后由顾客到自家附近的生鲜配送柜自行取回商品。经过不断的改进和完善，现在不仅是个人，餐厅也可以通过这项服务购买到新鲜食材。另

---

① 将日本的寿司卷里面放入更多的馅料，使其直径加粗，外形酷似墨西哥卷饼。这种食物在美国很受欢迎。

外，顾客还可以通过云快递等与 Cookpad Mart 有合作关系的配送企业选择将商品从生鲜配送柜配送到家。

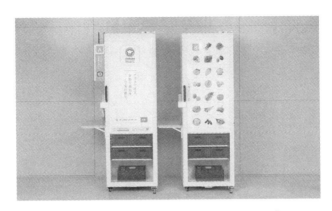

图 7-9　Cookpad 的生鲜配送柜"Mart Station"

生鲜配送柜可以设置在车站、便利店、餐厅、住户超过 100 户的住宅楼、街道等很多地方。如果有更多的餐厅在自己的店铺里也设置生鲜配送柜，那么就可以更方便地为顾客提供餐食。

假设未来人类需要与新冠肺炎病毒长期共存，这种将物联网储物柜和在线下单·支付系统进行互联互通的智能取餐柜将会发挥巨大作用。因为不需要与人见面和接触就能够进行物品的交接，所以该系统的优势在于餐厅可以在保持社交距离的同时为顾客提供送餐服务。

第 5 节
送餐服务背后的影子厨房

从上面提到的食品机器人、自动售货机 3.0、送餐和智能取餐柜这些例子中我们可以发现，随着烹调过程的自动化，提供餐食的方法也发生了变化。于是对于餐饮企业来说，"店面位置"也就不再像以前那样重要了。

过去人们提到烹调集约化，通常指的是中央厨房。中央厨房的优势在于通过将食物的烹调集中在一个区域进行，既提高了效率，还能保证菜肴的味道和新鲜。通过合理设计店铺和中央厨房各自承担的工作，一方面可以为顾客提供可口的菜肴，另一方面还能减少店铺负担。并且，因为有了中央厨房，餐厅还可以发展食品生产、销售等餐饮以外的业务。

过去设置中央厨房的主体通常是餐厅。如果不是连锁餐厅，或者经营没有达到一定规模的餐饮店铺很难拥有自己的中央厨房。为了解决这个问题，最近几年，在欧美一些国家出现了一种专为中小餐厅打造的共享型中央厨房。随后，出现了将菜肴的制作加工委托给外部，自己只提供送餐服务的餐厅，我们可以称这种餐厅为外包型餐厅。接受来自这些餐厅的订单，负责为它们制作菜肴的正是影子厨房。最近越来越多的送餐企业开始建设自己的影子厨房。早在送餐服务已经得到普及的2017年，欧洲的Deliveru就在巴黎郊外等地开始建设共享厨房。这些共享厨房专门为利用外卖平台向顾客提供送餐服务的餐厅制作菜肴。很多餐厅仅仅依靠自家厨房无法满足外卖需求，共享厨房的出现帮了它们大忙。并且送餐企业也不必挨家挨户地去收集需要配送的外卖，大大提高了送餐效率。

人们以共享厨房为原型开发了影子厨房，之后出现了无店铺型餐厅。现在送餐企业也开始涉足影子厨房领域，例如美国的DoorDash建成了影子厨房，厨师即便没有餐厅和自己的厨房也可以开展送餐业务。

2019年优步前CEO特拉维斯·卡兰尼克（Travis Kalanick）

对影子厨房企业云厨房（Cloud Kitchens）进行了大手笔投资，之后人们开始关注影子厨房。云厨房的客户主要是专营送餐业务的个体餐厅、快餐车，他们每月缴纳一定费用租赁厨房设备制作餐食，同时可以享受云厨房提供的数据分析服务。

在日本，经营家庭餐厅 Denny's 的 7&I Food Systems 于 2020 年 5 月在东京大井町建成了自家外卖专用厨房。该企业之前一直没有自己的中央厨房，他们把过去设计小型厨房时用到的创意、灵感进一步发挥，打造了这家外卖专用厨房。当初设计这个厨房的目的是把大型连锁餐厅的外卖需求整合到一起。后来新冠肺炎疫情暴发，导致外卖需求大增，现在看来当初投资兴建外卖专用厨房的决定颇有先见之明。

▶ 中央厨房也可以实现共享

在连锁餐厅的经营中一直发挥重要作用的中央厨房近年来也在不断升级。据说中国某家全国连锁餐厅的中央厨房一年处理的食物接近 130 吨，其规模之大可想而知。在中国，为了降低食品安全方面的风险，要求食材的事先处理和烹饪过程实现无人化的呼声越来越高，很多食品生产厂商的工厂内都设有无尘区和烹调机器人，中央厨房的自动化程度也非常高。厂区内还设有共享型中央厨房，可以为多个餐厅制作餐食。这种厨房既要实现自动化操作，同时还要灵活地满足前台多样化的需求，让人不由得联想到半导体工厂。

在新加坡，一种将各式各样的厨房集中在同一栋大楼里的共享型中央厨房 CT-Foodchain 正在建设中。这种厨房的优势在于，可以根据需要灵活地决定厨房设备的种类、合同时间长短；并且因为地处食品工业区内，所以进货非常方便；在物流方面，烹饪好的菜肴不需要花费太长时间就可以被送至商业区，因此即便是小型连锁餐饮店铺也可以使用这种厨房。建设这种厨房的主要原因是在新加坡小吃摊的数量占到餐饮店铺总数的 80%。一方面，出于设备等原因在小吃摊上进行烹饪非常受拘束；另一方面，有一部分小吃摊实现了连锁经营，为了提高烹饪效率，它们希望将多个连锁店的订单集中到一起。因此，小吃摊对这种共享厨房的需求非常高。

在日本国内，ROYAL HOLDINGS 目前正充分利用自家的中央厨房，积极推进店铺的数字化运营。代表性的例子就是 2017 年开设的研发店铺 GATHERING TABLE PANTRY。

中央厨房使用明火对食材进行前期加工，然后以冷运的方式将其送到研发店铺。接下来，研发店铺的厨师用松下的微波对流烤箱对菜肴进行最后处理。该烤箱能够将微波炉、烧烤架、对流等功能进行编程。ROYAL HOLDINGS 将烹饪每道菜肴最合适的火力大小记录在 SD 卡上，到时候只需要按下按钮就可以直接烹饪。

因为在研发店铺烹饪菜肴时不使用油，所以大大降低了清扫厨房的成本；同时总厨不必在现场指导其他厨师如何操作，也节省了烹饪时间。与之前的厨房相比，这款厨房非常节省空间，小型餐厅也可以使用。使用微波对流烤箱烹饪菜肴与厨师本身的烹饪水平没有太大关系，所以能够保证菜肴品质稳定。研发店铺的负责人称目前还没有接到过一起顾客投诉。

制作"无明火烹饪菜肴"的不是食品工厂，而是在大型中央厨房里忙碌的 ROYAL HOLDINGS 的厨师们。以牛排为例，首先他们将牛肉切成合适的大小，然后用火对牛肉表面进行烤制，这时要特别注意火候，不能把牛肉内部烤熟，烤好的牛肉马上进行冷冻处理。牛肉被送到研发店铺后先进行解冻，然后

图 7-10　由 ROYAL HOLDINGS 建设，2017 年 11 月开始营业的完全无现金餐厅 GATHERING TABLE PANTRY 1 号店——马喰店

放在蓄热功能好的专用托盘上，用微波对流烤箱对其进行最后的烹饪。

这种烹饪方式的难点在于如何把一个完整的烹饪过程合理地进行分解，分配给中央厨房和研发店铺。任何菜肴如果使用明火进行烹饪的部分没有处理好，那么一定会对烹饪效率造成影响。既要保证菜肴的味道，又要保证研发店铺的烹饪效率，要做到这一点最关键的是选择合适的食谱。

为了解决人手不足以及打造一种新型工作方式，这家研发店铺同时还肩负技术研发的重任，例如开发新的 IT 技术和烹调工具。通过采用完全无现金支付、扫地机器人和先进的烹调设备，使用机器人进行烹调、最大限度地推进烹饪过程数据化等种种尝试，研发店铺减少了关店后员工的工作量（现金管理、店内清扫等），员工可以把节省下来的时间用在接待顾客、为企业制定合理化建议，以及思考如何与其他企业展开竞争等更有价值的事情上。

如果能学习前面提到的新加坡的做法，将原本用于自己企业使用的中央厨房以共享厨房的方式对其他企业开放，那么中央厨房发挥作用的空间将更加广阔。例如共享型中央厨房可以成为集烹饪、食品包装、数据分析、销售等功能于一身的新平台，这样就可以降低小企业进入半成品净菜、冷冻食品领域的门槛。

过去，对于餐饮企业来说能否将店铺设在客流量多的地段非常重要，它们往往必须为此支付高额的房租。新冠肺炎疫情导致餐饮企业的财务负担加重，向无店铺送餐企业的转型成为它们维持经营的一个新选择。面对外部环境的剧烈变化，餐饮企业开始了新的挑战，未来中央厨房的作用也将出现新的变化。

▶ 改变餐饮业的"多面手厨师"

过去一提到厨师，人们就会想到那些沉浸在自己的世界里，孜孜不倦地探索美食最高境界的专业厨师。但是现在出现了一种被称为"多面手厨师"的人，他们和过去的厨师不同，身上往往带有娱乐、医疗、初创企业等标签，他们能够为顾客创造一种全新的价值。

多面手厨师既擅长烹饪，又可以把自己关于食物的想法和理念传递给外界，影响他人。除了烹饪，他们还具备其他领域的专业知识，懂得利用社交媒体直接和顾客进行交流，拥有大批粉丝。他们对食品科技非常了解，甚至在烹饪以外的许多领域也可以发挥自己的才能，做出一番成绩。例如作为初创企业的烹饪顾问，他们是很多猎头公司争抢的目标。

接下来将为读者介绍这些多面手厨师当中目前最受关注的三位。

第一位是美国的泰勒·佛罗伦（Tyler Florens）。他从约翰逊与威尔士大学（Johnson & Wales University）的厨师培训课程毕业后，跟随一流总厨继续学习烹饪，现在经营多家餐厅，是纽约最优秀的年轻总厨之一。他认为过去那种死板的食谱与现代人的生活方式格格不入，必须结合实际的烹饪方法，利用科技手段对其进行修正。他在本书第 5 章介绍的厨房操作系统企业 Innit 担任顾问，主要针对如何创造个性化食物体验为 Innit 提供各种建议，同时还支持 Innit 对目前消费者与食物的关系进行改革。

第二位是克里斯·杨（Chris Young）。他在华盛顿大学获得数学和生物化学的学位后继续攻读博士，博士在读期间下决心成为厨师，后来成为西雅图一流餐厅 Mistral 的总厨。他也是微软前首席技术官内森·梅尔沃德主编的 *Modernist Cuisine* 一书的作者之一。他自己还创立了初创企业 ChefSteps，该企业的主要产品是运用高度专业性的科学方法烹饪食物的智能低温烹调设备。为了让消费者体验低温烹调，他开发了从烹饪工具到半成品净菜一整套产品，该公司后来被美国的特浓咖啡机生产厂商铂富（Breville）收购。

第三位是罗伯特·格拉哈姆（Robert Graham）。他从哈佛大学公共卫生研究生院获得公共卫生学硕士学位后一直在医院担任医生。在担任医生期间他注意到两件事情：一件是在治疗糖尿病等功能性疾病方面药物发挥的作用非常有限，只有改变日常饮食才能让患者身体好起来；另一件是医生几乎完全不懂饮食和烹饪。于是，格拉哈姆去到烹饪学校 Natural Gourmet Institute 进行学习，成为既懂医术又精于烹饪的总厨医生。 目前全世界的总厨医生仅有 20 人。

格拉哈姆认为人们要想保持健康必须做到长期的健康饮食，因此他基于"医食同源"的思想为个人和企业打造了FRESH MEDICINE 项目。所谓的 FRESH 是由饮食（Food）、放松（Relaxation）、运动（Exercise）、睡眠（Sleep）、幸福（Happiness）5 个英文单词的首字母组合成的一个新词，该项目的目的是通过将以上 5 个要素结合到一起让人们获得健康。他通过这个项目对食品相关行业进行健康和饮食方面的指导，例如美国的一些食品超市会邀请他对员工进行培训。同时，他还为食品生产厂商提供一些有用的建议。

日本的田村浩二也是这样一位多面手厨师，他曾经在 2019年举办的日本智能厨房峰会上发表精彩的演讲。田村在结束海外的烹饪学习后，曾在一家名为 TIPLES 的法餐厅担任总厨，该餐厅曾入选米其林指南星级推荐的餐厅。后来他辞职，一手打造了原创芝士蛋糕品牌"芝士蛋糕先生"（Mr. CHEESE-CAKE）。现在从事该品牌的运营，同时还帮助企业策划和开发新商品。他与企业及其他厨师进行合作，开设了"快闪餐厅"（Pop-up Restaurant），在这家餐厅里顾客可以品尝到只有在特定时期才能吃到的菜肴。他的支持者不仅包括来餐厅就餐的客人，还有推特上大约 4 万粉丝。作为一个具有影响力的公众人物，他的一举一动都受到人们的关注。

我们从这些"多面手厨师"的身上不仅可以看到他们对食材和烹饪的独特想法，还有作为职业厨师的钻研精神，以及为顾客提供美食的信念。随着知名度的提高，他们会把眼光投向更广阔的领域。在企业眼里，他们有足够的能力在餐厅以外的领域施展自己的才能。他们的价值正在被越来越多的人所认可。

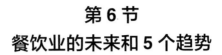

第 6 节
餐饮业的未来和 5 个趋势

分解餐厅的功能

以上我们看到了餐饮业发生的种种变化，如果换一个角度思考，就会发现这些变化的实质是将餐厅原有的功能进行分解。之前，餐厅只有将食材、厨师、食谱、烹调、店面位置还有顾客等诸多功能集中到一个地方，并将它们捆绑在一起才能为顾客提供服务，因此店面位置和翻台率对于餐厅来说非常重要。他们不得不忍受高额的房租，增加利润的唯一办法就是提高运营效率。

但是优步等送餐平台把餐厅的功能进行了分解，于是餐厅的经营不再受店面位置的限制。影子厨房和 ROYAL HOLDINGS 打造的研发店铺——"不使用明火的厨房"的出现同样让餐厅的店面位置变得更加自由。最后介绍的"多面手厨师"既可以利用自己的烹饪技术参与食品生产厂商的商品开发，还可以打造自己的品牌，这其实也是对餐厅功能进行的一次分解，即厨师可以在餐厅以外的地方发挥自己的才能。

各种平台将餐厅的功能联系在一起

各种平台的出现加速了餐厅功能的分解。外卖平台让"店面位置"的功能从餐厅中分解出来。前面说过现在烹饪的地点已经转移到了影子厨房，因此为多家餐厅制作菜肴的烹饪平台变得越来越重要。餐饮业的前台和后台与各种平台的联系越来越紧密。

另一方面，我们还应该看到无论是送餐行业还是影子厨房，目前尚未建立起比较成功的商业模式，平台在未形成一定规模之前依然是薄利经营。餐饮业原本已经处于饱和状态，竞争非常激烈。如果将餐厅原有的功能进行分解，打造成各种平台，新形成的商业模式是否稳定目前还很难说。如果没有大型平台的出现，不仅无法为顾客提供高质量的服务，连平台本身的存活都将成为问题。

在日本的交通领域，最近地方的一些小型公交公司开始进行整合，整合后的企业规模变得更大，竞争力也得到了提升。最具代表性的例子是 MICHINORI HOLDINGS。与交通领域一样，餐饮业中中小企业的数量也非常多。也许餐饮业也需要一个像 MICHINORI HOLDINGS 那样的大型平台。

"地点"代表的价值更加广泛

随着送餐服务和影子厨房的普及，人们对餐厅所处"地点"的看法也发生了变化。因为新冠肺炎疫情，人们每天都在思考如何避免人与人之间的密切接触。与此同时，人们还应该重新思考的是"理想的餐厅应该是什么样子的""餐厅可能会变成什么样子"。如果将餐厅定义为能够就餐、与人交流、体验新事物的地方，我们就会发现餐厅可以不受地点的限制，以多种多样的形式出现在人们的生活中。

食品生产厂商、自动售货机生产厂商、咖啡厅可以利用自动售货机3.0直接向顾客销售餐食和饮料。这意味着即便没有店铺，企业也可以在狭小的空间里直接面对消费者。餐饮企业也可以采用这种模式，利用共享型中央厨房开发新食谱，为顾客提供各种美食。

把餐厅打造成与食物相关的诸多要素的集合体

在我们思考③时需要关注的一个问题是"目的"。现在，无论是线上还是线下，人们在选择时通常会带有强烈的目的性。

选择在哪里吃饭也是如此，例如"想要减少食物浪费""想和那个厨师聊天""想感受家乡的味道"，人们现在会根据自己关心的问题、人际关系、兴趣爱好等选择吃饭的地点。餐厅原本是由食材、菜肴、厨师、食谱等诸多要素构成的集合体，每个要素都可能与顾客的目的相一致。未来的餐厅也许将成为诸多要素集合在一起的"市场"，顾客多种多样的目的在这里都可以实现。

真正实现向"情感劳动"的转型

ROYAL HOLDINGS 的菊地唯夫董事长说过："劳动有 3 种形式：体力劳动、脑力劳动和情感劳动。"所谓情感劳动，是指在工作中为了迎合对方而抑制自我情感的一种劳动形式，典型的例子是老师和医生。今后体力劳动将由机器人完成，一部分脑力劳动将交给人工智能。只有情感劳动是无法替代的，情感劳动才是人类工作的真正意义。

一直以来，餐厅的厨师和服务员为顾客提供符合他们心情的美食和服务。那么未来呢？今后餐厅利用科技将会为我们打造一个怎样的世界观？人们未来也许会享受到前所未有的自由。未来的餐厅能让顾客的目的得到实现，觉得不虚此行吗？它们会获得哪些人的支持？围绕它们会形成哪些新的组织和团体？关于这些问题，也许只有情感劳动才能给我们一个满意的答案。

人物专访

餐饮企业的使命是重新定义餐饮模式的前提，把变化当成机遇，重新找回人们之间的"纽带"

ROYAL HOLDINGS 董事长　菊地唯夫

1965 年出生于神奈川县。1988 年从早稻田大学毕业后进入日本债券信用银行（现在的青空银行）。2000 年进入德国证券，2004 年进入 ROYAL HOLDINGS。2010 年担任总经理，2016 年任董事长兼 CEO，2019 年起任董事长。2020 年 4 月起任京都大学经营管理研究生院特聘教授。2016—2018 年曾担任日本食品服务协会会长。

受新冠肺炎疫情影响，整个餐饮业的经营陷入困境。ROYAL HOLDINGS 一直以来积极致力于采用科技推进企业变革。我们非常荣幸地采访到了该公司的菊地唯夫董事长，请他谈一谈后疫情时代的餐饮企业战略。

采访人 SIGMAXYZ 田中宏隆、福世明子

——一直以来 ROYAL HOLDINGS 都积极利用科技不断进行创新，例如不久前刚刚开业的完全无现金餐厅。能否请您先谈一下这个餐厅。

菊地唯夫（以下简称菊地）：您刚才提到的完全无现金餐厅 GATH-ERING TABLE PANTRY，是我们为了解决"餐饮业市场规模大，但劳动生产率低"这个问题所进行的一个尝试。劳动生产率的计算方法很简

单，把餐厅员工数量当成分母，附加值当成分子，两者相除就是劳动生产率。从这个公式不难看出提高劳动生产率的方法有两个：一个是减少员工数量，另一个是增加附加值。

很多企业往往采用前一种方法。但是对于餐饮业来说，减少员工数量往往意味着为顾客提供的服务也随之下降。原因在于与很多行业不同，餐厅提供服务和顾客消费服务这两个行为几乎同时发生。之前有3个员工的餐厅，一旦员工数量减少到2个，就会出现忙不过来的情形，服务的价值就会出现明显的下降。

针对这种情况，我们想到的办法是能够提升顾客满意度的工作由人来做；机器和人都可以做，并且效果也一样的工作交给机器做。例如，清洗餐具、打烊后店内的清扫、盘点等工作对服务的价值不会带来任何影响，因此完全可以交给机器。也就是说，即便用机器代替了人，分子（附加值）也不会变小。因为人手不足所以餐饮业现在很难招到人，正是在这种情况下我们利用科技手段打造了这家完全无现金餐厅。

——在提高餐饮企业经营管理水平方面，一直以来菊地董事长也是走在行业最前列。那么下面请您谈一下应该如何提高餐饮企业的经营管理水平。

菊地：人们常说管理是艺术和科学的结合体。这句话用来形容餐饮业再恰当不过。为了向顾客提供具有吸引力的商品和服务，企业管理往往会重视艺术的一面。另一方面，管理也需要讲科学，用数字说话。我认为只有将两者结合在一起企业才能有发展前途。

但是在现实中，与科学的一面相比，艺术的一面往往更吸引人，更容易被人们关注到。因此我认为未来应该下大力气做的是让管理变得更科学。不仅是管理企业，在利用科技时也我们也应该讲科学。我强烈地感到缺少科学的餐饮业没有未来。

我们如果回顾一下餐饮业的发展史就会发现，无论是 ROYAL HOLDINGS 的创始人江头匡一，还是日本麦当劳的创始人藤田田，餐饮业知名的企业家在管理企业时都能够将艺术和科学进行很好的结合。随着企业掌门人的更替，管理中科学的一面渐渐被忽视，造成这种现象的主要原因也许是新的掌门人担心对科学的关注会损害艺术。其实这种担心完全没有必要。

——之前您谈到了人和机器各自应该承担不同的责任。关于利用科技进一步提高产品的附加值，您有什么看法？

菊地：管理学当中有两个重要概念：一个是顾客满意度（CS），另一个是员工满意度（ES）。顾客满意度包括菜肴味道好、价格合理等要素；员工满意度则包括工作环境舒适、有上升空间等要素。单独改善其中某一个指标也许不是难事，但同时兼顾二者非常困难。顾客满意度非常高的时候，也许员工非常忙碌、苦不堪言。相反，员工满意度较高的时候，顾客可能对餐厅的服务抱怨连连。

我认为用顾客体验（CX）和员工体验（EX）分别替换上面的两个概念也许会有助于缓解两者之间的矛盾。顾客体验和员工体验两个指标相互作用，我们希望通过打造一个让顾客和员工都满意的状态，让双方都能感到体验价值。为了实现这个目标我们需要借助技术的力量。

图 7-11 ROYAL HOST 也开始朝着"复兴"努力奋斗

例如，在人满为患的餐厅里，员工为了应对顾客的各种要求忙得不可开交，尽管如此还要抽出时间向总部汇报工作，在这种情况下他们根本顾不上思考如何为顾客提供更好的服务，顾客也自然无法对餐厅的服务感到满意。如果这些无法让员工和顾客感到满意的工作可以通过技术的手段加以解决，那么员工就可以集中精力创造顾客体验和员工体验。

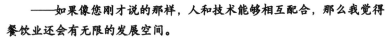

——如果像您刚才说的那样，人和技术能够相互配合，那么我觉得餐饮业还会有无限的发展空间。

菊地：关于刚才的问题我需要补充一点，日本全国大约有 67 万家餐饮店铺，并不是所有餐饮店铺都需要把提高顾客体验和员工体验当成目标。例如餐厅可以把精力放在如何为顾客提供更美味的菜肴上，将店面设在交通不太方便的地方，主要依靠外卖的方式为顾客提供服务。在这次新冠肺炎疫情中，我们看到这种新的商业模式也可以成为未来餐厅发展的一个方向。

很长一段时间里，餐饮业的商业模式都是一成不变的，新的商业模式的出现给餐饮业带来了巨大的变化。原本技术的普及和发展需要一段较长的时间，通常是几年。这次新冠肺炎疫情加快了技术普及和发展的速度。商业模式的多样性迅速得到了普及，我认为现在正处于从餐饮业向食品经济转型的转折点上。

——在向食品经济转型的过程中，过去的一些想法很明显已经不再适合当下的情况，餐饮业需要转换思路。对于这个问题您有什么看法？

菊地：我认为最需要改变的是过去那种以消费高峰为前提的产业模式。在一年中的节假日或一天中的用餐时间等消费高峰期，餐饮企业非常忙碌，其他时间则相对清闲。为了卖出更多的产品餐饮企业一直以来都是根据消费高峰决定店铺面积、设备投资的规模以及员工数量。但是消费高峰过后企业运营就会面临种种问题。一个典型的例子是日本的小酒馆。人们通常只会选择在晚上去小酒馆吃饭，所以午餐时间它们基本没有生意可做。以消费高峰为前提的产业模式提高了餐饮企业的保本点。

如果能够充分利用技术，我们就可以从完全相反的角度想出一些好的对策。例如可以把原来的店铺改成预约制或者专营外卖的店铺；尽量缩小店铺面积，在消费高峰期可以增加外卖和送餐业务。没有固定店铺的影子餐厅或者厨师去顾客家里烹饪菜肴的上门餐厅也可以成为未来餐饮业发展的一个方向。总之我认为摆脱以消费高峰为前提的产业模式将成为未来餐饮企业面临的一个重要课题。

餐饮企业最需要做的是把商业模式进行因式分解，重新思考商业模式的前提。这次新冠肺炎疫情导致一部分餐饮企业经营陷入困境，无法支付房租。那么我们就应该回过头来认真思考应该建立怎样的商业模式才能让餐饮企业不必为房租发愁。

"店面位置"的价值下降，"时间"的价值上升
——您认为在疫情下以及疫情后，连锁餐厅的优势是什么？

菊地：拥有自己的中央厨房应该是连锁餐厅的一大优势。ROYAL HOLDINGS 的中央厨房规模非常大。在那里能看到厨师们非常认真地花费时间烹饪每一道菜肴，例如在制作咖喱时他们会把各种香料的配比调至最佳状态；制作炖牛肉时他们会亲自处理牛肉。各种食材首先需要在中央厨房进行第一次加工，然后被送到各个餐厅，在餐厅进行最后的加工后被端上餐桌。

在疫情下，中央厨房的优势得到了很好的体现。例如，我们推出了一款名为 ROYAL 成品菜（ROYAL DELY）的商品，就是将中央厨房制作好的菜肴进行冷冻处理，然后通过网络渠道销售给普通家庭。这款商品上市后受到消费者的欢迎，销售量直线上升，我们现在正在商讨未来向市场推出更多种类的成品菜。

和我们一样，其他餐饮企业也不得不采取各种措施应对突然到来的疫情。这次面对外部环境的变化我们不得已进行了新的尝试，大获成功的结果完全出乎我们的意料。重要的是这次的成功经验未来能否复制。我们必须承认如果没有发生疫情，也就是外部环境没有如此剧烈变化我们的这次尝试根本无法取得成功。

餐饮市场虽然有 26 万亿日元的规模，但大企业的销售额仅为 5000 亿日元，所以单独一家企业能做的事情非常有限。在进一步促进餐饮业发展的过程中，平台可以发挥重要的作用。现在送餐和外卖领域出现了大量的平台，加速了这些领域的变化。我觉得如果能够打造一个新平台，从科学的视角为餐饮企业提供与企业管理和技术相关的服务，将进一步促进餐饮业的发展。前面曾经提到管理是科学和艺术的结合体，与科学相关的新平台的出现可以让企业的管理者更加专注于他们最擅长的管理艺术。

——未来餐饮业和其他行业之间的界限也许会被打破，跨行业的企

业合作会进一步得到发展。您对此有什么看法？

　　菊地：确实如此。到时餐饮企业将与食品生产厂商、流通企业等建立起前所未有的密切的合作关系。在这个过程中其他企业也将吸收餐饮企业的一部分功能。于是最后企业间竞争的焦点将变成菜肴的质量。即便有的企业在送餐领域中能够暂时占据一席之地，但是如果菜肴质量下降，他们早晚会被淘汰。过去，顾客去餐厅吃饭的原因往往不是菜肴可口，而是喜欢那里的服务和氛围。这种消费行为今后会越来越少，未来餐饮业的竞争将回归本质——菜肴的质量。

　　如果餐饮业能够通过送餐和外卖进一步向食品经济转型，那么"店面位置"的价值就会逐渐降低，相应地，"时间"的价值会得到进一步提升。

　　现在人们不用专门花费时间去餐厅也可以在家吃到可口的饭菜。读者可以设想一下下面的情形，顾客去到餐厅后发现没有空位，只得花时间排队等待；或者去到餐厅后发现自己想吃的菜肴刚好卖完，感到自己白跑了一趟。无论哪种情况，人们都觉得浪费了时间。前面提到，现在人们越来越重视时间的价值，谁都不愿意承担浪费时间的风险。餐厅为顾客提供服务和顾客消费服务这两种行为具有同时性，正是由于这种同时性才会出现上面的种种状况。这时人们可以利用技术避免上述情况的发生，这正是食品经济的本质。

　　——有的餐饮店铺在这次新冠肺炎疫情中受到了巨大冲击，您认为未来这些店铺还有没有重整旗鼓的可能？

　　菊地：对这个问题我持乐观态度。餐饮业不会因为新冠肺炎疫情和社会变化失去它的魅力。我之前思考过这样一个问题，2011年东日本大地震和这次的新冠肺炎疫情两者有何本质不同。2011年地震发生后，我们看到整个日本都团结在一起，当时人们想的是"让我们一起努力渡过难关"。但是这次的新冠肺炎疫情正好相反，为了降低感染风险，政府呼吁民众限制自己的行动，人们之间的联系被切断。这是因为地震是自然带给我们的灾害，而新冠肺炎疫情则是由人类之间的相互接触造成的灾害。

　　我认为将被割裂开的人们重新聚到一起，食物可以发挥重要的作用。无论是谁吃到美味的饭菜，心情都会变得愉悦；对于他们来说，就餐的这段时间会变得非常充实。因为疫情，人们长时间限制自己的行动，在这个过程中重新认识到与人面对面交流的重要性。我们餐饮业可以通过为顾客提供高品质的商品和服务、发展食品经济，找回人们彼此之间的联系。

在英语里餐厅的写法是 restaurant，这个词的语源是法语中的 restaurer，意思是"恢复"。据说有一种汤能让受伤的人恢复健康，餐厅就是由这个词派生而来的，意思是"让人恢复健康的食物"。英语中款待"hospitality"这个词的语源是拉丁语，也是"恢复"的意思。食物和款待这两个餐饮业的核心词都包含让人和分裂的社会恢复联系的意思。

我认为在疫情常态化的当下以及疫情后，让人们的心情和身体得到恢复是我们餐饮人应该承担的社会责任，找回人们彼此之间的联系是餐饮业的使命。

Nikkei Cross Trend　胜俣哲生撰写、高桥学整理

厨师的价值在于创造出能够吸引顾客的体验，现在正是发展无店铺餐饮经济的好时机

芝士蛋糕先生（Mr.CHEESECAKE）　田村浩二

1985 年出生，从厨师专门学校毕业后进入 "L'AS（表参道）" 工作，之后去法国继续学习烹饪。回到日本后于 2017 年担任 TIRPSE 的总厨，该餐厅曾创下用最短的时间成为米其林餐厅的世界纪录。田村担任该餐厅总厨时只有 31 岁。现在他除了运营专门在线上销售的芝士蛋糕品牌 "芝士蛋糕先生"，还从事多项与食品相关的商业活动。他积极运用社交媒体提高自己的影响力，推特的粉丝数量高达 4 万。

　　田村浩二曾经是米其林法餐厅的总厨，现在运营人气蛋糕品牌 "芝士蛋糕先生"，该款蛋糕被誉为 "一生中吃过的最美味的芝士蛋糕"，线上销售屡屡售罄。新冠肺炎疫情使餐饮业的经营陷入困境，餐饮业接下来应该怎样做，关于这个问题我们听他谈了自己的想法。

——新冠肺炎疫情对餐饮业带来不小的打击，您如何看待餐饮业的现状？

　　田村浩二（以下简称田村）：虽然疫情暴发后，餐饮业开始加强线上销售、外卖以及送餐业务，但是现实情况是很多餐饮企业的销售额并

没有达到预期。这是由于餐饮企业向顾客提供的价值与顾客的期待不一致而导致的。顾客选择去餐厅的理由不仅仅是为了吃一顿饭，他们需要的是一种体验，包括决定和谁一起吃饭、如何在餐厅度过就餐的这段时间等。疫情让这种体验价值的重要性再次凸显出来。

过去厨师制作的主要是最适合在餐厅这个特定环境下品尝的菜肴，例如他们做出的菜肴往往都需要做好后立刻端上餐桌，让顾客马上品尝。但是外卖就不同了，厨师把菜肴做好，大约 20 分钟后顾客才能品尝到菜肴。厨师烹饪的内容从餐厅菜肴变成了外卖菜肴，对于他们来说这种转换非常困难。

——顾客无法像过去一样去餐厅就餐，这种变化的弊端越来越明显地体现在各个方面。

田村：是的。并且过去同一地段的餐厅定位基本相同，不同地段的餐厅则体现了不同的定位。例如东京六本木和涩谷两个地段的餐厅应该存在明显差异。过去的餐厅只要比和自己处于同一地段的其他餐厅做得好就可以吸引顾客来店就餐。但是现在不同了，餐饮业竞争的主战场从线下转移到了线上，例如外卖、送餐、线上销售，原来的竞争模式不再适用于当下。

餐厅首先应该做的是利用网络让顾客知道并了解自己。数字空间的影响力变得越来越重要。这是因为在顾客品尝菜肴之前餐厅和顾客首先要进行沟通，沟通的效果会直接影响到顾客是否选择购买这家餐厅的菜肴。反过来说，如果餐厅在社交媒体和网络上不太活跃，那么无论菜肴多么美味也无法吸引到顾客。我认为这是新冠肺炎疫情发生后餐饮业中出现的一个最大的变化。

——餐厅如何做才能提高在网络上的影响力呢？关于这一点您有什么好的建议？

田村：过去餐厅通常由总厨带领几名厨师，组成团队进行烹饪，团队的力量尤为重要。与此相反，在网络上每个人都可以发表自己的看法，很多时候某个人的发言往往具有巨大影响力。为了在网络上提高自己的影响力，厨师除了烹饪以外，还需要提高自己的沟通力、撰写文章的能力，以及使用图片和视频的技巧。当然，也可以选择和在这方面比较擅长的伙伴进行合作。

　　提高自己在网上的影响力还有一个需要注意的地方。过去人们往往对厨师所在的餐厅和他的拿手菜比较熟悉，但是对厨师本人却缺乏了解。而我一直认为厨师应该从幕后走到台前，展示自己的个人魅力。在餐厅为顾客烹饪只是厨师的工作而已，法餐厨师可能在私下里喜欢钻研泰国菜，我认为厨师可以展示和自己所在餐厅不太一样的个性和思想。这样可以让顾客对厨师产生兴趣，这也是厨师吸引顾客的一种方法。

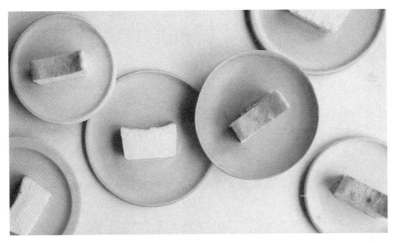

图7-12　　"芝士蛋糕先生"推出的"东京芝士蛋糕"

　　——关于线上销售、外卖、送餐方面，您有没有什么好的战略？

　　田村：人们在餐厅就餐的体验与线上销售、外卖、送餐完全不同，所以如果线上和线下都为顾客提供同样的菜肴，很容易降低菜肴和餐厅本身的价值。一个有效的方法是开发与厨师本身相关的专门用于线上销售和外卖的旗下品牌。通过将旗下品牌和原来的品牌区分开来，可以调整顾客对商品的期待值，因此不会造成餐厅和顾客的沟通不畅，还能增加顾客对厨师的了解。我认为这是一个理想的战略。

　　在疫情之前，如果一流餐厅开展餐饮以外的其他业务通常会遭到来自业内和业外的批评，被说成"走大众路线"。但是现在不同了，餐厅可以趁此机会打造旗下品牌，如果旗下品牌发展顺利，可以和餐厅的业务分离的话，那么餐厅就可以增加额外收益。旗下品牌的发展如果形成一定规模，收益甚至可以超过餐厅业务。

顾客可以在线上通过旗下品牌知道打造该品牌的餐厅，疫情过后可能会到餐厅就餐。现在可以说是打造线上、线下两种手段相结合的竞争战略的好时机。

例如"芝士蛋糕先生"推出了一款名为"东京芝士蛋糕"的产品（根据大小售价分别为 3456 日元和 4320 日元，以上价格为含税价格），该产品只在线上销售，我们下一步打算开发专供线下实体店销售的商品。例如价格区别于线上产品，1000～3000 日元的伴手礼甜点。

全世界的消费者都可以通过网络知道线上销售的产品，但是想要真正了解这些产品则需要花费很长的时间。与此相反，在线下虽然企业和顾客的接触点有限，但顾客有可能在偶然路过店铺时了解到店铺，并购买商品。我认为线上和线下各有长处，通过将商品分为线上专供和线下专供，可以最大限度地发挥协同效应。

——一般来说，很多品牌线上和线下销售的是同样的商品，您对此怎么看？

田村：目前确实是这样。因为线上和线下的定位完全不同，所以即便是同一品牌的商品也应该根据功能分成线上和线下进行销售。例如，餐厅是为顾客提供体验价值的场所，所以餐厅应该尽全力思考在餐厅这个空间里让顾客达到怎样的心情，并为顾客提供最符合这种心情的菜肴。另一方面，离开了餐厅这个空间，选择网购、外卖、送餐的顾客往往追求的是价格便宜，餐厅应该想办法让顾客品尝完线上购买的产品后产生去线下实体店看一看的想法。

重要的是如何将线上的顾客吸引到线下的实体店。时下比较流行的说法是"要会讲故事"。如果能做到这一点，餐厅今后的经营以及利润都可以得到保证。反过来，如果仅仅依靠匠人精神，也许就会像一部分日本传统工艺品那样被市场淘汰。我认为这就是餐饮业现在面对的现实。

厨师的工作不是为顾客烹饪菜肴,而是为顾客创造体验

——您在线上仅仅凭借一道菜肴就打败了众多竞争对手,以至很多厨师产生了无法战胜您的想法,对此您怎么看?

田村:如果真的有厨师那样想的话,我认为是大错特错。餐厅最大的优势是为顾客提供套餐。如果把套餐比喻成"线"的话,那么组成套餐的每道菜就是"点",如果没有"点"就无法形成"线"。无论是套餐还是单品菜肴,最重要的是它将如何影响人们的心情和行动。说得再通俗一点就是厨师真正的本领是让顾客吃过菜肴后觉得好吃、受到触动、产生想要把自己的心情告诉给别人的想法。

"芝士蛋糕先生"在线上销售一款甜品时会遇到竞争对手,例如便利店的甜品。怎样做才能避免与其展开竞争,关于这个问题我想到的办法是让顾客花费"时间"。如果顾客在家里吃甜品也需要花费时间的话,那么就可以享受到和在餐厅吃饭比较接近的体验。在便利店购买的甜品立刻就可以品尝,"芝士蛋糕先生"的产品在这方面与便利店甜品形成鲜明对比,我们希望为顾客提供一种平时享受不到的体验。

于是我想到的是通过冷冻的方式把芝士蛋糕送到顾客手中。在品尝这款蛋糕的过程中,顾客可以分三个阶段享受到三种不同的口感,在第一阶段,处于冷冻状态的蛋糕口感类似于冰激凌,酸味会比较明显。室温下放置1个小时左右蛋糕处于半解冻状态,这时的蛋糕中心还是冷冻时的口感,外面的一层口感则变得丝滑,与蛋糕中心的口感形成鲜明对比。待到蛋糕完全解冻后,口感变得宛如布蕾般丝滑。我们把"请花些时间享受这款蛋糕"这种与顾客的交流变成一种积极的信息传递给顾客。

——也就是说,即便顾客把甜品买回家吃,企业也可以通过用心设计产品故事改变顾客体验。

田村:是的。"芝士蛋糕先生"的"东京芝士蛋糕"这款产品顾客每次只能整个购买,不能购买一小块。我们这样做的目的是希望顾客不要自己独自享用,而是和别人一起分享这个蛋糕。"找个人一起吃芝士蛋糕吧!"由这种想法开始的体验和人们选择去餐厅吃饭的行为如出一辙。

能够设计出这种体验的不是其他行业的人,只有厨师才能做到,对

此我深信不疑。放弃了自己的优势，只想着通过网上销售冷冻食品、外卖、送餐等方式和对手竞争，我认为这种做法实在让人感到遗憾。厨师把制作好的冷冻咖喱送到顾客手中，顾客回家用微波炉加热后一个人孤单地吃完咖喱，如果仅仅是这样，那么这种咖喱和在超市、便利店购买到的产品没有什么不同，无法实现产品的差异化。厨师应该做的是增加咖喱的附加值以避免出现上面的情况。

厨师的工作不是简单地为顾客烹饪菜肴，而是为顾客制造一种体验。我们的目的是让品尝过菜肴的人能够产生情感的变化，例如感动、幸福等。菜肴本身不过是实现这一目的的手段而已。我认为这一点非常重要。

——田村先生您本人在推特上的粉丝数量高达4万，您是如何看待自己在网络上拥有如此巨大影响力的？

田村：我认为重要的是在网络上厨师和用户要建立起一种"不以相互榨取为目的的关系"。如果我想增加自己的粉丝数量，有一种办法是经常在社交媒体上上传食谱。但如果这样的话，在用户眼里，厨师就变成了只是免费教自己做菜的人。我不认为这种用户是真正的粉丝。

因此，我会专门在推特上发一些日常生活中不起眼的小事，或者谈论一些和烹饪无关的事情。即便有的用户在看过这些推文后不再关注我，我也依然坚持这样做。我认为只有那些不仅把我当成一个厨师，还能看到我作为厨师以外的其他方面，喜欢并接受我的用户才是真正的粉丝。在一些重要的时候这些"铁粉儿"会成为我的强大后盾。

我们希望顾客在一年里能够购买2~3次"芝士蛋糕先生"的产品，例如在自己和家人过生日的时候，以及赠送礼品的时候。为了让顾客时刻对我们的产品保持新鲜感，我们在一年里会根据不同的季节调整蛋糕的口味，推出只有在特定季节才能购买到的蛋糕。我们还会尝试将不同的食材进行搭配，让蛋糕的口味变得更加复杂，为顾客提供其他甜品店无法提供的独创性价值。

我们希望顾客在品尝过口味更加复杂的蛋糕后能够不断地提高自己对美食的追求。那么今后如果有一天我们开设一家菜肴口味更加复杂的餐厅，这个餐厅应该更容易被粉丝接受。通过与顾客进行多样的交流、提高他们的美食鉴赏水平也是培养"铁粉儿"的一个重要方法。

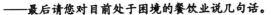

——最后请您对目前处于困境的餐饮业说几句话。

田村：一直以来餐饮企业营业额的上限是由就餐人数、人均消费、营业天数三个要素共同决定的。因此如果店铺规模、店铺数量、菜肴定价不变的话，那么 10 年后该企业的营业额上限都不会发生变化。但是，经历了这次新冠肺炎疫情，餐饮企业发现在固定店铺的营业额之外还可以通过外卖、送餐、网络销售等新的方式增加收益。只要足够努力，10 年后企业将大不相同。这意味着一直以来阻碍餐饮企业提高营业额的不利条件突然消失了。

过去餐厅努力的成果只体现在能否成为米其林餐厅，以及在美食网站上的评分。但是今后人们对餐厅的评价将实实在在地体现在数字上，这个数字就是每个餐厅的"铁粉儿"数量和营业额。餐饮企业会发现自己进入了一个崭新的世界，在获得顾客信赖的同时还能实现自我成长。我想现在正是把餐饮业从原来的各种束缚中解放出来的最好时机。

Nikkei Cross Trend 胜俣哲生撰写、高桥学整理

第 8 章

科技加持下的食品零售业演变

第 1 节
食品零售店的新愿景

20% 的消费者认为食品超市的商品摆放方式对他们的减肥事业造成了不良影响。

这个令人惊讶的调查结果来自 2019 年 7 月英国皇家公共卫生协会（the Royal Society for Public Heath）与 Slimming world 减重团体联合发布的报告《货架上的健康》（*Health on the Shelf*）。这项调查中指出，超市为了增加营业额，将入口附近、店面中最显眼的货架上、收银台旁边都摆放着不利于身体健康的零食糖果等商品，这种布局会使人在不经意间买下眼前的商品（图 8-1）。

英国皇家公共卫生协会政策沟通执行官路易莎·马森（Louisa Mason）表示："超市追求营业额的提高，而食品生产厂商也在通过艰难的谈判想要占用货架空间以最大限度地提高销售额，结果谁都没有考虑到消费者的健康问题。"路易莎·马森希望食品生产厂商与食品零售商能认真考虑消费者的健康问题，并结合专家意见提出了对消费者健康有益的商品摆放布局方式：在显眼的货架与收银台旁边摆放蔬菜水果等。目前，伦敦 The People's Supermarket 采用了此种店面布局方式，正在实践中检验"健康超市"。为了使消费者能做出正确健康的选择，他们花了很多心思。这样的超市一定会让人想去逛一逛吧。

其实在英国，在收银台旁摆放零食是受到限制的，这出于英国政府的一项举措——要在 12 年内将儿童的肥胖率降至现在的一半。

那么，从英国的案例中我们能获得哪些启示呢？

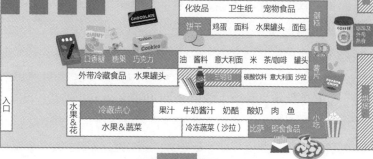

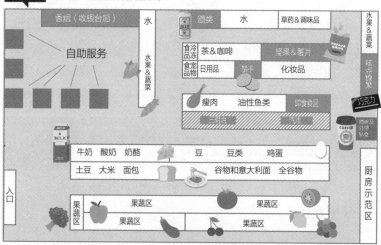

图 8-1 英国食品超市商品摆放改善示例

来源：RSPH，Slimming Word "Health on the shelf"

其中的重点是食品零售商的职责发生了转变，从以往的为消费者提供价格实惠的商品转变为提升消费者的幸福感。不管是实体店还是电商，都应该做好各种措施，无论是价格、购买方式、店面布局还是营业方式，都要做到保障消费者的幸福感。我们应当在保证营业额的同时兼顾担负的职责。笔者认为这才是食品零售商的未来愿景。

前面讲到英国对摆放在收银台旁的商品做出了一定规范，但是食品零售商并不满意这一做法。巧妇难为无米之炊，企业认为要是赚不到钱的话一切都免谈，这不是说漂亮话的时候。但其实，提升消费者的幸福感与食品零售商的自身发展并不冲突。因为一旦证明这个理念是正确的，就会促进消费者消费。不仅仅是超市，只要是人们购买食物的场所都适用，比如便利店、药妆店、小卖店，甚至包括数字体验的企业都应该去思考这个问题。

日本的肥胖问题没有欧美国家严重，那我们应该解决的是什么问题呢？我们的消费者追求的健康和幸福具体是指什么呢？在第 1 章中我们说过人们的价值观具有多样性，并非只看重方便快捷。那就意味着我们需要进一步地去探索其中的答案。

▶ 食品零售店应该追求的幸福感是什么？

让我们再次将目光转向 SIGMAXYZ 的调查结果并重新思考食品零售商应该关注的健康问题。调查结果显示，除了"身心健康"，人们认为"有独处的时间"和"有休闲的时间"也十分重要。笔者建议在看图 8-2 的时候不要只看排名前五的结果。因为就算是排名最后一位的"在组织中有存在感"，也有大约六成的人认为它很重要。只要世界上有 60%～90% 的人认为该选项

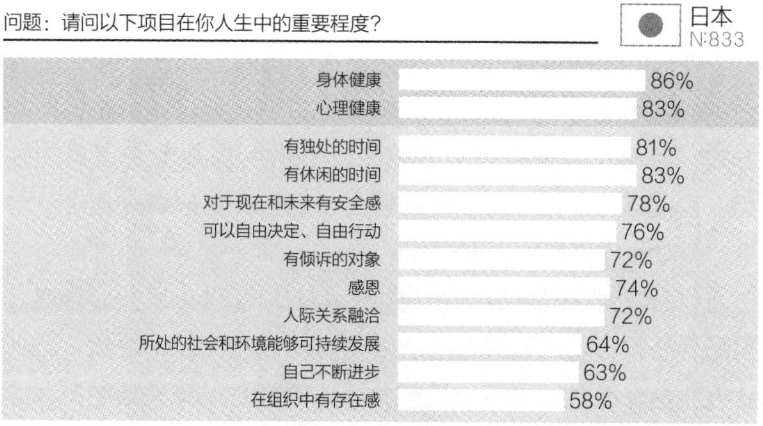

问题：请问以下项目在你人生中的重要程度？　　　　　● 日本
　　　　　　　　　　　　　　　　　　　　　　　　　　N:833

身体健康	86%
心理健康	83%
有独处的时间	81%
有休闲的时间	83%
对于现在和未来有安全感	78%
可以自由决定、自由行动	76%
有倾诉的对象	72%
感恩	74%
人际关系融洽	72%
所处的社会和环境能够可持续发展	64%
自己不断进步	63%
在组织中有存在感	58%

图8-2　重要的价值观
（回答非常重要、重要、还算重要的人占总人数的比例）
来源：SIGMAXYZ实施的"食品让我们更幸福调查2019"

对自己有重要价值，它就会出现在这个表格中。

那么从人们希望食物带给自己的价值这一观点来看，又会有什么发现呢？图8-3中显示的是消费者都用哪些词来描述食物。"放松""保持健康""享受"这三点对人们来说是最为重要的。而如果我们看一下长尾图的底部，就会发现也有近5%的人认为"表现自我"和"和周围的人交流"也非常重要。如果零售商能提供满足消费者以上需求的产品或服务，一定会引起很多人的关注。通过使用我们在其他章节中讨论过的食品科技，消费者的具体需求得以可视化，零售行业也能更有效地达到自身的目标。

在物质不那么丰富的年代，食品零售业以更实惠的价格为人们提供更丰富的饮食，给人们的日常生活带来了持续不断的幸福感。蔬菜店、鲜肉店等是可以成功地将人与人之间的联系和当地特色结合起来的地方，不仅创造了效率，而且还与当地

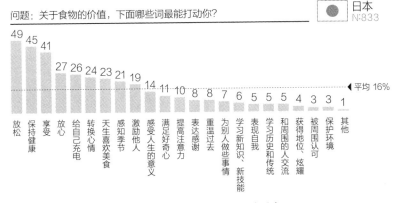

问题：关于食物的价值，下面哪些词最能打动你？　　　　　　　　● 日本　N:833

图 8-3　食物的价值（可以多选）

来源：SIGMAXYZ 实施的"食物让我们更幸福调查 2019"

居民和生产者建立了联系。在这一章中，笔者想提出这样一个问题：人们现在是否以一种真正令人愉快和幸福的方式购买食物，这种购买行为是否能提升他们的幸福感？在该问题基础之上，笔者还想探讨一下食品科技的应用给食品零售业的未来带来的可能性。

在欧洲和美国，新的行动已经如雨后春笋般出现。笔者认为凭借日本的食材多样性，再结合日本国民热情好客的民族性格，日本是有可能创造出世界上最先进案例的国家。希望本章的内容能为读者提供一些启示。

第 2 节
持续低迷的食品零售业

现在，我们对食品零售业的使命和它应该走的方向有了一定了解，让我们回顾一下这个行业目前的状况。

新冠肺炎疫情的影响自不必说，受日本的人口结构影响，今后日本的"胃"将变得更小。日本农林水产政策研究所的一项研究预测，粮食消费总量趋于下降。而许多食品零售商现在还都在争先恐后地填补这些缩小的胃。

尽管有这些"不利"的预测，日本食品零售商为了生存一直在通过开设越来越多的新店来争夺他们的市场份额。零售市场中不仅有超市和便利店，还出现了药妆店、折扣店这一类原本不销售食品与生鲜类的店铺。很多人看中食品行业的客流聚集量而急于分一碗羹，其结果是在过去几十年里开设了太多的食品店，导致市场趋于"同质化"。由于在货品和价格方面几乎没有差异，整个行业都一直无法找到增长点。

另一个趋势是电子商务的普及。在美国零售业，"亚马逊效应"的影响是巨大的。亚马逊效应是指以亚马逊为代表的网上购物行业发展带来的经济影响。拥有实体店的零售商处于低迷状态，许多其他行业也受到了影响。在美国，2005—2007 年的三年间，净损失（开店数量－关店数量）约有 9800 家。

另一方面，美国的电商市场一直在大幅扩张。研究公司 eMarket 的一份报告显示，市场预计将从 2005 年的 4490 亿美元增长到 2011 年的 9690 亿美元。食品采购相关的电子商务也呈现增长趋势。根据该报告，美国电子商务食品和饮料的销售额预计将从 2007 年的 198 亿美元增加到 2011 年的 381 亿美元，增长近一倍。此外，不使用食品电子商务的人数已经从 2003 年的 66% 下降到 2007 年的 44%。很明显，电子商务对于日常食品采购来说正变得越来越重要。

在日本，食品电商的渗透一直很慢。然而，在新冠肺炎疫情发生后，情况已经发生转变。Oisix La Daichi 由于订单数量超过其配送能力，已经暂停了接受新的会员申请。在亚马逊生鲜和线上超市下的订单，也会遭遇需要等待数天才能交货的情况。

新冠肺炎疫情的发生也导致了超市以外的企业大量涌入食品电子商务的领域。其中，食品批发商和生产商数量尤其多。他们曾为餐饮业供应商品，然而在居家疫情防控限制令之下，他们失去了新鲜食品的销售渠道，于是转为直接面向消费者的零售。比如，一家名为 Ota-market-direct.com（大田市场直送.com）的电商，他们销售来自 Ota 市场中间批发商的生鲜产品。还有一些餐饮店将自家的菜品以半成品或附带食谱的食材包形式向消费者出售。

这样一来，食品电子商务的需求在日本开始呈现爆炸性增长，并逐渐扎根。随着食品行业的大公司和由其他行业公司转向食品行业的公司数量迅速增加，电子商务食品零售业竞争激烈，这也将推动电子商务后台操作的自动化。

▶ 绕过分销：D2C 电商模式的渗透

这种电子商务趋势的延长线上出现了 D2C（直接面向消费者的营销）电商模式。这种模式中不再需要分销商，只需从生产地直接运送到消费地。例如，成立于 2003 年的 Pocket March 经营网上集市，消费者可以向全国各地的农民、渔民直接购买食物。Pocket March 的最大的特点是允许生产商和买家直接沟通。生产商可以通过 Pocket March 的手机应用程序直接向消费者推送信息。消费者可以直接从生产商手中获得食材，因此新鲜的品质也是他们的一大亮点。

Oisix La Daichi 扶持支援 D2C 经营模式的公司和初创企业，并于 2019 年发起了未来食品基金（Future Food Fund，FFF），用以投资专门从事食品行业的初创企业。基金的参与者中不乏一些大企业，其目的是创造一个食品行业的新生态系统。同年，他们还开设了 Oisix 工艺市场，为初创企业销售其产品提供场所保障，并与未来食品基金合作，建立了用于试销初创企业产品的渠道。

第 3 节
Amazon Go 的极致零售技术

随着日本食品零售业的竞争不断加剧，电子商务化和 D2C 化趋势逐渐加强。而在美国的零售业又出现了哪些尖端技术呢？

美国的市场比日本更注重效率，从进货到在商店销售给客户的整个过程越来越呈现数字化和自动化趋势。这一趋势的领导者是亚马逊，在这方面最好的例子也是无人零售店 Amazon Go。

Amazon Go 以及 2020 年 2 月在西雅图开设的生鲜店——Amazon Go Grocery 1 号店为人们带来了前所未有的独特购物体验。消费者所要做的就是下载手机应用程序，随后注册信用卡，并在门口扫码进入商店，之后便可以拿起想要的东西后直接离开，无须排队结账。

天花板和货架上设置的大型摄像机追踪着人身体的移动和手的动作以及货架上的商品，当它识别到商品被放入手推车或袋子中就会将它们记录下来。当消费者走出店门就被视为结束购物，系统会自动为顾客结算。员工只负责补货或是在门口为顾客提供帮助。有许多声称自己是无人商店的店铺在大多数情况下采取的是让顾客在自助收银台付款的模式。很少能找到一家购物体验如此畅通无阻的商店。

该商店涵盖零售科技的所有元素，包括无障碍购物①和无收银员购物②，以及对顾客行为和食品数据的分析，这都将为未来的产品开发和新商店设计提供重要的参考。2020 年，亚马逊宣布将向其他零售商出售其 Just Walk Out（拿了就走），一种无现金商店技术系统包。Just Walk Out 仅需要顾客刷卡就能进入商店，减少了消费者内心的顾虑。同时，没有了对收银员的需求，Just Walk Out 对企业来说也有提高效率和解决人手短缺的好处。它有助于减少员工们因长时间与各种客户打交道产生的压力，同时还有利于降低新冠病毒的传染风险。

目前，Amazon Go 所取得的成就接近于"无人便利店"，可以视为高效率商店。它的价值在于，尽可能地减少顾客在店内的停留时间。不必在收银机前排队等候确实是一种时间上的节省。然而，如果日本食品零售商实施这样的无人商店，它会起到提高顾客幸福感的作用吗？显然，答案是否定的。这可能仅仅是为消费者节省了时间而已，我们应当把从无人店铺收集到的数据信息进行分析说明，并将其转化为可操作的措施，实施数字化转型（DX），最终实现提升消费者幸福感的目标。

就亚马逊而言，不言而喻，它拥有包括客户购物记录、视频观看记录，以及家庭语音人工智能"亚马逊 Alexa"获得的大量数据。这些数据的来源广泛，Amazon Go 与这些数据联系起来就可以实现价值转化。事实上，正如笔者在第 5 章中提到的，

---

①　尽量减少摩擦的购物体验。比如，排队的时间、找到想要的东西花费的时间、送货的时间和手续、结账花费的时间和精力。能避免这些摩擦的购物体验被称作无障碍购物。

②　指一种通过使用传感器或摄像头检测顾客手中的产品，无须在收银台付款的购物体验。

厨房操作系统中搭载着亚马逊的服务。由此可以认为亚马逊通过应用食品科技提高了对客户的理解度。

那么，日本零售商可以做些什么在提升消费者幸福感的同时还能发展自身呢？

▶ **食品零售业面临着怎样的挑战？**

数字化也许能够减缓食品零售业的持续低迷，但仅仅追求数字化的效率和便利，并不能使我们摆脱困境。有了食品科技，我们可以深入探索前所未有的可能性。

包括超市在内的食品零售商所面临的问题是什么，他们是如何行动的？今后与这些直接接触消费者的商店合作时，需要考虑的问题有哪些？笔者将结合下图讲解零售业正在发生着的，如地下岩浆般的变化（图8-4）。图中结构很简单，只要了解这些动态就会改变我们与零售业者对话时的方式。从事食品零售业的读者可能对这一点早有切身体会，但笔者认为本书的解说依旧能为您在寻求合作的过程中提供参考。

如图中央所示，目前食品零售业应该解决的头等问题是提高其对客户的吸引力，也就是说如何把商店变成消费者的"目的地"。笔者认为我们可以应用食品科技并从这三个角度思考问题的解决办法：①建立与消费者的新接触点，②为消费者创造产生幸福感的体验，③创新采购方法。

食品科技的应用方向①：建立与消费者的新接触点

不论是为了促进对消费者的了解还是为了提高店铺客流量，为消费者制造来店的契机都是极其重要的。尽管食品零售商在积分卡和无现金支付方面取得了进展，但他们在基于这些数据了解消费者的方面却并没有取得成果，因此各企业目前正

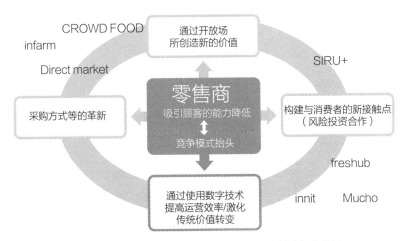

图 8-4　Retails 的状况：通过引进食品科技创造新的价值

来源：SIGMAXYZ

在努力获取用户信息。在这种情况下，出现了一些与食品科技初创企业合作收集数据的案例。与其盲目地收集数据，不如与那些正在建立以提高消费者幸福感为目的的初创企业合作，这有助于了解消费者，并激励他们再次来店消费，可谓是一举两得。接下来让我们来看看零售商与食品科技的哪些领域能建立联系。

▶ 医食同源 × 个性化服务

医疗食品和个性化服务旨在帮助消费者针对自己的健康和身体状况做出正确的食品选择。正如我们在本章开头通过英国超市布局的案例研究看到的：对于顾客来说，从超市中无数的产品中选择合适的产品是颇具难度的。如果我们受到价格和其他诱惑，只购买最便宜和最有吸引力的商品，我们可能会在不知不觉中变得肥胖。而现在已经出现了一些服务可以帮助客户选择正确的商品而避免为屈服于诱惑而抱有内疚感。

在第 6 章中介绍过一个很典型的案例——英国 DNA Nudge。顾客先在店里进行 DNA 测试，之后戴上嵌有 DNA 测试结果的腕带，再用腕带读取产品的条形码，如果是对消费者健康有害的产品，腕带上就会亮起红灯。这是一种很有趣的购物体验，因为它在允许顾客选择对他们来说健康的产品的同时仍然保留他们的选择权。

日本国内也有一家很有趣的初创企业 SIRU+。当你在超市购物时，SIRU+会通过顾客的会员卡信息来识别购买的商品，并在其手机应用程序上自动显示这些商品的营养成分。它能轻松地检查消费者的营养状况，并通过购物记录分析营养缺陷，继而为消费者制定最适合他们的食材和食谱。该手机应用程序还通过消费者的反复使用自动学习用户的饮食偏好，并提出最适合消费者个人饮食的采购方案。

该企业已经开始与神户市的大荣（DAIEI）合作提供该项服务。有了这些信息，客户将可以学习如何明智地购买商品。那么食品零售商的问题就是如何帮助顾客实现营养均衡。

▶ 厨房操作系统和食品零售链接

第 5 章中介绍的厨房操作系统也在加强与食品零售业的联系。厨房操作系统是以食谱网站为基础的，他们在钻研如何能让消费者轻松购买到食谱中的食材。Innit 的案例极具代表性。2017 年，Innit 收购了美国的 Shopwell。当在 Innit 上选择食谱并创建购物清单时，Shopwell 会根据用户的营养状况（基于年龄、性别、过敏、个人食物偏好等）提出建议。例如，如果食谱中显示你需要番茄酱，系统会评选出最适合你身体状况及健康理

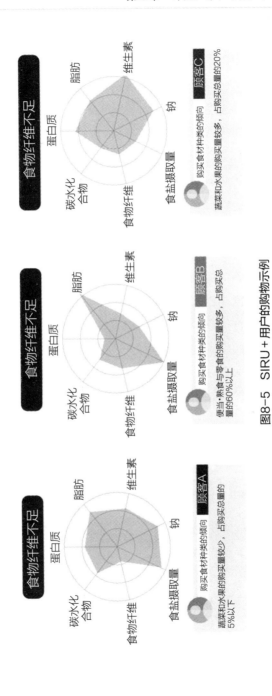

图8-5　SIRU+用户的购物示例

来源：SIRU+主页

念的番茄酱。这项服务旨在帮助消费者不再依靠价格或直觉来购买商品，而可以选择最适合自己的。

另一方面，Shopwell 公司还谈到他们有这样一个创意：他们的手机应用程序创建当天的食谱后，对照检查冰箱中的食材，然后可以在线下食品零售店中打包出售冰箱中缺少的食材。他们作为厨房操作系统公司可以提供推荐食谱，但他们没办法伸手到食材包的销售领域。这就是他们需要与食品零售商合作的原因。

食品科技的应用方向②：为消费者创造产生幸福感的体验

要想吸引消费者来食品零售店，仅仅靠价格的实惠、货品种类的齐全是不够的。以商品吸引来的顾客，最后也会因为没有自己想要的商品而去别家店购买。这样一来顾客在店里停留期间能获得怎样的体验就变得尤为重要。

在这种时候，重要的是提供一种使人们愿意经常来店的体验。甚至还能采取一些措施挽留一部分买完东西就走的顾客，使其能在店内停留的时间增多。接下来我们看一些典型案例，这些案例中的风险企业与新业态通过开放场所的方式吸引了越来越多的客户。

▶ 在 Grocerant（便利厨房）现场享受当地的产品

"Grocerant（便利厨房）"这个词是由英文单词"grocery（食品杂货店）"和"restaurant（餐厅）"组合而成，是一种使用食品杂货店中出售的食材现场为消费者烹饪菜品的服务，也有越来越多导入到美食馆中的案例。美食馆发源于欧洲，并已在纽约大受欢迎，它是由当地有名的餐厅或名厨开创的餐厅集合而成的，餐厅之间共享座位。与美食广场不同的是，美食广场中主要是连锁快餐，不提供酒水，而美食馆更像是餐厅。

EATALY，一个意大利高品质食品商场，店内的食品区旁边都开设了 Grocerant（便利厨房）。例如，水果和蔬菜区的旁边是一家素食餐厅，鲜鱼区的旁边是一家海鲜餐厅，比萨和面食区旁边是一家比萨和面食餐厅。此外，还有一个带厨房的活动空间，在这里举办食品教育课程和著名厨师的厨房活动。该店中还充斥着广泛的食品相关内容，店内有生产商的照片，以及他们对质量、生产方法和可持续性的承诺，还设有关于意大利饮食文化的读书角。EATALY 是一个能享受和体验意大利饮食文化的地方。

▶ 保证新鲜度和口感的垂直农业

读者朋友们，你们听说过垂直农业或都市农业吗？Infarm 是一家成立于 2013 年的柏林初创企业，它让在超市里种植蔬菜成为可能。利用远程控制设在玻璃围墙中的种植槽，创造完美的生长环境。该系统已经为德国的 METRO、英国的 MARKS&SPENCER 和美国的克罗格等大型杂货店所采用，并将于 2020 年夏季引入日本的纪伊国屋。垂直农业除了为消费者提供新鲜、无农药的农产品外，还减少了农产品的运输成本、因运输造成的损坏，以及二氧化碳排放对环境的影响。虽然植物工厂生产的蔬菜在日本越来越普遍，但不同的是，垂直农业中的蔬菜新鲜度能通过玻璃墙中的种植槽肉眼可见。消费者可以看到、尝到和闻到产品的新鲜度，也有机会思考环境影响和可持续性。

▶ 科技体验型 D2C 商店

一年一度的世界最大零售科技会议（NRF: Retails Big Show & Expo）在纽约召开。在这个零售业发展前沿的城市，纽约当地的 SHOWFIELDS 和来自得克萨斯州的 Neighborhood Goods 吸引了很多人的注意。这两家新型零售商的特点是，将店铺作为一个讲述品牌故事、传达品牌魅力的空间。他们正在将零售业从买卖场所转型为体验场所，也就是展示厅。这些店铺都是经过精心策划的，在那里你可以体验多个 D2C 品牌。他们提供的产品类别广泛，从服装和电子产品（如耳机）到化妆品和食品。

在日本，丸井正在从一个卖东西的商店转变为一个提供体验的商店。丸井将自家店铺定位为体验式商店，为消费者提供尝试初创企业和 D2C 企业产品的场所。丸井选择了美国的 b8ta 作为其合作伙伴。b8ta 成立于 2003 年，开设了一些店铺以供消费者发现、体验、购买 D2C 品牌和初创企业的创新产品。

这些商店配备了摄像头，记录分析来店顾客的行动，并向 D2C 品牌和初创企业提供反馈。丸井也是"RaaS"（Retail as a Service：零售商和供应商合作开发服务项目，并将其出售给其他零售商的一种业务）的领先者。熟悉客户服务的员工会向顾客讲解产品，帮助初创企业试销并扩大客户群体。其目的是通过最新的数字技术和擅长客户服务的售货员向消费者介绍新的产品及理念，以期构建体验式商店模式。

如果食品超市采用这个模式，也能开发一个食品科技家电和食品卖场的整合区域。这可能不是一个万能的模式，但这将使他们与初创企业一起成长，更好地了解他们的客户并为客户提供新的体验。

食品科技的应用方向③　创新采购方法

当你与一家初创企业合作、尝试开发新的服务，并将你的销售空间作为一个新的价值主张对外开放的时候，你会注意到一个与以往完全不同的新动向，这就是采购方式的转变。这个元素对消费者来说可能不具有直接可见的价值，但它是一个很值得讨论的问题。

到目前为止，商品部门一直负责与全国性品牌谈判和开发个人品牌，这些所谓的"买家"迄今为提高食品零售业的价值做出了重大贡献。与此同时，食品生产厂商不得不使出浑身解数，做出巨大的让步，使他们的产品被各类型的"买家"选中并摆上货架。这样的结果致使食品零售"买家"手握巨大的权力，从货架到食品生产商甚至到批发商，在这一横向分工中出现了垂直结构，并催生出一个卡在原地动弹不得的产业结构。

当然，这个结果并不意味着有人做错了什么。反而是因为人们单纯地想要以更实惠的价格提供好的产品，想要为企业的业绩做出贡献才一步步走到了今天这个结果。

食品科技可以以一种积极的方式化解这一尴尬的结构。前面提到的 Infarm 就是一个很好理解的案例。通过安装垂直耕作设备，商店成为培育收获新鲜生鲜品的地方。这使物流的前提发生了巨大变化。它背后的逻辑是加入食品科技的同时也解决采购问题。

还有一个重要的思考：我们正在从一个只销售商品的时代转向一个销售商品和消费体验的时代。并且，这些服务和产品都与消费者直接接触。一个产品是好是坏，不是由销售商来判断的，而是由消费者自己直接进行反馈。

未来，食品零售业需要的是能够创造新价值的零售业企业，以及能通过不断试错吸取经验为消费者创造真正价值的精神与技术。这个观点尤为重要，这是因为与消费者直接接触的零售业有时可能会利用他们所掌握的"空间"只提供他们想卖的东西。如果全凭零售商自己的喜好来打造店铺，最终只会呈现出一个不协调的像 B 级购物中心一样的空间。因此，我们需要一种有明确构想的商业创造，被称为采购方式 3.0 的新合作模式。

正如我们现在看到的，以下三点是问题的关键：创造与消费者的新接触渠道，通过开放空间创造提升幸福感的消费体验，以及与仅通过食品本身与消费者有接触的初创企业和其他行业的公司进行合作。对于食品零售商来说，他们能在多大程度上达成这种合作，将是决定他们未来有多少发展空间的关键。

第 4 节
力求食品行业的创新
——现有企业与外部参与者的加入

在日本智能厨房峰会 2019 上，永旺（AEON）旗下的超市联盟 U・S・M・H（United・Super・Market・Holdings 株式会社）的藤田社长宣布将要转变经营方式并招募合作伙伴。与往年明显不同的是，该企业制定了与外部参与者（初创企业+大企业）合作的政策。

藤田社长以打造新型超市的主题在会上发言，宣称要重新思考实体店存在的意义、创建新的经营模式，并重申以消费者为中心的经营观念：企业在新的经营模式下通过理解消费者需求、与消费者共创等方式为消费者及社会提供"回味悠长的美食体验""助力当地特色"等新价值。针对回味悠长的美食体验，藤田社长提出了三个关键点：保证产品鲜度、邂逅惊喜商品、商品丰富多彩。藤田社长重新定义了自身的理念与模式，并寻求与国内外的初创企业进行合作。如此，日本国内的超市也已经开始重新思考实体店的存在意义并做出改变。

另外，2020 年 4 月 U·S·M·H 明确地将合作共创的方针写进了中期经营计划书中。这一举动在业界引起了不小的轰动，过于大胆的变革甚至引起了外界对其真实性的质疑。本章最后的"人物专访"中就讲述了藤田社长对食品超市的未来发展的想法。

▶ 拥有世界观的其他行业从业者参战

当食品零售商在激烈的竞争中逐渐趋于同质化的同时，有一些来自其他行业的企业正在开拓其在食品行业中的市场。

无印良品的良品计划近年正在加速开拓在食品领域的市场。无印良品计划在 2030 年之前将食品类产品的销售额占比提升到 30%。食品的销售更容易传播理念，也有助于提升客流量。无印良品于 2020 年 5 月 20 日在网上发售了一款"蟋蟀仙贝"，当天就被抢购一空。

笔者在第 4 章中介绍过昆虫食品作为一种代替蛋白质备受关注。无印良品食品部零食·饮料部门经理神宫隆行与同部门的山田达郎表示他们初次接触到蟋蟀食品是在 2019 年 2 月，同年 11 月去芬兰赫尔辛基开设无印良品新店的同事带回了一包零食，它的外层包裹着巧克力，内层是蟋蟀饼干。

我们查找资料后发现，欧洲的食品市场中有很多蟋蟀制成品，并且这不是他们的传统食品，而是最近才开始出现的。这

图8-6 良品计划的"蟋蟀仙贝"

种产品出现的背景就是蛋白质食品的紧缺问题。神宫隆行称："日本在这一问题上也绝不能只是隔岸观火，坐以待毙。我们抱着唤醒人们的危机意识的想法，着手蟋蟀产品的开发。"①并介绍说："与我们合作的是日本蟋蟀研究第一人——德岛大学研究院助教渡边崇人。渡边先生从2016年开始从事蟋蟀研究，同时也作为Gyllus株式会社（德岛县鸣名门市）的首席执行官参与食用蟋蟀的生产销售等工作。得益于渡边先生的协助，我们拧成一股绳开启了蟋蟀饼干的商品化项目。"

像无印良品这样与可持续发展的初创企业合作开发和销售食品的案例非常有趣。

巴塔哥尼亚（Patagonia）是一家将可持续发展作为公司理念制造户外运动服饰和开发项目的企业。它开启了名为Patagonia

---

① *Nikkei Cross Trend* 2020年6月4日刊登文章《无印良品蟋蟀仙贝为何能在发售首日销售一空》

Provisions 的食品制造及销售业务。瑞典发祥的家具企业宜家（IKEA）也在自己的餐饮店提供植物代替肉汉堡，销售植物性食材做成的方便面。这些本来没有在食品方面下过功夫的企业，现在纷纷因看重食品行业更容易传递理念或是容易与客户建立联系等优势而加入了进来。品牌形象鲜明的企业销售起食品来也是贯穿着其背后理念，而对于消费者来说更容易找到选择该家产品的理由，这样一来就能有效避免陷入到同质性企业之间的竞争之中。这种方式非常值得零售业关注学习。

那么最后，笔者想要举出三个有关行业形态变革应该思考的问题。

如何思考实体店的意义

一日三餐再加上下午茶、饮料，食品在人仅一天的生活中就要登台露面多次。在这一天之中的餐食都是消费者通过各种形式购买的，或许是在超市，或者是在便利店，抑或是咖啡店、餐厅等。虽说如今电商很普遍，但是满足消费者当下的即时需求还是要靠实体店。

另外，食品带来的价值，比如说被生命力与活力所触动的振奋感，发现新产品时的惊喜与雀跃，学习食品相关的可持续发展理念并为其做出贡献的成就感，购物体验等，都是只有在实体店才能感受到的。

这样一来，实体店具备的价值越高就越能吸引消费者，消费者的日常生活也会随之变得更加丰富多彩。让人满心期待的实体店，可以现场品尝到美味的附加餐厅，愉悦放松的咖啡店，当地居民参与的企划等，这些迄今为止零售店中没有出现过的形式为新型零售店铺带来了无限可能。购物的便捷性加上食品实体店独有的价值体验，使实体店正在从单纯的购买场所变成一个通过食品提升消费者幸福感的地方。

食品零售店是消费者日常生活中线上不可或缺的存在。在新冠肺炎疫情之中一定也有人深有同感。实体店具备提升消费者幸福感的潜力。未来实体店极有可能成为当地开展交流活动的中心，担负新的使命。

如何开展外部合作

如何与第 7 章中提到的"被拆分处理的餐饮业"融合是一个值得思考的问题。未来，随着食品零售店从购物场所转向体验场所，考虑到店铺的本土化，与新商业模式下的餐饮业合作将不可避免，同时与食品生产厂商、家电生产厂商们的合作也是不可或缺的。我们必须认识到这些有市场试销需求的企业正在激增。

另外，与物流行业的合作也极为重要。在客流与物流正在发生重大变化的当下，对于我们来说资产就不再单单是店铺本身，与该地区居民关联的一切都应当看作资产，那么与在物流中发挥作用的企业之间的新合作便会应运而生。

与此同时，对于零售业来说有必要设置新职能部门专门负责外部合作。虽说是共同发展，但是与外部的合作是需要维持好利益平等互换的。因此，零售业需要发掘培养适合这项工作的人才，或是从外部聘请人才。负责连接企业与合作单位的新职能部门将会成为改革食品行业的原动力。

"人"发挥何种作用

有部分原因是受新冠肺炎疫情的影响，食品零售领域比以往任何时候都更多地引入了自动化和机器人，以尽可能减少与人的接触。数字科技、食品科技也都推动了无人操作。但是，现今包括正在读这本书的你在内，很多人已经深刻地认识到了与人接触的必要性。哪怕是聊几句无关痛痒的话题，人与人之间的交流对与我们来说都是不可或缺的。

　　那么在这种情况下，零售店仅能让消费者买到好产品、拥有好的购物体验的话，顾客会每天都来光顾吗？可能短时间内顾客还是会经常光顾的。但是受竞争激烈的大环境影响，食品科技的应用预计在2—3年之间就会普及所有店铺当中，等到那个时候，连续5年甚至10年都能吸引顾客持续光顾的店铺恐怕凭借的就是能为人与人之间的交流创造机会吧。店员与顾客的交流，顾客之间的交流，与当地的交集等有可能发展成一个交流圈。那么，到时候店员的职责是什么呢？顾客在其中又被赋予了哪些作用呢？只有考虑清楚这些才能与其他店铺拉开差距发展下去。

"超市正在与顾客渐行渐远"，对行业抱有强烈危机感
United Super Market Holdings Inc.

社长　藤田元宏

1955 年出生。1978 年入职 KASUMI Co., Ltd, 曾担任人事部经理、常务董事等职。2012 年就任公司代表总裁。2015 年就任 United Super Markets Holdings Inc.副总裁，2017 年起就任公司执行董事，同时兼任永旺 SM 事业高级行政官·商品物流负责人、KASUMI Co., Ltd 董事、MaxValu 关东董事。

"物美价更廉"——诞生于美国的"超市"以此为口号。日本的食品超市也一直以此为口号，但现今这个口号正在被现实撼动。由于生活方式的改变，顾客不太可能"每天都去购物"。尽管如此，"超市仍然无法提出新的价值"，United Super Markets Holdings Inc. 社长藤田元宏一针见血地道出了行业面临的危机。食品零售能否创造新的商业模式？我们向正在进行改革的藤田社长询问了他的下一步行动。

采访人 SIGMAXYZ 福世明子

——这几年藤田社长一直在做业务转型，首先想请教一下在业务转型的背景下，行业所面临的问题都有哪些？

藤田元宏（以下简称藤田）：日本的食品超市起源于美国的"超

市"，一种在有停车场的场地上开设大型商店并摆满食品和日用品，顾客通过自助购买所需物品的形式。参照美国，日本也兴起了超市并发展至今。然而，近年来，不仅市场环境在发生变化，商业模式本身也发生了动摇。

超市是典型的劳动密集型行业。之所以能够"以优惠的价格提供好的商品"也是归功于这中间很多劳动者付出的努力，而现在人手紧缺，未来行业的发展将面临危机。

另一个变化是我们顾客的生活环境。日常生活的数字化改变了购买东西和收集信息的方式，去实体店的必要性也逐渐降低。超市无法应对顾客的这种变化，客流量逐渐流失。如今这个被称为百岁人生的时代，我们的客户的价值观和生活方式将不断变化。届时，超市必须根据顾客的变化提供新的价值。我认为只有这样才有我们在社会中存在的意义。

出于这个原因，我认为是时候重新考虑超市的经营了。无论如何，留给我们的时间不多了。最近两三年就是超市应该破釜沉舟的时候了。

——GMS（综合超市）、便利店等周边行业的管理者，是否也有这样的行业危机感？

藤田：一般来说，整个销售业界对此的态度都是一致的，都认为不能再这样继续下去了。然而，目前业界呈现两极分化的态势，有些公司已经采取措施开始行动，而有些公司却没有丝毫的改变。

——为什么同一行业中大家的反应却不相同？

藤田：我认为是管理团队是否将危机感在整个组织中共享的问题。

——为什么您会有这么强烈的行业危机感？

藤田：我在超市行业从业 40 多年。到目前为止，我在市场上也做了很多工作，但在过去的这几年里，无论我做什么都没有得到我想要的结果，这种事情还是第一次发生。这时我突然意识到有一天顾客可能会说"超市没必要存在"。简而言之，我认为超市正在与我们的顾客"渐行渐远"。

——超市在过去的价值体现在哪里？未来的价值又体现在哪里呢？

藤田：过去，超市的价值在于你可以随时去商店购买你想要的食物和日用品。从某种意义上说，超市提供的价值对于所有顾客来说都是统一的。然而，如今每个顾客对超市的要求是不同的。例如，不同的顾客需要的产品加工层次不同，因此商品就有原料、半加工产品、即食菜肴等。对购物方式也有不同的需求，有些顾客希望得到工作人员的解释和推荐，甚至是温暖的交谈。有些人则无法亲自去超市，希望能将食品送到他们的家里。我认为了解每个顾客并满足他们的不同需求是超市作为提供食品的基础设施的作用和价值。

——提供新价值的核心是什么？

藤田：人们常说，超市的 POS 机等收集了丰富的数据，但如果你问我是否了解我们的顾客，我不得不回答"不了解"。为了了解我们的客户，我们必须去分析使用数据。

就比如，受新冠肺炎疫情的影响，每个家庭购买物品的数量都有所增加。当收到"平均而言，消费者比以前多买两样物品"的报告时，你能从中获得怎样的信息？平时就购买 20 件或更多物品的人和购买五六件物品的人之间明显是不同的。如果我们不了解每一位客户，就将无法创造新的价值。从这个角度来看，充分利用数字技术并了解我们的客户非常重要。

——据说日本超市是美国模式的，未来有没有可能出现具有日本本土特色价值的超市？

藤田：我认为会出现。美国企业的转型速度给我留下了深刻的印象。然而，美国模式是针对美国的环境和消费者量身定制的，在日本的环境和消费者需求下可能会出现具有日本特色价值的超市。

比如超市中可以看到卖家和买家的表情，一来店里就感到安心等等，我认为这些日本独有的价值观在未来会变得很重要。如果能创建一个让顾客沉浸其中的超市会很有趣。

——为了提供新的价值，您正在进行怎样的改革？

藤田：如果不改变迄今为止超市的经营方式却企图增加价值，那将会耗费巨大的成本，这不是长久之计。因此超市的营销结构本身必须做

图8-7　2019年10月茨城县筑波市KASUMI总部1楼的
无人店铺实验店KASUMI LABO

使用USMH官方手机应用程序即可在手机上购买商品，为消费者提供新的购物体验。

出改变。宝贵的人力资源将集中在与客户的沟通上，现场的劳动密集型操作将实现自动化或部分减少。为了推进权衡，我们正在尝试将运营成本可视化。超市的角色是成为"区域集体的一员"。

——三鲜食品（鱼、肉、蔬菜）是超市的主要产品。未来超市将如何应对三大生鲜？

藤田：农业是应该得到企业支持的生鲜食品行业之一，因为它正处在严峻的处境之下，年轻人不再愿意务农，气候变化引起大规模的自然灾害等等都对农业的生存和发展造成威胁。超市是扎根于当地的企业，所以应该发挥自身作用。没有人会从很远的地方特意来食品超市购物，因此今后食品超市的服务对象依然是当地的居民。作为该地区的一员，我们希望促进包括农业在内的当地经济，并愿意与当地人一起努力。像车站广场商圈的商户为地区发展献计献策一样，我们也想成为所在地区的亲密合作伙伴，为所在地区的发展着想。

像垂直耕作这样的科技农业值得我们关注，我们也可以将这种模式引进超市。另外，对于超市来说，我们不应该只是孤立地看它本身，而应该从支持农业的角度来看待它的价值。

——我们换一个问题。您认为超市的服务会因新冠肺炎疫情而发生怎样的变化？

藤田：我认为新冠肺炎疫情将改变顾客的生活方式。具体来说，对"最后一公里"的需求正在增加。一段时间以来，送货和其他"最后一公里"服务在超市以外的企业中一直在增加，但它并没有成为我们的高度优先业务。但新冠肺炎疫情蔓延后，我们改变了想法并且提高了该业务的优先级别。

——受新冠肺炎疫情影响，超市的管理会发生怎样的变化？

藤田：我认为未来投资配置有可能发生变化。之前大部分投资都用于建造店铺，从现在开始，我认为投资将被导向电子商务、交付系统和健康服务，以应对日益增长的对外送服务的需求和健康意识带来的需求。

另外，随着恩格尔系数的上升，必须在一个不同于过去的层面上解决价格问题。这将是全行业的趋势，因此迅速付诸行动尤为重要。

——您在促进变革方面的方针是什么？

藤田：我一直铭记在心的是不能采取与之前相同的方法，不抱有固定标准。我们要创造自己的新方式。做到这一点的唯一方法是通过试错，以及从公司内部到与外部的相互学习，不断试错，从中吸取教训。

——您如何看待与外部伙伴的关系？

藤田：创造多样化的价值以满足多样化的客户需要，意味着我们也必须使自己多样化。我们希望通过与食品科技企业、擅长建立集体意识的企业等合作创造出新的价值，这些企业迄今为止还未在销售行业中显露身手。我觉得食品科技公司看待世界的方式与我们不同，他们注重服务平台的商业模式定位、冷冻技术和人工智能等先进技术的应用。我希望我们可以通过结合我们的经验来创造出新的东西。

随之我们将需要一个新的组织结构。过去，我们曾试图开发新产品和供应商，但在某些方面并不成功。这是因为，即使我们找到了产品和供应商，我们也没有人能来处理从物流、加工、操作等直到把商品放在货架这中间的过程。为了改变这种状况，我们正在启动一个项目，这个项目在整个组织中重新创建中间流程。开放式创新并不容易，比如会遇到因为公司不具备新举措所需的机制等情况，为此我们通过建立这样的机制，开放接受与外部的合作。

——您在与外部合作各方建立合作关系时都会注意些什么呢？

藤田：重要的是我们彼此想实现的是什么，我们都想成为什么样的企业。能够共享并达成共识的对象才能发展合作，这其实是我在寻找合作方的道路上慢慢摸索出来的。不去一一尝试是不会有结果的，有时也难免要走些弯路。尽管如此，我相信重要的是带着实现目标的使命感去行动。

SIGMAXYZ 濑川明秀 整理

第 9 章

如何打造食品科技产业化

第 1 节
打造新业务的 5 个趋势

在前面几章，我们为读者介绍了食品科技兴起的原因和发展现状。从整体来看，食物价值的多样化已经成为最主要的发展趋势。我们通过各个领域的创新活动看到了食物在提升人们的幸福感以及解决各种社会问题等方面发挥了巨大威力。

接下来，我们将要讨论的是面对 700 万亿日元规模的食品科技市场，应该如何把它打造成一个新的产业，并使其长期存续下去。本书第 2 章曾经谈到，关于打造新业务，人们想出了许多新方法也出现了许多新趋势。并且我们在前面几章里也多次提到，不能局限于某个特定行业，而是要通过跨行业的合作使食品科技在人们的生活中真正发挥作用。关于食品科技产业化我们需要记住以下 5 个关键词：①搭建风险企业孵化平台；②建立服务于社会的生态系统；③新渠道的出现；④食品生产分散化；⑤构筑新的价值链。

首先是搭建风险企业孵化平台。企业为了应对产品及服务的多样化价值，必须加快研发速度，扩大产品组合。这时就需要和初创企业及风险企业进行合作。并且为了推广新的产品和服务，以及尽快地获得市场反馈，合作对象不应该仅限于初创企业，而是应该打造一个包括其他行业、其他业态在内的"生态系统"。

接下来是建立服务于社会的生态系统。本书第 8 章曾提到企业和消费者的接点会发生变化，因此如何建立新的流通渠道变得非常重要。随着新渠道的出现，在供给侧方面，为了满足消费者的个性化需求，出现了食品生产分散化的新趋势。

纵观以上整个过程，在构筑新价值链的过程中，未来将出现怎样的变化也成为人们关心的问题。

实际上，以上这 5 个关键词相互关联、密不可分。"供应链"的概念通常被用在生产及销售渠道已经确立的流通体系中。在新市场尚未形成的流通体系中，与供应链相比，"生态系统"的说法更为恰当。这是因为在生态系统中，各个企业的关系不是相互竞争，而是通过共享利益、建立良好的合作关系把正处于萌芽期的新市场做大。

之前互为竞争对手的企业现在正转换思路，积极寻求合作，它们的这种做法顺应了时代潮流。在低欲望社会中，仅仅依靠单个产品或单个企业已经很难创造吸引消费者的附加值。面对这种情况，多家企业应该展开合作，通过发挥自己的强项迅速地满足消费者多样化的需求。这样不仅能让各个企业开拓新的业务领域，还能提高品牌的知名度。

企业和企业之间不仅有"竞争"，还有"共创"，例如共同培育初创企业，和其他企业进行合作，建立生态系统等。 以上 5 个趋势正是"共创"这一想法的具体体现。

"共创"的具体形式不仅包括我们熟悉的企业合作，还可以有其他多种形式。例如，第 8 章提到的纽约的展厅型百货商店 SHOWFIELDS 在开拓新渠道方面进行的尝试就是共创的一种。在全世界的流通企业都关注的最先进的大屏幕上，不仅展示着顶尖品牌的最新产品，还有刚刚成立不久的食品科技初创企业的产品和服务。

另一个例子是共享办公室闪坐（WeWork）为食品科技初创企业开设的 WeWork Food Labs。实验室的前台大厅里展示着各家初创企业的产品，其中一些产品在 SHOWFIELDS 也能看到。食品科技的初创企业之所以采用直销方式销售商品，是因为它们希望让消费者在城市中的不同地方都能有新的食物体验。他们知道让消费者真切地感受到"纽约是新食物诞生的地方"会给所有企业带来好处。

以地区为单位发展食品科技的大胆尝试不仅限于纽约。在德国柏林，每年 9 月都会举办全欧洲最大的家电展会 IFA。主办方在会场附近还设置了专门区域，举办大规模路演，吸引了大量初创企业参加。在一个名为"Startupnight Bites"的食品科技活动上，参加路演的企业多达 30 家，可谓盛况空前。笔者 2019 年参加了该活动，感触颇深。在某个初创企业的展台上品尝了它们的新产品后，工作人员对笔者说"您刚才品尝的这款食品在这里就能买到"，随后向笔者介绍了一家位于会场附近购物街上的店铺。笔者去到店铺后发现不仅可以买到刚刚在活动中试吃的新产品，店铺里还设有专门的柜台，销售欧洲食品科技初创企业的产品，并且消费者在购买之前可以免费品尝。消费者在这家店铺购买到初创企业的产品后会感到虽然电商无孔不入，已经成为人们购物的主要方式，但在实体店能买到心仪的商品也是一个不错的体验。

从下一节开始，我们将围绕开头提到的 5 个趋势中的 2 个，即搭建风险企业孵化平台的最新动向，和建立服务于社会的生态系统进行分析，在介绍国外最新动向的同时探索日本未来的发展方向。

第 2 节
对初创企业的投资方式向开放实验室型转变

总的来看，初创企业的创业环境正变得越来越好。笔者在国外参加一些与食品相关的活动时发现，上台演讲的嘉宾不仅有来自大企业和初创企业的代表，也有风险资本和学术领域的人士。他们的演讲通常有科学的分析和具体的投资业绩作为支持，在共享市场难题、为行业指出未来发展方向等方面发挥了重要作用。

之前对食品初创企业进行投资的主体主要是企业风险资本（CVC）。雀巢、嘉吉（Cargill）、可口可乐从 2000 年以后，泰森食品、达能（Danone）在最近 4—5 年也开始涉足这个领域。同时，还有一些企业正在摸索利用企业风险资本以外的其他方式对初创企业进行投资。方式之一是将本企业的研发设施和生产线向初创企业开放，既可以培养初创企业也可以将初创企业的想法和技术为我所用。

意大利的老字号意面生产厂商百味来（Barilla）基金在孵化初创企业时采用了传统的企业风险资本和开放研发设施两种方式。近年，席卷全球的低糖热潮给意面生产厂商带来不小的影响。为此，该公司设置了专门负责创新的高层管理职位，负责调查相关技术发展趋势的同时摸索企业应该如何创新。

百味来在 2017 年 11 月设立了食品科技专项基金"Blu1877"和创新中心，面向初创企业开放研发设施，支持它们研制新产品，目的是通过这种方式加速意面及相关领域的创新。

Blu1877 的特点是除了聘请食品领域、食品科技领域以及数字技术领域的专家担任顾问，还与食品科技相关的国际机构展开合作。Blu1877 的 CEO 兼主席，同时还是该基金的总负责人 Victoria Spadaro Grant 亲自参加在世界各地举办的相关活动并上台演讲。笔者曾多次在这些活动上看到她的身影。

每次听她的讲演都能被她强烈的抱负和决心深深感染。让笔者印象最为深刻的是她能亲自参观初创企业的展台，询问负责人产品的性能和特征。百年企业的掌门人能够亲自去到现场，感受和风险投资企业的合作，这一举动本身就表明了Blu1877非常重视与初创企业的合作。在日本，我们也看到越来越多的企业引进了创业加速器项目和企业风险资本。学习其他企业先进的创新体系和功能固然重要，但是笔者认为掌门人想要和初创企业合作的决心、公开企业资源的诚意，这种真诚的态度才是最关键的。

▶ 以多家企业联合的方式与初创企业进行合作的奇华顿（Givaudan）

也有一些企业选择将本企业的生产线对外开放，最具代表性的例子是美国新兴酸奶生产厂商 Chobani。该企业 2005 年成立，开发了一个新品种酸奶——"希腊酸奶"，从拥有百年历史的乳制品巨头企业达能手中抢过了市场占有率第一的交椅，被人们津津乐道。从初创企业一步步发展壮大起来的 Chobani 对初创企业发出了以下倡议：

"让我们携起手来共同解决食品难题。我们的目标是以下6 个。"

①发生食品安全问题时，农场和工厂能够立刻做出反应
②让养殖户和农户能够使用到更好的数据系统和监测工具
③减少生产过程中二氧化碳和废水的排放
④加快创新，尽快开发出能够延长保质期、减少食物浪费的原料、食谱和包装
⑤将产品直接送到消费者手中
⑥利用数据进行精度更高的预测和分析

Chobani 的做法是首先明确目标，然后寻找手中掌握技术、能够为实现这些目标做出一定贡献的初创企业，让这些初创企业在自己的工厂里花费数月时间制作模型，和 Chobani 的员工进行交流。这样做的结果不仅提高了 Chobani 的研发速度和生产效率，初创企业也可以在现场亲自测试自己的技术，弥补各自的不足。①

总部位于瑞士的世界级香料生产厂商奇华顿因为在打造创新平台的过程中进行了新的尝试受到人们的关注。奇华顿于 2019 年在美国洛杉矶开设了具有重要意义的创新开放平台，它利用本企业一部分研发功能成立了开放型研发机构 MISTA，向外界开放。

表 9-1 奇华顿的 MISTA

组织	培育初创企业的开放平台
定位	从奇华顿分离出来的外部研发组织
成立时间	2019 年
负责人	Scott May（兼任奇华顿创新副总裁）
业务内容	研究开发、确保销售渠道、帮助企业制订合作方案 领域：食品、饮料
设施	地点：旧金山 产品开发设施、低温杀菌设施、发酵设备、联合办公空间等

来源：SIGMAXYZ（2019 年 4 月）

① 2018 年，在 Chobani 孵化中心成立了名为 Food Tech Residency 的食品科技社区。

表9-2 生态系统

合伙形式	公司名称	业务内容
创始成员 （4家）	奇华顿（Givaudan）	香料
	达能（Danone）	乳制品
	玛氏（MARS）	点心、宠物食品
	宜瑞安（Ingredion）	原料（玉米·薯类等）
战略合作 伙伴 （9家）	Pilot R&D	研发支持
	NewEdge	创意支持
	Fulle	脑科学研究
	BetterFoodVentures	食品·农业风险投资
	Global RIFF	食品科学风险投资
	The March Fund	食品技术风险投资
	The Interlwine Group	食品风险投资
	NMI	健康管理战略咨询
	How Good	零售业大数据咨询
初创企业 （11家）	Wild Type	培养肉、培养鲑鱼
	Geltor	植物性蛋白
	Five Suns Foods	植物性蛋白
	Analytical Flavor Systems	人工智能型气味分析
	Thimus	利用脑电波分析味觉
	Shameless Pets	无麸质宠物食品
	Sevillana	—
	Drop Water	个性化饮料
	Pop & Bottle	植物奶
	SunRhize Foods	以天贝（起源于印度尼西亚的一种发酵食品，原料是大豆）为原料制成的食品
	The Mochi Mill	无麸质面粉

来源：SIGMAXYZ（2019年4月）

与百味来和 Chobani 一样，MISTA 也配备了开发食品和饮料所必需的设备，为初创企业试制新产品提供全方位支持。MISTA 的特别之处在于其创始成员不止奇华顿一家企业，还包括法国的乳制品生产厂商达能、点心和宠物食品的生产厂商玛氏以及食材生产厂商宜瑞安。

不仅如此，为了支持初创企业，MISTA 还招募了战略合作伙伴。这些战略合作伙伴涉及保健、专注食品领域的风险资本、食品科技、大脑科学、大数据专家、战略顾问等多个领域。正如本书第 2 章提到的，"利用科学和消费者数据的可视化"已经成为一大趋势，MISTA 为初创企业建立完善的技术支持体系完全符合这个趋势。不是一家垄断，而是通过将多家企业、多个领域的专家整合在一起的"共创"方式成功地吸引了更多的企业参与进来。

在 2019 年 MISTA 刚刚成立时，利用 MISTA 的食品初创企业仅有 11 家，现在已经增加到 40 家。它们的研究课题包括培养鲑鱼、谷蛋白宠物食品、利用脑电波解析味觉等，简直让人脑洞大开。虽然我们需要通过观察这些企业未来的业绩才能判断对它们的投资是否成功，但是 MISTA 的这种尝试非常值得日本借鉴。

▶ 培养未来食品领域的领军企业

在欧美另一个备受关注的培养初创企业的做法是成立与食品学术和孵化器相关的机构。这些机构主要集中在欧美国家；在亚洲，最具代表性的机构在新加坡。

本书从"打造新的食品服务所必需的功能"这一视角将这些机构按照以下 4 个功能进行分类。

　　①定义课题（明确社会课题、业务课题，帮助企业制订业务计划）

　　②培养食品行业相关人才（了解食物、学习与食品产业化相关的知识）

　　③支持企业将想法变成现实（在新的产品和服务被正式生产出来之前，帮助企业制定产品规格和试制新产品）

　　④成果转化、服务社会（开拓销售渠道、试销）

　　将海外学术机构和团体加以整理，如图 9-1 所示。这些机构大致可以分为两类：一类是以培养人才为主的机构；另一类是以开展商业活动为主要目的的带有实践性质的机构。

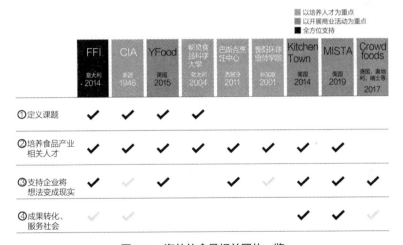

图 9-1　海外的食品相关团体一览

来源：SIGMAXYZ

表 9-3　海外主要学术机构、孵化器和团体开展的活动

名称	所在国	成立时间	组织及活动概要
都灵食品科学大学（The University of Gastronomic Sciences）	意大利	2004	2004 年在意大利皮埃蒙特区设立的私立大学，包括食品科学和农业化学等专业，设有本科、硕士、博士学位。因为该校是在慢食协会的主导下成立的大学，因此也被称为"慢食大学"。该校的特色是不仅设有食品、营养学专业，也配备了经济、哲学等各专业领域的教师。半数以上的学生来自海外，教师在课上用英语授课。毕业生的就业方向不仅包括食品，还有教育、流通、观光等，涉及的领域非常广泛。该校也培养了许多企业家，同时受海外机构、企业和政府的委托从事多项研究。
巴斯克烹饪中心（BCC，Basque Culinary Center）	西班牙	2011	该校位于西班牙的美食之都——圣塞巴斯蒂安，是在西班牙政府和巴斯克州政府的支持下成立的一所四年制大学，学生在这里不仅可以学习烹饪，还能掌握食品科学、管理、市场营销、服务等餐饮创业必需的知识。学校同时设有研发中心，在这里学生除了学习还可以与企业进行共同研究、开发产品、与西班牙国内外的初创企业一起通过实验验证自己的想法，真正体现食物的价值。

（续表）

名称	所在国	成立时间	组织及活动概要
香阳环球厨师学院（At-Sunrice GlobalChef Academy）	新加坡	2001	该校成立于2001年，是新加坡最初成立的几所烹饪学校之一，同时也是新加坡政府认可的培养厨师、餐饮行业专业人才的教育机构。新加坡政府为了鼓励就业，支持有工作经历的人去该校学习，转行从事餐饮行业。该校与美国、英国、中国香港的高等教育机构合作，学生学习完at-sunrice的课程后可以前往上述国家和地区继续深造。不仅如此，该校与家电生产厂商、食品公司等多个领域的企业也保持密切合作，保证学生能够学到最新的技术。
Kitchen Town	美国	2014	是一家为初创企业提供企业发展、扩大规模所必需的资源和建议的创新机构，地点设在旧金山和柏林。在这里，初创企业可以使用企业形成规模前所必需的相关设备，例如商品概念的模型开发、颜色和质感的调整、工艺流程设计、五感体验、食品营养成分及保质期的设定等。同时可以从常驻该机构的食品科学家那里获得有用的建议。该机构定期举办讨论会和各种活动，同为该机构用户的初创企业之间的交流非常踊跃。该机构还与大型食品品牌联手开展合作项目，对生产健康、自然、有机、可持续食品的企业进行重点支持。

（续表）

名称	所在国	成立时间	组织及活动概要
MISTA	美国	2019	位于旧金山。大型香料企业奇华顿联合达能、玛氏、宜瑞安等世界顶级食品相关企业，专门针对食品行业成立的新型创新平台。利用上述企业的资产对初创企业的产品研发给予支持。该机构占地650平方米，食品开发设施、低温杀菌设备、发酵设备等一应俱全，同时还为初创企业推荐熟悉市场开拓、人才培养等相关领域知识的专家。联合世界知名的食品科学家为初创企业提供有用的信息。支持的对象包括替代蛋白、健康、福祉、生物科技等多个领域的初创企业。
Crowdfoods	德国	2017	为超过200家德语国家（德国、奥地利、瑞士、列支敦士登）的食品科技、农业科技初创企业提供与投资人、食品生产厂商、零售企业、研究者、政治家进行交流与合作的平台。以初创企业参加的活动StartupBites为中心，促进初创企业在线上及线下与其他领域的企业和个人进行合作。初创企业加盟该机构时需要缴纳一定费用。成为会员的初创企业可以在Crowdfoods的电商平台上销售产品，也可以进行路演。该机构还与合作伙伴在产品销售及成果转化方面对初创企业进行支持。

（续表）

名称	所在国	成立时间	组织及活动概要
The Future Food Institute （FFI）	意大利	2014	2014年成立的与食品相关的全球化组织。目的是通过开展创新活动解决社会问题、建立生态系统。在意大利的博洛尼亚、美国的旧金山、中国的上海设有办事处。2020年在日本也设立了分支机构。为全世界的创业者、研究人员、企业高管提供多样的学习和交流机会，不断扩大该组织的全球化网络。支持很多食品相关企业开展新业务，同时作为顾问为FAQ等国际组织及政府机构提供咨询服务。在世界各地都设立了LivingLab，展示初创企业的产品。
The Culinary Institute Of Amercia （CIA）	美国	1946	是美国第一家授予学位的烹饪大学，教授学生专业的烹饪知识和技能。设有Culinary Arts准学士学位（2年制）和学士学位（4年制）。该校设有商学院，食品科技方面的专家开设了相关课程。在这里学生可以学习包括开店规划、市场营销、收支计划在内的经营餐饮店铺必备的技能。同时，学校可以根据企业和各种组织的需要为学生提供特别课程以及咨询服务。除了举办全球学者和商业人士云集的国际性会议，还销售毕业生制造的食品科技产品。

（续表）

名称	所在国	成立时间	组织及活动概要
YFood	英国	2015	设在伦敦的一家食品科技团体。目的是推动以科技为基础的食品创新，解决全球性社会问题。通过定期举办活动，向全世界呼吁亟待解决的各种社会问题。该团体将食品科技领域的组织和个人集结在一起，积极打造一个能够推动创新的生态系统。在伦敦食品科技周（London Food Tech Week）期间，举办大规模的食品科技活动，参加人数多达 2000—3000 人。以高端企业访谈为主要形式，为初创企业和投资人创造相互了解的机会。同时与多个领域的企业保持合作关系，积极促进食品科技的成果转化。

以培养人才为主的机构不仅教授烹饪技能，还培养与食品行业相关的商业人才，这里的食品行业不仅包括餐饮业，还包括食品及烹调家电的制造、食品零售等与食品相关的多个行业。比较知名的机构有美国烹饪研究院（CIA, The Culinary Institute Of America）、西班牙的巴斯克烹饪中心（BCC, Basque Culinary Center）、意大利的都灵食品科学大学（The University of Gastronomic Sciences）、新加坡的香阳环球厨师学院（At-Sunrice GlobalChef Academy）等。这些学校中的很多都具有授予学士学位或硕士学位的资格。从这些学校毕业的学生不只是去餐厅或酒店工作，他们当中的很多人在硅谷担任初创企业的顾问。本书第 7 章提到的多面手厨师正是这些学校的培养目标。

　　另一方面，以开展商业活动为主要目的的机构关心的则是如何支持企业试制产品，同时它们也重视人才培养和服务社会。如果你去到美国的 Kitchen Town，就会看到分布在硅谷圣马特奥地区道路沿线上的实验室和食品制造设施。这些设施其实就是为初创企业打造的可以小批量开发新产品的食品科技专用共享办公室。本书第 6 章曾经介绍过打造个性化食物的初创企业，这些初创企业在这里与从事新食材开发的初创企业就开发个性化食物共商合作大计。人们不仅可以在这些设施的咖啡厅里品尝美味的咖啡，还可以购买到新开发的食品。

　　位于德国柏林的 Crowdfoods 对德语国家（德国、奥地利、瑞士、列支敦士登）的大约 300 家初创企业提供创业支持，同时也是前面提到的柏林食品科技展会的主办方。该机构除了为初创企业与大企业的合作提供多方面的支持，还与合作对象一起打造销售初创企业产品的店铺。

　　位于意大利博洛尼亚的 FFI（The Future Food Institute）则为初创企业提供从提出问题到人才培养、将想法变成现实、成果转化等更加全方位的支持。为了解决社会问题和建立生态体系，他们还在英国、德国、西班牙、美国、加拿大、墨西哥、中国、新加坡设立了分支机构。2020 年 FFI 也来到了日本。FFI 的目标是解决与食品相关的各种社会问题，该机构与联合国粮食机构开展合作，不断向全世界呼吁在食品领域人类要解决的社会问题。除了针对企业高管开设教育项目，向他们介绍与食品相关的各种社会问题，以及如何利用数字技术解决这些社会问题，FFI 还为企业提供各种咨询。参加 FFI 教育项目的成员来自多个国家，具有不同背景，他们齐聚一堂为建立食物的全球化网络起到了推动作用。

　　我们从这些孵化企业身上看到的共同特征是，他们对培养新的食品行业的领军企业所必需的四个功能有足够的认识；能够与其他孵化企业展开合作，同时还能够发挥自己的特长。这些特征非常重要。如果无法做到上述几点，那么他们的努力很多时候不会带来任何结果。对孵化企业来说，帮助初创企业开展创新活动固然重要，把服务社会和成果转化当成最终目标、不断完善上述四个功能、积极推进创新的态度更为重要。

第3节
日本的"食物共创"

受到美国、欧洲以及亚洲其他国家的影响，日本也出现了与食品科技相关的机构。仿照美国的智能厨房峰会，日本在2019 年举办了第一个与食品科技相关的活动——日本智能厨房峰会。

紧接着又出现了专门为举办食品相关活动开设的线下场馆，最具代表性的例子是东京食品实验室。它的目标是通过将科技助力、厨师为人们提供新的烹调方法和美食的享用方法等创造性活动结合在一起，改善全世界人们的饮食生活，解决与食物相关的各种社会问题。线下场馆位于京桥，1 层是世界最先进的植物工厂 **PLANTORY tokyo**。2 层设置了名为 U 的专业厨房区域，在这里来自日本和其他国家的名厨、各领域的专家可以分享新的烹调方式和享受美食的新方法。

与此同时，东日本旅客铁道（JR 东日本）正在推进山手线新大久保站的重新装修项目。"新大久保食品实验室（暂定）"将于 2020 年年内营业。这次，重新装修的部分是新大久保站的3 层和 4 层。在 3 层 JR 东日本将和 Orange Page 联手，举办以解决食物浪费等社会问题为主题的研讨会，这里还设有生产厂商和厨师可以直接见面、一起用餐的快闪餐厅。另外，还可以看到供厨师大展拳脚的共享餐厅。所谓的共享餐厅，是指几名厨师共享厨房，为台下同一场地的客人烹饪菜肴的形态。新大久保的3个厨房可以分早、中、晚3个时段交替使用，可供最多9名厨师进行烹饪，为大约80桌客人提供餐食。

新大久保食品实验室的核心是位于4层的联合办公空间。与食品科技相关的初创企业和风险资本计划入驻这里，除此之外还有商品包装设计师、大学等研究机构、食品生产厂商、烹调器具生产厂商等，他们共同形成了食品生态系统。

在4层将设置供他们自由使用的商用厨房。厨房里有烤箱、食物处理机、冰箱和冷柜等食品制造及保存设备、包装器械，据说未来还会申请食品制造小型工厂的营业许可。预计会有1000家小型商铺在这里开店，这些商铺可以在这里进行产品试制，还可以利用联合办公空间的销售区域和网购平台观察消费者对产品的反应。如果是植物替代肉、培养肉、完全营养餐等最先进的食材，在3层的共享餐厅厨师可以用它们为顾客烹饪菜肴。

JR东日本利用联合办公空间还可以与大型食品生产厂商进行合作，学习和吸收它们的生产技术。JR东日本称："我们的目的是为企业打造一个空间，在这里企业能够迅速开展从产生想法到实证，再到正式生产的一系列创新活动。"①

零食生产厂商优海姆在爱知县名古屋市中区荣兴建了以食物的未来为主题的设施BAUM HAUS，预计2020年年末对外开

---

① *Nikkei Cross Trend* 于2020年4月30日刊载的《JR东日本进军创新食品领域 新大久保将成为食品的圣地》。

放。该设施的名称源于德国魏玛一家名为 bauhaus 的学校，该校成立于 1919 年，特色之一是实验精神，直到今天依然对世界艺术和设计有着巨大影响力。BAUM HAUS 的目标是发扬实验精神，成为能够利用科技创造新价值的开放型创新基地。

BAUM HAUS 的 1 层和 2 层分别是食品大厅 BAUM HAUS EATDE 和共享办公室 BAUM HAUS WORK。1 层的食品大厅不仅有甜品店、成品菜店铺、面包房，还有销售年轮蛋糕的店铺，蛋糕使用优海姆新一代烤箱烤制而成。2 层的共享办公室里摆放着远程机器人。和其他国家相比，日本的食品科技初创企业数量目前还比较少，因此 BAUM HAUS 的建成对于培养日本的食品科技初创企业将起到很好的带动作用。

▶ 对新生态系统的期待

在日本国内，最近几年与食品相关的活动和团体可以参考下面的表格。特别需要注意的是：①与这些活动和团体相关的企业和个人涉及多个行业；②其中的一些与国际上的相关活动和团体保持联系。据笔者所知，这样的活动和团体在日本数量超过 15 个。

这些活动的参加者和团体的成员主要有大企业（家电生产厂商、食品生产厂商等）的新业务负责人和市场营销负责人、风险企业、投资人、官员、厨师、农户、学术机构·研究人员，最近房地产·基础设施相关企业、餐饮业、批发商·流通企业也对这些活动和团体表示出了兴趣。食品科技对于人们来说已经不再是一个陌生的领域，涉及与食品相关的所有人和所有组织。

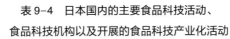

表 9-4　日本国内的主要食品科技活动、
食品科技机构以及开展的食品科技产业化活动

活动及团体的名称	主办方	开始时间	概要
日本智能厨房峰会（Smart Kitchen Summit Japan）	SIGMAXYZ、The Spoon	2017	智能厨房峰会的主办方是食品科技媒体 The Spoon，该活动于 2015 年首次在美国举办。目的是以"食品 & 烹饪 × 科技"为主题，食品科技企业、厨房生产厂商、服务供应商、厨师、创业家、投资人、设计师等各个领域的有识之士通过上台演讲和专题讨论会的方式，思考什么才是理想的食物和烹饪方式，同时推进食品科技的成果转化。在日本，本书几位作者所在的 SIGMAXYZ 和 The Spoon 共同打造了日本智能厨房峰会。该活动邀请了日本国内外的有识之士及创客就如何利用科技推动食物和烹饪的进一步发展，如何让人们的生活更加丰富，如何解决社会问题等内容进行探讨。同时将讨论的内容进一步延伸，派生出各种与食品科技相关的其他活动。
日经食品科技·会议	日本经济新闻社、日经 BP	2019	日本经济新闻社和日经 BP 于 2019 年首次举办该活动。目的是让参加者能够了解世界食品科技的最新潮流，讨论未来适合日本的食品产业发展模式，为相关企业和个人搭建相互了解的新平台。之前几乎不参加食品科技相关活动的 IT 企业、基础设施企业，以及其他生产厂商的负责人也出席了该活动。

（续表）

活动及团体的名称	主办方	开始时间	概要
日经科技 NEXT 食品科技系列	日经 BP	2018	日经 BP 主办的一项与技术相关的活动。该活动的主题涵盖了 5G、移动性、区块链等多个最先进的高科技领域。2019 年开设了食品科技环节，咨询公司、大企业的高层、业务负责人、风险企业负责人等悉数亮相，登台进行演讲。
TECH PLANTER／食品科技大奖	Leave a Nest	2020	大学、研究机构、企业研究所主要负责技术的开发，将这些技术真正转化为成果，服务社会同样需要付出巨大的努力。Leave a Nest 与其合作企业共同举办的 TECH PLANTER 正是以推进技术的成果转化为主要目的的一项活动。2020 年开始，该活动设置了食品科技大奖环节，该商业计划大赛的主要目的是开发现实科技领域中的技术（制造、机器人工学、物联网、人工智能、材料、能源等）以及发掘和培养创业者。2020 年 10 月预计举办首个演示日。
FOODIT	FOODIT TOKYO 执行委员会	2015	在 TORETA（该企业主要为餐饮店铺提供预约台账服务，在该领域中占据较高的市场份额）的牵头下，由 FOODIT TOKYO 执行委员会主办的一个主要针对餐饮行业的活动。日本国内餐饮行业的掌门人齐集一堂，分享餐饮业科技发展的最新动向，同时探讨餐饮业的未来并提出建议。2019 年该活动举办了第 3 次，到场人数大约 1000 人，在餐饮行业内部受到较高的关注。

（续表）

活动及团体的名称	主办方	开始时间	概要
原宿食品峰会	松岛启介	2018	由最年轻的外国人米其林厨师松岛启介发起的以食物为主题的活动。该活动从多个角度探讨什么才是人们追求的幸福。松岛认为日本人对食物的认知远远不够，他对此抱有强烈的危机感。该活动始于 2018 年，到目前为止已经举办了 4 次，现在仍以线上的方式继续进行。活动的主题以食物为起点，涉及健康、预防医疗、社区、体育、科技、设计、教育、可持续发展、家庭、艺术等多个领域。目的是从与食物密切相关的多个角度，共享问题意识和解决方法，培育未来的饮食文化，以及重新审视在全球化社会中我们所具有的特性。
xCook Community	SIGMAXYZ （运营）	2017	该活动的主要成员是日本智能厨房峰会的参加者。在线上利用脸书的群组功能，共享成员开展创新活动的信息。同时也定期举办线下活动（到目前为止一共举办过 7 次线下活动），线下活动每次设定不同的主题，通过邀请与该主题相关的重要嘉宾进行演讲以及公开讨论的方式，成员可以就该主题进行热烈讨论。该活动的运营主要由 SIGMAXYZ 负责，线下活动则由成员共同举办。参加者可以介绍同事、朋友参与活动，该活动的成员数量不断增加，目前脸书群组里的成员数量超过了 400。

（续表）

活动及团体的名称	主办方	开始时间	概要
Foodtech Venture Day	SIGMAXYZ、Leave a Nest	2019	该活动的目的是促进食品、烹饪以及相关领域（生产、物流、保健、农业等）的日本初创企业、风险企业与大型企业、投资人、研究机构的合作。活动的主要形式是风险企业分享它们的创新想法和实践。在 2019 年 6 月举办的第一次活动上发布了本书提到的 Food Innovation Map Ver. 1. 0。为了打造更多的初创企业，主办方会不定期地举办该活动。每次参加活动的大约 100 人，不仅为登台演讲的嘉宾，也为参加者设置了自我介绍和分享创新经验的环节，目的是让活动的参加者相互了解、相互影响，促进风险企业与其他企业，以及地方政府的合作。
Venture Cafe—Future Food Camp	Venture Cafe Tokyo	2018	Future Food Camp 是 Venture Cafe Tokyo（位于美国东海岸的创新基地 Cambridge Innovation Center 为支持世界各地的创新活动所设的分支机构，成员由创业者、投资人、学者等构成）打造的创新项目之一。通过举办专家会议的方式就食品的现状和课题、未来的可能性等问题加深理解并开展具体活动。与其他机构相比，该机构的特点是成员不仅包括风险企业，还包括政府部门。

（续表）

活动及团体的名称	主办方	开始时间	概要
Future Food Japan	The Future Food Institute	2020	该机构是全球食品孵化器培育机构 The Future Food Institute（总部位于意大利博洛尼亚）在日本的分支机构，目的是在日本打造全球化食品组织。2020 年 3 月成立。与 TOKYO FOOD LAB 展开合作，预计未来将开展多种多样的与食品相关的活动，为参与者提供相互交流的机会。
Food Tech Studio	Scrum Ventures、SIGMAXYZ 田中宏隆、冈田亚希子	2020	Scrum Ventures 位于旧金山，主要针对成立初期的初创企业进行投资。由该机构发起的 Studio 致力于推进初创企业和大企业之间的开放型创新活动。该机构之前和松下、任天堂、电通等企业联手，促成了多家初创企业的成立。2020 年夏天开始，与具有代表性的日本食品相关企业联手成立了 Food Tech Studio。该机构的特点是能够激发大企业员工的创业思维，使他们在短时间内产生大量的创新想法。不仅如此，在 Sports Tech、Smart City 等与 Food Tech Studio 有合作关系的机构中，这些创新想法还可以迅速转化为成果。

表 9-5　日本国内的主要食品科技团体和研究会等

活动及团体的名称	主办方	开始时间	概要
SPACE FOOD SPHERE	宇宙航空研究开发机构（JAXA）、现实技术基金等	2019	2019 年 3 月成立的共创项目，成立之初的名称为 Space Food X，目的是最大限度地利用日本首创的技术、知识和饮食文化，解决宇宙和地球共同面对的食品问题。2020 年 4 月由原来的共创项目变为法人机构。成员由超过 50 家企业（2020 年 1 月 31 日的数字）、大学、研究机构的核心人物和专家构成，积极打造研究开发体制，同时推进建立宇宙食品产业化的全球性组织。
TOKYO FOOD LAB	东京建物 PLANTX CHAOS	2019	该机构的目的是通过将科技（以食品科技为代表的科技助力）与人力（厨师为消费者提供新的烹调方式和享受美食的方式）相结合，实现全世界的食物升级，解决与食物相关的社会问题。机构设在京桥地区，1 层是世界最先进的植物工厂 PLANTORY tokyo（PLANTX）。2 层设有名为 U 的专业厨房空间，来自世界各地的顶级厨师和各领域的专家在这里以"实现全世界的食物升级"为主题，共同分享最新的烹调方法和享受美食的方式。

（续表）

活动及团体的名称	主办方	开始时间	概要
食品科技研究会	农林水产省	2020	该组织由农林水产省发起，目的是讨论与食品科技相关的新兴产业所面临的课题以及如何应对这些课题。组织成员由食品企业、风险企业、相关政府机构、研究机构等构成，其中来自民营企业和机构的成员大约 200 人。农林水产省之前提出了"2030 年以前日本将出口 5 万亿日元的农林水产品和食品"的目标，为了实现该目标，该组织成员将就打造未来蛋白质供给的行业标准、发展与培养肉和昆虫相关的技术、从社会文化角度让人们接受替代肉等问题进行讨论。
食品据点推进机构	上村章文等	2019	由 RRPF 地域创生平台（以振兴地方为目的，为相关企业、团体、政府机构、专家、个人提供交流的平台）的负责人——上村章文等人于 2019 年成立的机构。该机构的目的是将日本的城市和地区打造成世界级食品创新中心，为了实现该目标，该机构将陆续建立起多个具有促进食品传统、安全、技术革新等各项功能的组织和团体。未来将具备研究·教育机构、会议设施、饮食·零售店铺、美术馆、初创企业支持等多种功能，并与厨师、学者、文化人士、开发商、食品生产厂商等多个领域的企业和个人展开合作。

（续表）

活动及团体的名称	主办方	开始时间	概要
细胞农业研究会	多摩大学CRS	2020	以培养肉为代表的，利用细胞培养技术生产的食品未来几年将出现在世界各地的零售商店里，在此背景下2020年1月成立了多摩大学CRS（Center for Rulemaking Strategies），该机构的目的是明确细胞培养肉上市之前需要解决的一系列问题，为相关人士提供讨论这些问题的场所。这些问题包括确保细胞培养肉的安全性；在食品外包装上进行标注以便消费者做出合理的判断；明确与细胞培养肉相关的利害相关者等。参加者涉及产官学多个领域，该机构成为政策建言、打造国内外行业标准的重要阵地。同时，该机构还从长期的观点研究细胞农业技术的使用方法、日本的细胞农业*产品和技术如何获得国际竞争力等问题。
分子料理研究会	富永美惠子准教授（广岛大学）、石川伸一教授（宫城大学）	2017	该研究会的目的是搜集与烹饪相关的最新科学知识（分子料理学），打造以分子为基础的新式菜肴和烹调技术（分子烹调法）。鼓励通过学者、技术人员、厨师、相关企业之间的合作振兴分子料理法，并推进与之相关的研究。

*细胞农业涉及的范围非常广泛。利用该领域技术除了可以生产培养肉，还可以生产移植用器官、健康成分、毛皮、皮革、木材等。

► 大企业无法进行食品创新吗?

笔者曾多次向日本企业介绍其他国家培养食品行业领军企业的具体事例。每当介绍到一半时,一定会被问到下面两个问题:一个是"我了解国外的趋势,可问题是我们应该怎么做",另一个是"大企业真的能在食品领域进行创新吗"。

"大企业搞创新简直就是自寻死路",过去日本大企业的管理者们经常这样自嘲。其实美国和欧洲也面临同样的问题。正如我们在前面看到的一样,现在引领食品科技的是初创企业,欧美的大企业一直处于追随者的地位。

造成这种情况的原因有很多。例如,大企业一直重视市场占有率和市场规模,可是食品科技市场目前尚不稳定,市场规模也无法预测,它们不知道应该如何看待食品创新,因此无法决定是否要涉足这个领域。

但是,这种说法已经不再适用于当下。如果看一下其他国家就会发现国外的大企业已经纷纷开始采取行动,它们不再受一直以来固有想法的束缚,开始像初创企业一样进军食品科技领域。

例如,2016 年被中国大型家电企业海尔收购的美国通用家电对食品科技领域表现出了浓厚的兴趣。它成立了一家名为 FirstBuild 的公司,该公司完全独立于美国通用家电,企业核心是创新实验室和小规模制造工厂,聘请了外部的工程师、科学家、设计师,从事物联网烹调家电的开发。据该公司称,已经进入试制阶段的创意有 500 个之多,目前已经有 15 款产品进入市场。该公司的原则是"如果销量达到 1000 件,这款产品就可以被列入公司的主要产品名录"。

无论是前面提到的百味来还是奇华顿，有着超过百年历史的大企业已经纷纷开始行动起来。市场不断变化，消费者的喜好也呈现出多样化趋势。大企业与其关注现有市场上的竞争对手，不如把更多的精力用于了解消费者的需求。与其他企业进行合作，共同探索如何将服务转化为成果，只有这样才有可能实现食品科技的产业化。

过去很多企业参加食品科技和智能厨房相关活动的主要目的仅仅是了解行业最新动态，获取相关信息。但是现在他们意识到在活动上企业负责人亲自宣传企业愿景、与更多的企业建立良好的关系将更有利于发展企业自身的业务。一部分大企业已经不再把自己当成高高在上的投资人，而是把自己当成这些活动和组织中的一员，努力创造新的价值链和生态系统。

最后需要补充的是，食物生态系统正常运转需要满足一个条件。这个条件就是对企业愿景的认同，以及对企业目标的描述。例如，你心目中的理想社会是什么样子的？你认为需要对食物的哪些方面进行改革？想要成为食物生态系统中的一员，不仅对于初创企业，对于大企业来说"理念"也是一个十分重要的问题。

第4节
食品创新的主体不仅仅是企业

利用食品科技进行创新、开拓新的业务不是一件容易的事情，有时候很难仅仅依靠企业自身的努力实现这个目标，对此很多人都深有体会。那么在利用食品科技开拓新业务的过程中，还有哪些组织可以起到非常重要的作用？我们将在本书第10 章对这个问题进行具体分析。本章先向读者介绍几个在这方面比较成功的事例。地区和宇宙看上去好像与这个问题毫不相关，但今后很有可能以这两个要素为切入点实现产官学的结合，这将成为食品创新的新趋势。如果把我们原来面对的种种课题与食物相结合，你会发现之前和食物毫无关联的人就会与食物产生某种联系，我们会对食物形成新的认识。人们已经开始注意到了这样一个事实，即食物关系到所有人，关系到所有行业。

▶ **城镇建设 × 食物的可能性**

首先，为了理解食物具有的无限可能性，让我们试着想一下食物对城镇建设会带来哪些影响。人口从几万人到几十万人不等的市区镇村都属于日本的地方行政区划。接下来我们将要向读者介绍的是长野县小布施镇，该地区将食物与城镇建设相结合，借助食物成功地推动了地方经济的发展。

小布施镇的面积大约 20 平方千米，人口约 1.1 万人。当地最有名的特产是板栗，除此之外还有苹果和葡萄，镇上果树成林，并且还建有日本白酒的酒窖和葡萄酒酿造厂。日本著名画家葛饰北斋曾在这里度过晚年的一段时光，这是一个充满了文化气息的地方。日本大约有 1700 个地方各级行政区域（市区镇村），其中人口不到 5 万人的大约占 70%（数字来源于消费者厅实施的 2019 年度地方消费者行政的现状调查）。从上面的数字不难看出和小布施镇同等规模的小型行政区域在日本还有很多。本书第 1 章介绍的食物价值的长尾效应，不仅体现在人们的需求上，也可以体现在地区的独特性上。

小布施镇在战后曾经作为苹果的主要产地繁荣一时，但之后伴随着经济的快速发展，人口开始向城市转移，从而导致农村人口锐减。在这种背景下，1969 年开始，当地政府以文化和农业为主题努力发展城镇建设。20 世纪 80 年代开始积极打造城镇景观建设，改变城镇面貌，通过此举提高了小镇居民的凝聚力，形成了小布施镇独特的风貌。从 2000 年左右开始又打出了"以合作与交流为目的的城镇建设"旗帜，积极推进四个合作（小镇居民、本地企业、大学和研究机构、小布施镇以外的企业）的同时打造交流产业。不仅如此，当地政府还重视利用自然能源，在 2018 年和民营企业合作建成了小布施松川水力发电站，现在每年吸引 100 万人游客到访。

图 9-2　小布施镇　栗子小路

就食物给当地经济带来的影响，笔者采访了小布施镇地方创生推进主任研究员大宫透。

他谈道："板栗从江户时代开始就是小布施镇的特产。20世纪 60 年代之前小布施镇一直没有像样的观光资源，当地的点心店只能将产品批发给周边的温泉和滑雪度假区。1976 年这里建成了葛饰北斋美术馆，展出葛饰北斋晚年的重要作品。以此为契机，大批游客来到小布施镇。之前一直以批发为主的点心店开始打造自己的品牌，并且在销售特产的同时经营餐厅。"

日本各地都有特产，销售当地的特产或开办餐厅也不足为奇。虽然看上去小布施镇的做法好像和其他地方没什么两样，但是与其他地方相比，小布施镇的独特之处在于让"吃"的内容更有内涵。小布施镇打造了一个"从产地到王国"的核心概念，通过努力打造让自己引以为豪的食物，为提高小镇品质打下了良好基础。

大宫接着说道："市村次夫先生是小布施堂的社长。在他的主导下，同时也得到了民间机构和当地政府的大力配合，小布施镇的镇容镇貌得到了很大改观。小镇的标志性建筑物——小布施堂邀请到了烹饪方面的专家土井善晴，对小布施堂的厨师进行培训，提高了菜肴的品质。小布施堂将利用本地的新鲜食材为消费者提供一流的餐饮服务。我认为小布施堂的目标不仅是为顾客提供独一无二的美食体验，还要将特产进一步打造成更具有吸引力的商品。"

当人们谈到城镇建设，很多时候指的是土地的有效利用、修建设施、交通网络畅通等硬件。小布施镇以食物为切入点，让人们在软件方面也能感受到城镇建设的成果。大宫进一步补充道："和小布施堂一样，其他的板栗点心店也通过各种方式提高产品质量。曾经在这些点心店工作过的很多厨师后来独立开店，在小镇里经营其他餐厅。小布施镇通过这种方式打造了很多个性化餐厅。"

如果读者亲自去过就会知道，即便是把镇中心和周边区域都包含在内，小布施镇的面积也不大。就是在这样有限的区域内居然有多家日餐、法餐、意大利餐等充满个性的餐厅。正是这种独特的环境孕育了小布施镇与众不同的品位。

不仅餐厅之间要展开竞争，农户之间的竞争也很激烈。小布施镇的基础产业是农业，全镇 3800 户家庭中的三分之一都或多或少地与农业有关。前面说过该镇的特产是板栗，出于保护本地产业的目的，本地产的板栗价格要比外地产的板栗价格略高，但是种植板栗的农户之间竞争非常激烈。为了提高板栗质量，他们会定期召开品质研究会，提高板栗品质的责任完全由农户承担，正是这种紧张感促使农户努力提高产品和服务的质量。

不仅是食品，还可以借助其他行业推动地区经济的发展，例如旅游业和能源产业。小布施镇成立了"长野电力"，2018年该地区第一家小型水利发电站开始运行①。该电站发送的电力不仅可供小布施镇的餐厅和当地居民使用，那些来过小布施镇，并且喜欢上这里的人们也可以成为长野电力的用户。小布施镇借助食物、电力等产品的魅力让越来越多的人成为自己的粉丝，从而推动相关产业的发展。

在人口减少、老龄化日益严重的今天，仅仅依靠游客的一次性消费，企业很难维持经营。大型台风造成的损失，再加上疫情的影响，未来充满了变数。如果能够以多种方式让自己和他人保持联系、形成各种团体，无疑会增加人们的安全感。

上面介绍了小布施镇的事例，总的来说地域和食物二者之

---

① "长野自然电力合同公司"（位于长野县小布施镇）作为"自然电力"（位于福冈市）100% 出资的子公司，在小布施镇修建了小型水力发电站（正式名称为"小布施松川小水利发电站"），年发电量预计 110 万千瓦·时，可供 350 户普通家庭使用。"长野电力"负责电力销售。

间本来就存在一定的关联，与小布施镇一样，日本也有很多其他地区以食物为切入点振兴地方经济。最近，随着食品科技走进人们的生活，借助食品发展城镇经济的做法也出现了一些新的变化。过去企业只需要考虑如何把食物做好，其他的都不重要。但是现在，借助食物的魅力发展地方基础设施和振兴地方经济成为新的发展方向。

笔者在 2019 年访问了位于西班牙巴斯克自治州的食品产业集群，该地区的圣塞巴斯蒂安被誉为美食之都。以该州首府毕尔巴鄂为首，与食品相关的制造业、流通业、水产业、研究所、烹饪大学（BCC）等 100 家企业和团体联合打造了一个项目，该项目目的是进一步推进食品的发展，把食品打造成该地区重要的产业集群。

在日本，因为种种原因各地的产业集群尚未得到充分发展。如果看一下小布施镇和巴斯克自治州的做法，笔者认为以食品和食品科技为切入点，"地区"将成为推动创新的新动力。受新冠肺炎疫情的影响，人们开始重新审视城市和地方的作用。未来的城市和地方究竟会发挥怎样的作用，关于这个问题，人们将在振兴地方经济的实践中寻找到答案。

▶ 宇宙和食物——为了寻找终极的食物解决方案

从 2019 年起，在菊池优太（JAXA、宇宙航空研究开发机构）和小正瑞季 REAL TECH Holdings 的带领下，日本开始研究太空食品，并于 2020 年 4 月成立了名为 SPACE FOODSPHERE 的相关机构，笔者田中宏隆也作为理事参与了该项研究。

研究的主要内容是对未来可能发生的各种状况进行预测，并且设想在当时的环境下人类应该采取哪些行动。该研究假设

21 世纪 40 年代，人类已经可以在月球上居住，人数达到 1000 人。在这个前提下，预测人类在宇宙这个极端环境下可能遇到的各种问题，同时研制终极食物。之所以研究太空食品是因为他们认为宇宙环境中资源极为有限，如果能成功解决极限条件下存在的各种问题，那么地球上的各种与食物相关问题也会迎刃而解。太空基地面临的主要课题有粮食不足、资源不足、生物多样性、封闭隔离环境下的生活质量、人才不足等。为了解决这些课题，我们不仅需要建立一个高效且资源得到完全循环利用的食物供给体系，还需要制定一个能够大幅度提高封闭隔离环境下的生活质量的解决方案，同时让这个食物供给体系和食物解决方案真正服务于社会。

人们思考在宇宙这样一个缺少资源的环境中如何高效地生产食物，将有利于解决地球上的食物浪费问题。同时，思考如何提高人们在宇宙飞船这样一个密闭空间的生活质量，对于解决因新冠肺炎疫情出现的各种社会问题也会有一定的帮助。与生存条件艰苦的宇宙空间相比，地球上人们的生存环境相对宽松，如果能将宇宙空间里的食物问题加以合理解决，那么人们也许会找到正确的方法解决地球上的食物问题。

正因为身处极限环境，所以人们会寻找适合自己心理和身体的食物，资源的循环利用也显得格外重要。如果仔细想一下我们就会发现食物与其他产业有着千丝万缕的联系，这是因为"吃"是人类最基本的行为，是人类生存之本。

正如在 SPACE FOODSPHERE 的例子中看到的一样，让不同的产业以"共创"的方式进行合作时，与食物相关的项目都能引起企业极大的兴趣。不仅对于企业，对于个人来说，食物也同样具有吸引力。如果你打算在与食物相关的领域进行创业，你会发现很容易找到志同道合的伙伴。这就是食物的第一个优势，能引起所有企业、所有人的兴趣。

例如，很多人都认为 SPACE FOODSPHERE 将宇宙和食物结合在一起的做法非常有趣。该机构的成员包括大企业、初创企业、大学教授、个人企业家等各个领域的组织和个人，他们通过讨论太空食品以及太空食品与地球的关系，寻找新的商机。该机构的理事包括曾经在南极地域观测队工作过的村上祐资、大企业和个人，这在其他机构是看不到的（村上因为曾经去过南极，所以他讲述的在南极的亲身经历非常吸引人）。

食物的第二个优势是我们可以从多个角度对其进行研究。例如我们可以从宏观的角度思考如何利用食物解决食物浪费、人口老龄化这些问题；企业可以从微观的角度根据消费者的需

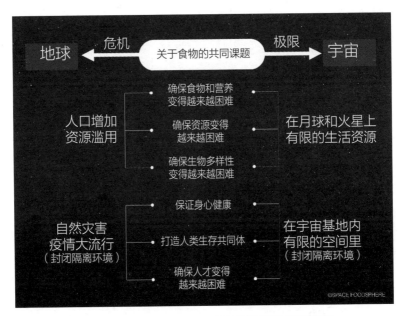

图 9-3　SPACE FOODSPHERE 关于食物的课题研究

来源：SPACE FOODSPHERE

求扩大业务范围；我们还可以从科学和技术的角度思考如何进一步发展食物。

例如前面提到的 SPACE FOODSPHERE，一方面从宏观的角度分析宇宙和地球共同面对的课题（应对自然灾害以及粮食危机等），另一方面又从微观的角度关注如何提高个人的生活质量，寻找如何利用科学和技术解决这些宏观和微观的课题。

具体课题包括"超高效植物工厂""生物食品反应堆""生态系统的扩张""日常饮食的解决方案""如何在特别的日子拥有难忘的就餐体验""如何一个人吃饭"等。并且针对这些课题该机构想出了以下解决方案，例如利用 Plantx 植物工厂技术建成的密闭性植物工厂，利用眼虫等微小藻类解决粮食不足，与 OPENMEALS 合作利用 3D 食物打印机开展太空餐的外卖等。

当然，这并不是说只要有了技术就万事大吉，我们需要思考如何借助食物享受太空生活（封闭隔离环境）。该项目和厨师桑名广行等人一起开发了"月球晚餐 1.0"。正如在以上的例子中看到的那样，我们不仅可以从宏观的角度，也可以从微观的角度思考食物，可以针对不同课题提出具体的解决方案。

上面提到的"地域"和"宇宙"的例子再一次提醒我们，食物可以扩大企业的业务范围，能够吸引各种组织和个人参与和食物相关的活动。食物与我们的日常活动以及非日常活动都有关联。食物从生产到食用的整个过程，有多个领域的组织和个人参与。如果将食物与其他要素结合在一起，我们就会发现在很多领域都可以大有作为。笔者希望读者也能和我们一起思考，借助食物还可以开展哪些新的业务。

专 栏

人们不久将会在世界首屈一指的美食之都看到食品科技的未来

圣塞巴斯蒂安位于西班牙北部，隔着比利牛斯山脉与法国接壤。虽然人口只有 18 万人，但是这里却有世界最多的米其林餐厅，是世界闻名的美食之都。西班牙政府和巴斯克自治州政府等于 2011 年出资成立了巴斯克烹饪中心（BCC），担任该校顾问的有烹饪界的传奇人物——斗牛犬（elbulli）餐厅负责人弗兰·亚德里亚、日本的成泽由浩等来自全世界 9 个国家的顶级厨师。 作为欧洲第一所四年制烹饪专科大学，它的诞生受到广泛关注。

通常人们认为从事与食物打交道的职业，需要事先在烹饪学校系统地学习过烹饪。在日本需有营养专业或农学专业的学科背景，如果是经营餐厅的话则要有管理学专业的背景。但是在 BCC，学生们不仅可以学到烹饪技能，还可以学习包括饮食文化、市场营销，甚至餐厅设计等与食品相关的几乎所有知识。

例如学生们需要在这里学习看上去好像和烹饪没有什么关系的统计学、生物学等学科的知识。学校还从世界各地邀请了著名厨师为学生讲授特别课程。校外的人也可以在学校餐厅就餐，菜单上的菜肴就是学生们在课堂上烹饪的作品。在餐厅里，学生们在教师的指导下学习如何布置餐桌、接待客人。通过这种方式，学生们不仅可以学到专业知识，还可以通过实践全方位地理解与食物相关的知识。

该校的目的是培养拥有学位的厨师以及促进食品行业的创新。 校长 Joxe Mari Aizega 这样说道："我们最大的成果是开设了一个专门研究美食学的本科课程。并于 2018 年成立了世界上第一个专门研究食品技术的机构——BCC Inoovation。紧接着，又于 2019 年开设了世界上第一门烹饪科学的博士课程。 我们会朝着推动食品行业革新这个目标一直前进。"

BCC Inoovation 目前有 3 个项目，分别是①专门研究发酵、野生植物、食品废弃物处理的 BCulinary LAB，②构建可持续食品的 Project Gastronomy，③为初创企业提供支持的 Culinary Action。

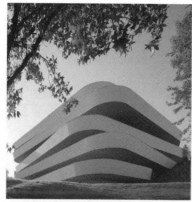

图 9-4　BCC 校舍外观宛如 5 个盘子
　　　 摞在一起的样子

该校校舍由西班牙著名建筑事务所
YAUMM 操刀设计，总施工费用高达
1700 万欧元（约合 20 亿日元）
来源：Courtesy of Basque Culinary Center

图 9-5　LABe 宽敞的工作区域
上田纹加　拍摄

图 9-6　在最多可以容纳 10 人的 LABe 360 度体验室，
　　　 可以通过实验让人们享受到特别的食物体验
来源：Courtesy of Basque Culinary Center

以上 3 个项目与两个主题有关。一个是减少食物浪费，实现食物的可持续发展。例如 BCC 研究如何将果皮、果核这类通常被扔掉的部分进行重新利用，使用洋蓟的叶子制作海藻茶，使用虾壳制作盐等。

另一个是让我们能够享受更健康的饮食生活。BCC 召集了厨师、营养师、技术人员、经济学家等多个领域的专业人士，从多个角度推进该项研究。例如在 BCulinary LAB，这些专家正在研究如何不使用肉制作生火腿。有一种猪食用板栗长大，用这种猪的肉制成的生火腿被称为伊比利亚火腿。如果能将板栗进行发酵并从中提取香味，那么即便不使用猪肉人们也可以品尝到生火腿的美味。

2019 年建成的 LABe 是 BCC 运营的数字美食学实验室。人们在香烟工厂的旧址上建起了一个名为 Tabakalera 的文化中心，LABe 就位于该文化中心的最顶层。这里不仅可以作为办公室，还可以成为初创企业的研究所。

这里设有圆形的 360 度体验室，可以通过刺激视觉、听觉、嗅觉，让人们享受到特别的食物体验。还有专门用于生产试制品的厨房以及供普通民众就餐的餐厅。虽然 LABe 对用户并没有做特别的限制，但目前主要是在圣塞巴斯蒂安及其周边地区开展经营活动的 27 个初创企业在这里开展研究活动，这些企业涉及的领域非常广泛，包括物联网、室内农业、智能厨房、利用 3D 食物打印机为顾客提供餐食等。

关于数字美食学，BCC 做了如下定义："所谓的数字美食学，指的是人们利用新的数字技术制作、改进、创新、推广美味的食物，同时促进个人的身心健康以及社会健康。"

在 LABe 的餐厅里我们可以看到体现数字美食学的具体事例，在这里人们可以品尝到毕业于 BCC 的厨师利用当地新鲜食材制作的创意菜肴。例如该餐厅推出了一项服务，名为"今日的推荐菜肴"，人们可以使用平板电脑选择食材的种类和重量（重量可以精确到克），让餐厅为自己制作一盘个性化菜肴（菜肴可以打包）。这项服务的特色在于顾客可以根据自己目前的健康状况选择适合自己的营养成分以及每种营养成分的摄入量，同时不必担心因为菜量过大吃不完，不会造成食物浪费。

菜肴中的一部分原料正是利用 LABe 进行食品研发的初创企业的产品，例如 Heura 公司生产的植物性蛋白。通过这种方式，企业可以直接从消费者获得关于产品的反馈，提高产品质量，以及获得更多的灵感。并且该餐厅还引进了由初创企业 tSpoonlab 和 LABe 共同打造的厨房运营系统，餐厅每天都可以进行有用性测试。

烹饪学校为食品科技企业提供联合办公室的做法实属罕见。LABe 对于初创企业来说非常具有吸引力，因为在这里可以接触到与食品相关的企业以及风险资本。担任 LABe 创新经理的这样说道："我们的目标是在 2023 年之前打造一套包括产品、服务、商业模式在内的国际标准，该标准可以为提高美食学的附加值提供有力的技术支持。正像 BCC 的企业使命里写到的一样，我们追求的是健康、可持续性，当然还有最重要的'美味'。"

▶ BCC 和专家共同制定的 10 项承诺

我们要如何才能实现数字美食学？2020 年 2 月 25 日在马德里召开了"数字美食学·理解力·初创企业论坛 2020"（Digtal Gastronomy Hospitality Start-up Forum 2020），在该论坛上 BCC 公布了 10 项承诺。推进制定这 10 项承诺的是研发总厨 Estefania Simon，BCC 邀请了希伯来大学的计算机科学教授、投资人兼顾问等不同领域的专家集思广益总结出下面 10 项承诺。原印象笔记（Evernote）日本的董事长、Scrum Ventures 合伙人外村仁也参与了该承诺的制定。

10 项承诺

一、让数字美食学作为一种工具在减少生态足迹方面发挥积极的作用

二、利用技术改变我们对环境的态度

三、利用技术推动以每个人的饮食习惯为基础的个性化饮食，让个性化饮食成为以健康饮食为代表的文化转型的引爆剂

四、利用技术鼓励、培养员工；确保餐饮行业的从业人数；提高员工的创造性

五、利用技术实现劳动基准的公正、透明，保证公正、透明的劳动基准适用于包括弱势群体、从事零工经济的群体在内的所有人

六、如同维持传统菜肴的多样性一样，我们将积极推进新式菜肴和

新式烹饪法的开发，同时保证在这个过程中不会使用强制、一成不变的方法

七、将食品作为推广文化、连接彼此的工具，而不是阻碍人们交流的绊脚石，进一步提高食品的价值

八、鼓励用户从头参与的开放型创新，同时为了满足现在和未来的消费者需求，鼓励在各个研究领域开展与食物相关的研究

九、在财政资金允许的范围内选择合适的技术，保证技术能够最大限度地激发人的潜能，同时具有可控性

十、通过制定透明且公正的惯例，打造切实可行的商业模式，技术主导的烹饪方法和舒适的用户体验，建立以及维持可持续的商业活动

参与制定这10项承诺的外村仁谈道："一个小小的西班牙地方性烹饪学校不仅将自己思考的10项承诺公布在网上，让世界知晓，还充满自信地在论坛现场向酒店·餐厅的经营者、负责人传达想要改变世界的想法，这种积极的态度给在场所有人都留下了深刻的印象。"

图9-7　2020年2月在西班牙马德里召开的"数字美食学·理解力·
初创企业论坛2020"的现场

左数第2位是外村。他将日本OPEN MEALS开发的名为Cyber的日式点心和日冷开发的名为Conomeal的推介服务作为日本的先进事例介绍给参加论坛的所有人

来源：Courtesy of Basque Culinary Center

在日本的厨师界，人们对新厨师从前辈那里"偷师"的做法已经习以为常。但是，外村指出："这种'偷师'的做法既不科学也不合理。过去人们一直认为能够复制前人的做法是非常了不起的，但我认为仅仅做到复制是不够的，重要的是在前人成果的基础上，要融入新的食材或者新的技术，不断提高自己。我希望日本的厨师界不要把固守传统当成负担，而是要反过来，能够充满自信地面对全世界说'传统是由我们创造的'。"

外村认为科学和 IT 是保护传统和进行创新的有效工具，美国在这个方面表现得更加积极，同时他对 LABe 工作人员的高素质大加赞赏。他说："LABe 头脑风暴和论坛的主持人以前都是厨师，之后通过学习获得了学位进入 BCC 工作。据说他们发言时讲的内容以及使用的幻灯片都是自己思考并制作的。并且他们发言时使用的不是自己的母语——西班牙语，而是流畅的英语，这在日本是无法想象的。我希望日本的厨师不要成为那种所谓的'天才'，而是这种'普通'的厨师，同时我希望日本也能开设培养这种厨师的教育机构。"

（采访对象：Scrum Ventures 外村仁
整理：上田纹加　于巴塞罗那）

人物专访

味之素也将作为面向新时代的"初创企业"中的一员，努力通过打造全新的用户体验实现在食品领域的创新

味之素社长　西井孝明

1959 年出生。1982 年同志社大学毕业后进入味之素。2004 年担任味之素冷冻食品家庭用事业部部长；2009 年，担任人事部部长；2013 年起担任味之素巴西分公司社长；2015 年起担任味之素社长。锐意推进以供应链、研发等数字化转型（DX）为主要内容的企业结构性改革。

　　现在，世界各国都在积极推进食品领域的创新活动，在这种形势下，日本的企业应该如何应对？味之素以推进数字化转型为主要手段，目前正在为开创新业务进行大规模的企业革新。革新后的味之素将变成什么样子？

——无论是初创企业还是大企业，甚至其他领域的企业都被卷入了食品科技的大潮中。对此您有何看法？

　　西井孝明（以下简称西井）：近几年，植物性替代肉成为食品科技最具代表性的成果。实际上，其中有一部分产品使用的正是本公司的技术。味之素经过长年努力积累了大量以氨基酸为主的"美味设计技术"。我可以自信地说，在植物性替代肉领域，味之素的技术不仅仅是通过谷氨酸让替代肉吃起来味道更好，而是在所有方面都让替代肉更接近真肉，例如像真肉一样有嚼头、闻起来有肉香味。

　　在这方面，为了解决食物不足而研发的新食材，例如培养肉与味之素的技术可以达到完美的结合。

——植物肉现在正受到全世界关注，我之前一直以为日本企业在这方面毫无作为，听了您的话才知道原来并不是这样，日本企业已经默默地开始行动了。您刚才讲到的事情今天我是头一次听说，我为日本企业感到十分骄傲。

味之素最近新设了两个部门，一个是以之前的 DX 推进委员会为主体的全公司运营变革专门委员会，另一个是业务模式变革专门委员会。这两个部门受您直接领导，从横向来看推进企业文化变革的准备工作已经就绪。您能否谈一下设立这两个部门的目的是什么？

　　西井：公司在 2019 年成立了 DX 推进委员会，任命福士博司（副社长）担任首席数字官（CDO）。从那时起，我们开始下大力气不断完善味之素 DX 的基本构想，我们要建立的制度不是让企业的某一部分，而是让整个企业都能够机动灵活地进行变革，为此我们成立了两个由社长亲自负责的专门委员会。

一个是全公司运营变革专门委员会。该部门的主要职能是利用数字技术提高组织效率、员工敬业度以及供应链管理水平。另一个是业务模式变革专门委员会，该部门和食品科技密切相关，主要职能是打造新的业务模式，强化与初创企业的合作。

味之素现在的年销售额大约为 1.1 万亿日元。我们希望能够为建立新的商业模式做好充分准备，新的商业模式的规模大约为年销售额的 10%，也就是 1000 亿日元。我认为只有通过与食品科技企业合作才能实现这个目标。

作为生产厂商，过去我们一直认为只要把产品做得足够好顾客就能购买我们的产品。但是现在这种想法已经行不通了。如果不在产品上附加一些信息、强化用户体验，就无法为顾客提供他们需要的价值，并且我们意识到无法仅仅依靠自己的力量做到这一点。关于这个问题，我们希望在企业内部达成共识，并且我们也非常愿意作为其中一员参与生态系统的建设。为了表示味之素的决心，我们决定由社长全权负责与食品科技企业的合作。

——看得出来味之素这次改革的力度很大，请您谈一下味之素开展如此大规模创新活动的原因是什么？

西井：2016 年 12 月在纽约召开了消费品论坛（The Consumer Goods Forum）。在该论坛上，味之素和食品、消费品、零售业的世界 50 强企业举行了董事会会议，在会议上我受到了很大触动。我和美国家乐氏（Kelloggs）的前 CEO 交谈时听他讲到在 2015 年仅仅一年的时间里，单单是美国谷类食品和小吃店领域就诞生了 500 家新的初创企业。不是 500 个 SKU（最小存货单位），而是 500 家企业。他说："这就是现实。"因为数字革命，在食品领域发生了重大变革，快速成长的挑战者不断出现。这种势头如果继续下去的话很快就会让大企业处于不利地位。这个冲击一直深深地印在我的脑海里，我感到了前所未有的危机，因此下决心加快变革的速度。

如果看一下世界其他国家不难发现像雀巢、联合利华（Unilever）

等国际化大企业正在探索新的发展模式。它们不再像以前那样仅仅为了扩大企业规模收购一些业绩好的初创企业，它们现在投资的主要目的是向消费者提供新的价值。例如，2018 年雀巢从星巴克手中购得了在超市和百货商店销售的销售权，目的是增加咖啡的体验价值。

我和达能的 CEO 每年都要见上几次面，他也有同样的感受。达能主要关注的是食品和健康，目标是如何向消费者提供与食物和健康相关的新体验。并且，从可持续发展的观点来看达能一直领先于其他企业。在这些方面达能和味之素比较相似，这令我感到十分欣慰。

——味之素将如何面对未来食品科技的发展趋势？

西井：味之素的目标是解决与食品和健康相关的课题，同时作为全球化企业实现可持续发展。在我们擅长的氨基酸领域，我认为我们能为社会做的事情还有很多。氨基酸的作用是让食物变得更美味，同时合成人体不可或缺的蛋白质，是重要的营养成分；可以帮助人恢复体力、改善睡眠、调节身体各项功能。氨基酸和人们的健康饮食息息相关，实现"Eat Well，Live Well"是味之素存在的意义和优势。

味之素的理想不是在现有业务结构的基础上扩大资产重组，而是与食品科技相关的企业共同打造具有创新性的业务模式，进一步扩大在氨基酸领域的优势，为延长全人类的健康寿命做出贡献。

关键词之一：个性化营养——业务模式变革专门委员会的具体计划是什么？

西井：2020 年 7 月 1 日，味之素任命专务执行董事儿岛宏之担任首席创新官（CIO）。在他的带领下，味之素计划首先做以下 3 件事。第一件事是结合味之素的核心技术和过去的经验，开始打造新的商业模式。例如，利用味之素在氨基酸方面积累的经验打造个性化营养，以及作为其基础的数据管控平台（DMP）。在对氨基酸进行研究的过程中，味之素于 2011 年建立了"氨基酸指数"，可以通过血液检查测评癌症、脑卒中、心肌梗死 3 大疾病的患病风险，未来我们打算将认知障碍也列入该指数的测评对象。该测评可以发现容易患上轻度认知障碍的特定人群，我们计划 2020 年年内开始制定一套完整的解决方案，包括为这部分人群提供饮食方面的建议，以及必需的氨基酸，从而降低他们的患病率。

我在前面曾经说过新的业务是为了改变用户体验，所以在开展新业务的过程中我们会遇到各种各样的问题。如果这些问题全部都靠味之素一家企业解决的话，从现有的渠道和客户来看我们无法做到，因此味之素想通过与科技企业的合作面向全世界开展这项业务。

第二件事是把味之素之前开展的中远期研究变成"中远期业务"，通过与其他企业的合作开拓新业务。我们现在正在预测 2030 年人们需要的食物和面对的健康课题，并且研究针对这些可能发生的问题我们应该采取什么对策。

最后一件事是为了培养企业内部的年轻人，味之素建立了企业内部风险制度。该制度的主要内容是平行推进创新活动并最终实现创新成果的商业化，在这个过程中速度是一个非常关键的因素。过去重要事项需要经过经营会议或董事会的讨论才能实施，这种做法明显存在缺点，因此我们设立了"企业风险资本"，作为社长的一项工作内容我们正在努力尽快开展实际业务。

——CVC 的投资对象也包括其他企业吗？

西井：当然包括。我们投资的对象包括所有食品科技初创企业，想要通过此举进一步加深与这些企业的合作。在 7 月 1 日我们成立了由社长直接负责的新机构——调查部。成员由外部专家和企业内部人员共同构成，主要关注食品科技领域最前沿的动向，关注的对象覆盖了 1000 家左右的初创企业。在此之前我们还在北美成立了名为 NARIC（North American Research Innovation Center）的创新机构，调查部与该机构保持密切联系，搜集最新的信息，并分析这些信息与味之素的契合度。

在日本，打造新的商业模式需要面对很多的制约条件和心理方面的不利因素，所以往往要花费较长时间。与日本相反，在美国，对待新的想法人们普遍采取"先实施、后评价"的态度，所以日美两国创新的速度是完全不一样的。我认为根据两国不同的情况，建立一个同时适应日美两国不同节奏的创新体制非常重要。

——味之素意识到接下来必须在短时间内开展大量的创新活动，并且积极努力地践行目标。味之素的这种想法和做法在食品领域非常

图 9-8　2018 年味之素在川崎事业所设立了推进开放合作型
创新推进基地"客户创新中心"

罕见，有可能给其他企业带来不小的影响。另外，从日本大企业和初
创企业之间的关系来看，一直以来大企业很难真正把初创企业当成和
自己处于同等地位的合作伙伴。我有一个想法，味之素能否将自己过
去的研究成果和初创企业共享；将研究所的一部分对外公开；同意对
方使用味之素的仪器设备，通过这些方式与初创企业建立起更进一步
的合作关系。

西井：我认为你的提议非常好。我们非常愿意这样做。味之素成立
于 1909 年，开发了世界第一款香味料——味素。味之素是从一间小实验
室逐步发展壮大起来的。创始人铃木三郎助一直以来有一个梦想，那就
是开发一种能够批量生产的技术，为了实现这个梦想他创办了味之素。
这种想法与现在的初创企业是一样的，现在我们开展新业务时也怀着和
创业时同样的想法，我一直认为味之素本身就是一家初创企业。

我可以举一个味之素与初创企业合作实现双赢的例子。Cambrooke
是一家美国的初创企业，开发和生产氨基酸代谢异常患者专用的医疗食
品。这家企业的创始人是一对夫妇，他们的孩子是苯丙酮尿症患者（食
品中的蛋白质包含一种被称为苯丙氨酸的氨基酸，有的人代谢该氨基酸
的酶先天分泌不足，导致氨基酸无法正常代谢，大量蓄积在体内从而引

发疾病。这种病症长期发展有可能造成对大脑的损伤，因此需要对摄入的苯丙氨酸进行有效控制）。为了让自己的孩子能像其他孩子一样享受美食、过正常的生活，他们创办了这家公司。该公司需要的资源以及想要实现的目标和味之素高度一致，所以我和福士副社长直接找到这家公司，2017 年将该公司变成味之素的子公司。

之后，在产品改良、新产品研发、开拓海外销售渠道（中国、日本、欧洲）等方面，两家企业也进行了与人才、技术以及市场开拓相关的合作。目前我们与初创企业的合作每年保持 20%～30% 的增长速度，这个数字让我们的竞争对手雀巢等企业也刮目相看。

——正如我们在智能手机和汽车行业看到的一样，未来的竞争绝不会仅仅局限于某个行业内部，不同行业的企业都会成为竞争对手。反过来，企业也可以通过开展跨行业合作打造新的食物价值。最后我想问的是，在这种形势下，味之素如何体现自己在行业中的地位？

西井：例如，丰田宣布未来将从传统的汽车生产厂商转变为"移动出行服务提供商"。之所以提出"移动出行服务提供商"这个概念，是因为丰田认为汽车不仅仅是一个可以移动的工具，而且是创造各种体验的产品。味之素也是一样，必须不断思考为了重新定义食物的价值、提高用户体验我们应该做些什么。同时味之素希望把不同行业的企业当成合作伙伴，而不是竞争对手，与他们展开积极的合作。

从这个意义上讲，通过食物获得幸福感、实现美好生活是我们未来想要达成的一个目标。原本我们设定的目标是在 2030 年实现食物价值从健康向幸福的转型。因为新冠肺炎疫情，人们的意识发生了很大变化，我认为这会加快转型的速度。通过虚拟技术人们可以增加新的体验，例如，可以面对面地和喜欢的人一起就餐、与喜欢的人一起共度的时间可以变得更有价值等。当然，也有人把食物当成一种娱乐。从以上这些角度来看，我认为味之素可以和初创企业一起携手创造更多的价值。

利用全球化知识推进数字化转型（DX）

味之素副社长兼首席数字官（CDO） 福士博司

——CDO 是业务变革的核心，您如何理解 CDO 在企业中的作用？

福士博司（以下简称福士）：我于 2019 年就任味之素的 CDO，就任以来一直思考关于整个企业数字化变革的构想。为了适应数字化时代的快节奏，味之素新设了由社长直接负责的两个部门，一个是全公司运营变革专门委员会，另一个是业务模式变革专门委员会。这两个部门将与其他部门展开横向合作推进全公司的数字化转型。

新成立的两个部门分别设置了首席体验官（CXO）和首席信息官（CIO），他们和我负责的数字化转型推进委员会相互配合推进全公司的数字化转型。这种方式在日本实属首创，我认为未来可以成为企业业务变革的一个模式。同时，我们的决策体系非常规范，在西井社长和我的直接领导下可以迅速地判断并执行每项决策。

——味之素未来会发生变化吗？

福士：虽然我们目前还无法做到改变味之素的企业文化，但是我们对从外部引进数字化人才持非常积极的态度。味之素在海外设有很多机构，设在美国的这些机构在数字应用方面一直比较积极，也取得了不错的成果。我们打算把在美国取得的这些成果作为公共资源分享给味之素的其他海外机构。味之素从 2 年前开始就把英语指定为公司通用语言，因此在和海外机构沟通方面我认为不存在任何问题。关于培养人才，我们也制定了相应的政策，根据员工的职位为他们准备了不同的培训课程。我们已经为推进数字化教育做好了充分的准备。

——我们曾经采访过例如智慧城市、体育科技等领域里积极推进变革的企业，他们同样对食品创新充满了期待。您如何看待味之素与这些企业之间的关系？

福士：我们的目标是解决与食品和健康相关的课题。我认为智慧城市和体育科技产业面对的主要课题是老龄化和城市化，味之素也可以在这方面有所作为。未来数字平台在食品领域里的作用会越来越重要，从推进数字化转型的角度来看，我们和这些平台的关系与其说是对抗，不如说是合作共存更为恰当。总之，我希望味之素能够率先推进数字化转型，成为世界食品行业的引领者。

人物专访

个性化才是关键

味之素专务执行董事兼首席信息官（CIO） 儿岛宏之

——您肩负 CIO 的重任，未来将要为味之素打造怎样的业务？

儿岛宏之（以下简称儿岛）：最重要的是要改变味之素过去一直站在企业的角度上思考问题的方式，今后必须从消费者的角度出发，思考如何为消费者创造价值。预测 5 年乃至 10 年后消费者和社会环境的变化，以及味之素应该实现的社会价值。以"Eat Well, Live Well"，即延长健康寿命为目标，从多个角度开展相关业务。

在这个过程中我们需要特别关注的一个关键词是"个性化"。例如，西井社长在前面提到为了维持认知功能，必须对大量的氨基酸以及与饮食相关的知识进行数据化处理。我们希望通过这种全方位的支持，而不仅仅是向消费者销售补剂的方式实现每个人的健康。

我认为每个人的消费习惯受多种因素影响，未来以电子商务为代表的网络销售会进一步发展。这时，如果我们能根据每个消费者的具体情况为其提供最合适的商品，那么就可以实现差异化。

——您如何看待味之素与初创企业的合作？

儿岛：现在与过去不同，如果只依靠企业自己的力量，开展业务的速度会非常缓慢。味之素已经为推进开放创新打造了良好的环境，我们现在最关注的是如何尽早地启动各项业务，至于那些我们自己不具备的技术，完全可以向其他企业取经。我们必须牢记的是利用科技这一行为本身并不是我们的目的，科技仅仅是手段，我们的目的是利用科技为消费者创造价值。CIO 的职责之一就是让企业的发展不要偏离这个目的。

我认为未来味之素要开展的业务规模有大有小。但无论怎样，我们希望能够找到让这些业务持续发展的动力，同时不断地增加业务数量。当然，结果不可能完全和我们当初预想的一样，也许会有失败。但即便面对失败我们仍然要不断地挑战下去。我在前面提到过，预测未来的价值并不断挑战新事物，这种挑战精神正是作为初创企业的味之素所应该具备的。如果现在我们不行动起来，那么 20 年后味之素这个企业可能就不存在了，对于未来我们充满了危机感并且已经做好了迎接挑战的心理准备。

Nikkei Cross Trend 胜俣哲生　整理

第 10 章

新产业 "日本食品科技市场" 的
开创

第 1 节
食品科技的本质作用和未来发展趋势

在最后一章开头，让我们再次思考一下"食品科技的作用是什么"。"×× 科技"这个词使用起来颇有难度。因为只要冠上"×× 科技"的名字就会显得很专业，让人产生一种这个市场已经诞生的错觉。部分企业为了追求效益而用"×× 科技"做文字游戏，企图提升自己的市场价值。其实追求效益本身无可厚非，但是因为最终畅销才被看作评价标准，所以产品往往倾向于满足人们眼前的需求。比如，一些服务虽说具有便利性上的优势，但长远来看它可能导致人变得愈发懒惰。站在消费者的角度上来看这样的服务真的是有益的吗？如果过分追求便利性，那么等待我们的有可能是逆乌托邦（与理想相反的社会）。笔者认为我们首先应该清楚的是一味追求"×× 科技"最终可能为消费者带来的并非会是多姿多彩的未来。

我们认为食品科技仅仅是一种手段，我们的目的应该是"通过饮食和烹饪，为消费者和地球创造光明的未来"。我们应该解决食品引起的社会课题，比如食品浪费和食品缺失，伴随着人口的增加蛋白质资源枯竭问题（蛋白质危机），营养素的摄取过剩带来的问题（营养过剩），贫富差距引起的食物短缺问题（食品沙漠），塑料造成的环境问题等。同时，我们还应该通过重新发现、重新定义饮食和烹饪本身具备的多种价值（不单单解决"吃"这个问题，还能为我们解决生活中存在的多种问题）使人们丰富生活、愉悦身心。我们要把食品科技作为解决问题和开创未来的利器。

"食品科技的未来预计是怎样的""请谈谈今后的发展变化""请直接告诉我们今后什么样的业务发展会比较好",笔者在开展日本智能厨房峰会等活动中开始越来越多地收到诸如此类的提问。尤其是新冠肺炎疫情的蔓延使得食品的价值也在不断提高,食品问题越来越引起人们的关注。

当然,依据人口动态、科技成熟度、与相关社会问题的严峻程度等状况,我们是可以在一定程度上预测未来的,也可以告诉他们今后哪些方面会有所发展、会发生怎样的变化。可以说,我们能够预测到的正是本书中提到的"食品机器人""个性化食物""替代蛋白粉"等领域。但是,我们认为在饮食、烹饪这一领域重要的不是预测未来,而是描绘我们想要创造出的未来,这一点对我们今后的市场发展至关重要。

▶ 我们需要的是"意愿""想法""热情"

食品这个领域,是世界上十有八九的人每天都会接触的领域。因此,在某种程度上可以发挥主体性去思考自己遇到的困难以及想做的事,是任何人都能将问题代入自身考虑的罕见领域。就拿笔者自身(田中宏隆)来说,从松下时代、麦肯锡公司(McKinsey & Company)日本分公司时代开始,在高科技通信领域从事战略制定和开发新项目 20 余年的职业生涯中,几乎没有哪一项创意是通过思考自身就能得出的。我需要一直努力思考那些我不一定每天都使用的服务中人们的需求是什么(当然,作为一个专业人士,我会依据用户调查和收集到的各种案例来提出想法,并且与我的客户共同开展他们的项目工作)。比如,思考像半导体行业这类设备行业的商业战略的时候,他们需要的不是顾客个人的想法,而是要考虑竞争对手以及竞争优势等，甚至可以说需要我拿出的是一个能一决高下的战略方案。

然而食品领域却是截然不同的。因为在这个领域中，很多时候自己和身边的人所需要的东西、想做的事情都是与产品和服务有直接联系的，所以只要抱有"亲手打造未来"的想法，就能产生无限的创意，并且也能看到顾客（最终用户）的反应。虽然听来似乎理所应当，但是笔者还是想要再次强调：在这个领域中我们能做自己想做的事，做出自己需要的东西，每个人都手握着创造这个世界的可能性。

关于创造未来，计算机科学领域的巨人、被称为"个人计算机之父"的阿伦·凯（Alan Kay）说过这样一句名言：

"预测未来的最佳方式就是创造未来。"

曾在麦肯锡任职，目前在庆应义塾大学环境信息学院担任教授，兼任雅虎首席战略官（CSO，Chief Strategy Officer）的安宅和人在 2020 年 2 月的《真日本》（NewsPicks 出版）一书中，也提出了有关未来的方程式：

未来 = 梦想 × 技术 × 设计

关注未来的人们认为，未来是由自己创造的，重要的是要拥有自己的梦想。倘若将每个个体想要创造的未来、想要实现的世界和体验看作 "饮食领域被赋予的特权"，就能看到完全不同的未来。不管未来是喜是忧，拥有"自己的意愿"、"想法"和"热情"都尤为重要。

第 2 节
12 项未来食品愿景

我们怀揣着"意愿"、"想法"与"热情",在 2019 年 8 月举办的日本智能厨房峰会上发表了"未来食品愿景(Future Food vision Ver.1.0)",展示了我们想要创造出的 12 种食品愿景(图 10-1)。

图 10-1　未来食品愿景 Ver.1.0

来源:SIGMAXYZ

图中的 12 个方面,其实就是我们将自己理想中的人与社会概括成了 12 句话。它综合了①事实分析,②与国内外专家和创新者的对话,③从全球会议、组织等获取的见解,④我们一路遇到的人们的愿望和热情（图中的序号不代表愿景形成的时间先后）。

今天的食品价值链是高度优化的，即使新冠肺炎疫情对农业生产者造成了影响，但对我们的日常饮食并没有造成严重威胁，我们依然能够随时随地享用美食。不得不说它已经是一个十分优秀的系统了。

然而，现代食品价值链在过去50年左右的时间里迅速发展，在追求效率的过程中变得越来越分工化，它的目的从最初的让人们身心富足，转变成现今的注重相关公司的利润最大化。

当然，也有个人或企业声称"没有那么回事"。但食品损耗问题（如为实现销售最大化而设定废品率目标），以及在适应现代供应链和销售方法的过程中为了追求最大限度地延长食品保质期在食品中添加一些对人体健康不利的成分，抑或在商店货架上摆放保质期长但摄入过多会对身体健康产生影响的产品之类的问题多有发生。诚然，食品生产厂商和零售商已经绞尽脑汁在为消费者考虑，但从宏观角度来看，他们的确导致了不健康的消费者人数增加，这也是个不得不承认的事实。鉴于这种情况，实在是没办法宣称我们的市场只提供对环境和消费者最有益的产品和服务。

以前，我和一家国外餐饮连锁店经营者交谈时，听到过这样的故事。

"我对食品废弃感到非常苦恼。我曾尝试减少废弃数量，但随之而来的是销售额的一落千丈，于是我不得不立刻恢复了废弃率，顷刻之间我们的销售额也回到了之前。作为一个管理者我别无选择。 虽然这很痛苦，但这就是现实。"

这位经营者在考虑企业和员工的利益之后做出了抉择。我不认为他的抉择是错误的，而是觉得这是利益和废弃率之间的权衡问题，以及对短期损失的承受力。这种追求个体利润（基于行为准则）的做法，从整个社会的角度来看具有巨大的负面影响。另一方面，我们在第 1 章中已经看到，食物和烹饪的价值延伸到了长尾，在这个世界上，我们如果发挥创造力，就可以通过食物和烹饪变得更加愉悦。 这是本书想要向各位传达的一个重要信息。

▶ 餐饮的未来蓝图应该是怎样的？

食品科技市场在今后能否兴起，取决于有意进入该领域的利益相关人士，即本书的各位读者，是否能一马当先冲出重围，是否有开创未来的勇气。接下来简单阐述一下我们曾发表过的未来餐饮蓝图，共 12 个方面。首先在此声明一点，这些构想的诞生均以笔者的认识为基础，难免会含有一些与部分读者关系不大的内容。

一个知晓自身"要生产什么、能生产什么"的社会

想必不少人都知道一部电影，叫作《生存家族》①。这部于 2017 年上映的电影，开头便讲述了一个普通家庭在电气化、智能化时代下的便利生活。其中有这样一个情节：一家人收到了乡下寄来的鲜鱼，但妻子与孩子都没杀过鱼，也讨厌掏内脏，根本不愿意料理。

紧接着，故事急转直下，全球陷入了停电危机。人们赖以生活的机器与基础设施，转眼间成了废铜烂铁。不出意料，商

---

① 《生存家族》，2017 年上映的日本电影，原创、剧本、导演：矢口史靖。

店里也买不到食物了。人们只好走出家门、寻找粮食。寻觅途中，主人公一家得知野草是可食用的，并第一次体验到捕捉生猪的滋味，而且是在受伤的情况下。关键时刻，向他们伸出援手的是"自己生产食物"的农民。

看到这里，笔者不禁对"生产食物"这一崇高行为肃然起敬，还深切感受到，不论对于食物抑或器物，我们现代人都与"生产"二字渐行渐远了。社会究竟是从何时开始变成这样了呢？其实，只要稍加思考现代经济模式，就不难发现答案。"经济"的英语词源是"economy"，原意为"用以经营、管理家庭的法则"。过去的家庭为了维持生计，往往要自力更生，生产生活所必需的物资。而随着货币经济普及、交换经济应运而生，人们在社会中只需要消费货币就能得到一切商品。其结果是，人们为了最大限度持有货币，纷纷追求高效劳动生产。随着工业化进程加速、社会分工不断深化，人们能用挣来的钱购买他人生产的商品，社会因此变得越来越便于生活。与此同时，人们的观念也悄然发生转变，从追求生存，变成了追求更优质的生活。

从经济高速发展时期开始，科技飞速进步的日本产生了这样一种思潮：家务是一种负担，是占据人们宝贵时间的负面行为，而自动化家电才是未来生活的潮流。家务属于负面行为这一价值观，甚至影响到了饮食方面，从而使得烹饪也成了人们眼中的负担。在烹饪方面，自动化乃至减少人力投入已然成为一大趋势。

然而，纵使物质需求得到满足，又有多少人在这个时代感到幸福了呢？换句话说，我们身为独立的个体，真的应该把"生产行为"完全托付给他人吗？

让我们回到《生存家族》的话题上。近日调查显示，有超过 70% 的日本人不知道如何杀鱼。此外，即使是在对于缩短工时有着庞大需求的职场妈妈当中，也有接近 70% 的人表示希望投入更多精力在烹饪上。早在文艺复兴时期，烹饪就是一种结合学术、艺术、技术于一身的高等技艺。但不知从什么时候开始，烹饪成了人们极力摒弃、缩减耗时的对象，这无异于把人类的发展道路走窄了。

从另一个角度来看，人们对于未来生活的担忧，最根本的其实是"有没有饭吃"的问题。如果大多数人能够自己培育作物，并进行烹饪等生产，自然也就不存在那种担忧了。相反，一味追求便捷与简单的智能化，导致人们失去了动手生产的机会。其最终结果就是，人们会逐渐失去创造美好生活的智慧与本领。倘若社会上每个人都能重视"生产"，成为真正意义上的"生产者"，许多社会问题也将迎刃而解。

让烹饪时间的价值最大化

"缩短劳动时间"诞生自三四十年前的日本社会环境，现在是时候摆脱这种论调了。我们应该关注客户的长尾需求，而不是追求一时的多快好省。单纯的缩短劳动时间，其实已经在多年的科技发展中实现了（此处并没有否定便捷服务的意思）。

实际上，缩短劳动时间也带来了一定的副作用，比如有不少人希望投入更多时间与精力在烹饪上，甚至有人对这种省时省力的行为产生了"罪恶感"。想要解释这些现象，我们可以换个角度思考：把烹饪带来的满足度（CS：Cooking Satisfaction）代入分子，把烹饪时长（CT：Cooking Time）代入分母。在"CS/CT"当中，如果"CT"的数值下降了，那么 CS 也有可能随之减少。由此得出结论：一旦烹饪时长缩短，那么烹饪带来的满足度也会降低。不花费时间、通过便捷手段获得的食物，其本质就是利用方便的家电与调味料，一股脑儿跳过了本该遵循的流程与步骤，让人萌生不劳而获的罪恶感，以至食客在品尝这些"偷工减料"的食物时，下肚的除了饭菜，还有空虚。诚然，最近的冷冻食品为食客提供了最后一步"解冻"的劳动机会，但今后是否还有更具创造性的方法呢？

举个典型的例子，一款由 Hestan 公司生产的平底锅"Hestan Cue"配备了温度传感器，能够实现表面温度的精准控制，更是可以通过手机应用程序按照食谱控制温度与时间。尽管仍需要使用电磁炉或煤气灶，但也让用户有了进行其他作业的空闲。通过这种方式烹制的食物质量依然是有保障的。并且，产品还附带各个环节的教学视频，使得用户能够在实践中学到各种烹饪技巧，比如蔬菜等食材的切法、调味要诀、翻炒手法以及摆盘方法。简而言之，这种厨具既能提高烹饪效率，又能提高烹饪水平，可以说是一举两得。如此一来，CS（烹饪带来的满足度）将会由"体验烹饪"、"学习烹饪技术"与"获得额外空闲时间"三大要素组成，即使缩短了烹饪时间，用户也会得到极大的满足感。当单位时间内的满足感提升之后，相信用户也能获得相应的幸福感。我们由衷希望社会上的产品与服务更多地学习这种思路。

重视每一餐的世界

"余下的人生还能吃多少餐呢？"

思考这个问题以后，想必各位读者也会改变对食物的态度了吧。假设人生百年，按照一日三餐来算，进餐的次数约为 11 万次。不少人把三餐当成例行公事、草草果腹。毕竟人每天都要奔波劳碌，几乎不可能精心对待每一顿饭。或者找不到进食的意义，只是单纯地把食物当作维持生命的"饲料"。

近年来，市面上纷纷涌现打着"便捷"旗号的餐饮服务。这种服务的兴起，利用的正是人们既怕麻烦但又想保持健康、要求食物既能在短时间内吃完又富含营养的心理。不可否认，消费者中间的确存在这种需求。但试问，这样真的能让人感到幸福吗？每到周日的午餐时间，笔者总是会不经意地问自己："这一周里我都吃了些什么""有吃过什么好吃的吗""下周吃什么好呢""有想和谁一起去吃饭吗"？

假如三餐能被赋予多一点意义，那么我们的精神财富就会多充盈一分。

超级无障碍餐饮

儿童中患有过敏症的比例越来越高。在日本，这个比例从1994 年的 7% 增长到了 2014 年的 17%。而美国也从 2007 年的4% 增长到 2016 年的 8%①。网飞发行的独家纪录片《腐烂》（*Rotten*），在 2019 年的第二季中也以食品过敏症为主题。由过敏症引发的种种严重问题，已然成为世界性难题。借此成为潮流、向全球扩张的，不仅是基于安全性而选择食品的思潮，还有各种宗教的饮食禁忌、各类素食主义（包括严格素食主义者、蛋奶素食主义者、鱼类素食主义者、弹性素食主义者等）等反映个人思想、信条与生活方式的饮食生活。《美味礼赞》（岩波文库）的作者布里亚·萨瓦兰（Brillat Savarin）也是一位美食家，她有过这样一句名言：只要你说自己平时在吃什么，我就能猜到你是什么人。而现在，我们的确来到了一个饮食足以表明身份的时代。

在这个时代里，饮食需求与方式比以往任何时候都要细致，与之相匹配的服务成了人们的刚需。某个契机所致，笔者也曾萌生一丝成为严格素食主义者的想法，但碍于生活圈子里

---

① 日本的数据来自东京都福祉保健局，美国的数字来自 Food Alletgy Research&Education。

几乎没有素食的选项，不出两三天就放弃了。不论信奉何种主义、拥有哪国国籍，人们都有权自由享受食物。若能营造出这样的社会环境，想必不同人群之间的交流与合作也会成为可能。

受到新型冠状病毒的影响，全球化的道路一时间乌云笼罩，但人们也借助了互联网的力量逐步跨越国界、搭起沟通桥梁。可以预见的是，疫情平息之后，世界人民之间的合作也会变得更为密切。届时，饮食生活上的断层很有可能给全球合作泼下一盆冷水。所谓超级无障碍餐饮，就是为了应对这种状况而生的。

食品学与烹饪学的核心技能化

还记得我们上次学习有关食品与烹饪的知识是什么时候的事情了吗？

人们投入到饮食与烹饪上的时间越来越少，便捷式的饮食服务行业却不断壮大。其导致的结果是我们在饮食方面的基础知识极度匮乏，甚至不知道该如何选择食物、如何正确烹饪。而且，在科学性解释方面尤为薄弱，凭借个人的知识水平根本无法分辨什么食物对身体有益，什么食物对身体有害。在日本，只有大约15%的人能够准确理解功能性食品的说明文。正如我们前面提到过的，饮食与烹饪是一门涵盖面极广的学科，而目前的课程教育缺乏横向整合，难以提供系统性的学习环境。

于是，饮食与烹饪相关的教育机构、商业学校，在世界范围内如雨后春笋般出现。如美国的美国烹饪学院（The Culinary Institute of America）、西班牙的巴斯克烹饪中心（Basque Culinary Center）、意大利的美食科技大学（The University of Gastronomic Sciences）与新加坡的香阳环球厨师学院（At-Sunrice

Global Chef Academy）等。学习者能在这些机构与学校中获得相应学位（各机构的详细信息请参考本书第9章内容）。

但遗憾的是，日本国内几乎没有系统性教授食品学与烹饪学的教育机构。尽管立命馆大学与宫城大学等高校逐步开展了相关教育，但想要真正振兴食品学与烹饪学，关键在于如何让这两门学科及其背后的科学知识，成为每个社会人都应掌握的核心技能。那样一来，人们就能进一步了解日常饮食，对于食物的选择更加得心应手，过上更为惬意的饮食生活，并且在饮食方面拥有更多主导权。

能够满足细分市场饮食需求的社会

此部分与第4个未来餐饮蓝图"超级无障碍餐饮"有一定内容重合。首先，迎合"食品本身的长尾需求及多样化价值①"，相应的服务行业会不断涌现。考虑到商业效率，业务自然会集中到用户最多且呼声最高的需求面，也就是能捞到最多"油水"的地方，并不断推出产品与服务。这种逐利行为本身无可厚非，而且所实现的提供价值，更是直接改善了人们的健康与生活水平。然而，迈入温饱时代的人们却没能完全发掘商品的价值，而是把价值转移到了"事件"或"时间"之类的个人体验上，追求不同于以往的服务。

比如，GIFMO生产的Delisofter压力锅，能够在食材保持外观的情况下，将其煮得格外软嫩。该产品浓缩了开发者的温度，主打卖点就是帮助苦于吞咽困难、无法与家人进食同一种食物的老人，让他们回到其乐融融的饭桌上。

---

① 详见第1章的图1-6。

312

图 10-2 Delisofter 压力锅烹饪的西蓝花

图 10-3 GIFMO 公司生产的
Delisofter 压力锅
来源：GIFMO 公司主页

早在 2017 年，笔者就与该产品的初期开发人员水野时枝、小川惠取得联系，就产品中的人性化部分行了访谈。二人表示：这确实是高度迎合细分市场需求的产物，但不妨把"细分市场"四个字换成"重要亲友"试试吧，相信各位会对此有所改观的。简单的三两句话，却如此暖人心扉，想必被这种想法打动的人不光是我们。生产一款解决吞咽困难的产品听起来简单，但要打造配套的生产环境并将产品落到实处，又是多么行之不易。我们对这种企业文化由衷感到钦佩。GIFMO 是一家从松下电器独立出来的企业，可以预见的是，此类企业今后将会不断增多。倘若有幸看到更多企业生产像 Delisofter 这样具有关怀力的产品，我们也能向理想社会迈出第一步了吧。

携手科技创新，让日本饮食文化迈向世界

纵观食品科技的发展历程，最耐人寻味的一点，笔者认为是食品行业出身的从业者与"科技行业出身的从业者（包括科

313

研界、IT 界与工程界人士等）"之间的协作关系。要知道，这两个行业在过去几乎是没有交集的。最具代表性的事例，是不断钻研新的烹饪技法的创新派厨师，与出身亚马逊、微软的技术人才强强联合，生产出让所有人都能成为大厨的智能家电。这些产品的问世，不仅仅是为了一板一眼地还原食谱里的美食，还旨在让用户在烹饪过程中把握温度与时间的诀窍，深化对食材特性的理解，以此成为一种全新的烹饪技法传承手段。在过去，烹饪技法总是要靠师傅教弟子、父母教孩子的形式才得以传承，而如今，人们可以借助食品科技的成果，跨越时间与空间传承下去。

如此一来，诞生于日本的饮食文化与技艺就有了发扬光大的机会。近些年曾有不少关于"发酵"的著作问世。比如美国作家桑多尔·卡茨（Sandor E. Katz）的《发酵的技法——探寻世界的发酵食品与发酵文化》（O'Reilly Japan），以及位于丹麦哥本哈根的一家米其林二星餐厅——NOMA 餐厅发表的《发酵指南》。

笔者并不是想在此探讨为何日本饮食界不能率先发表此类著作，而是想表示，日本其实也是一个菌类丰富、盛产发酵食品的国家，而且许多食品厂家一样具备先进的烹饪、调味技术。当厂家将各类食品技艺当作技术，下放给各级生产者使用，相信一定会让日本的饮食体验变得更加绿色健康，更具环境亲和力，更受世界人民的青睐，同时日本也会进一步扩大在世界范围内的影响力。这点在本节的结尾也将会再次提到。

用饮食来减少孤独现象

人们会在何种时候感到孤独，又会在何种时候与他人有交集感？

社交网络在加强人与人的联系的同时，也会催生各种"社交焦虑"。我们有时能听到这样的声音："社交网络上晒吃晒喝的行为太泛滥了!"此外,缺乏管制的大数据分析,让用户收到大量不感兴趣的广告推送,这种现象也成了亟待解决的难题。而脸书(Facebook)有一项"回忆"功能,会时不时揭开用户不愿回顾的"黑历史"。网络聊天虽不及面对面交谈那样富有社交感,但不论何种形式的对话,在人们的生活中都尤为重要。尤其是在 2020 年的新冠肺炎疫情环境下,人们再一次认识到了社交活动的不可或缺。

最近笔者出门散步的时候,看到了警察为上年纪的妇女带路的一幕,一阵暖意伴随着怀念涌上心头。现代人出门,大多会使用谷歌地图等手机应用程序规划路线。这种做法的确带来了许多便利,但也缺失了与人交流的契机。预计在 2030 年,日本的独居人士将会达到总人口的 40%,在那之前,社会各方面会越来越容易让人产生孤独感。

我们应该多去关注"隐性孤独"这一社会现象。除了独居老人以外,独居年轻人中也有一部分人不擅长交际。就好比家庭主妇在家人出门上班、上学期间基本不与外人交谈。这对于社交场上八面玲珑的人来说或许不成问题,但更多人其实是处于一种无法实现平衡的交际活动的状态。相亲软件、拼桌服务等五花八门的社交服务在近年层出不穷。与此相对的,也有不少餐厅推出了"一人食"这种照顾独身人士的服务。表面上"一人食"服务似乎能完美解决饮食孤独的问题,但碍于自尊心,不少人对这种不加修饰的"同情"并不买账。

实际上,并没有多少人愿意付出行动去排解孤独感。其实在两点一线的生活中与他人多一些往来,是否也算一个可取之法呢?比如在公司或者住处附近,寻找一处可以与朋友一同烹饪、享受美食的地方。不过,在疫情影响下,饮食安全问题仍然不容忽视。希望在风波平息之后,相应的社会服务能够走进大众视野。

借助饮食振兴的地域团体

随着小家庭化、少子化、老龄化、双职工家庭化与生活方式多样化，日本人对于地域团体活动的热情逐渐降温。城镇居民的孤独化现象尤为明显，不仅是公寓住户，就连独栋住宅的邻里之间也缺乏日常交流。不难想象，孤独化现象将会在这样的社会环境中持续发酵。

在过去，街坊之间会相互分享食材，每当出现卖豆腐和烤红薯的小贩，也能看到熙攘的人群，好不热闹。这段时间以来，我们的确能发现各地又开始焕发活力了，但原因是否与饮食相关，目前还要打上一个问号。2018 年，笔者曾参加过在意大利举办的国际食品创新峰会 "Seeds & Chips"。在当时，日本生活协同组合（CO-OP）的代表以 "Food Connects People" 为主题进行了演讲。另外，一桥大学的名誉教授石仓洋子在 2019 年 11 月的《日本时报》中发表了一篇文章 *Food as a 'connector' between people*。虽然并没有上升到共识的高度，但笔者相信，不少人确实感受到了食物联系人际、团结地域的潜能。

日本也有不少食物联系人际、地域关系的事例。例如东京西荻洼的 "Okatte 西荻"，就是一个以饮食为主题的地区性公共空间。那里配有共享厨房，能够满足人们为彼此制作料理的需求。此外，还有一种活动叫作 "食材抢救派对（salvage party）"，参与者可以自备家中剩余的食材交给厨师烹饪。这种活动不仅解决了食物浪费问题，还丰富了人们的社交生活。"食材抢救派对" 每次都会在不同地点举行，不过社会上也出现了许多类似的活动，这无疑为渴望社交的人们带来了极大鼓舞。

不仅如此，一部分传统的地区互助活动也向着以食物为媒介的形式转变。各位读者知道 "无尽" 吗？那是一种山梨县特有的习俗，类似金融互助组织。参与者在平日里共同缴纳基金，在必要的时候用以充当宴会、活动的开支。山梨县至今仍保留着这种习俗，连小餐馆也会张贴"受理无尽"的告示。一旦举办了宴会等"无尽"活动，山梨县的人们就会闻风而动，借此与其他居民增进联络。山梨县之所以很少有老人孤独死，相当程度上要归功于这种习俗。在新冠病毒肆虐期间，山梨县观光推进机构曾在官方主页上呼吁人们向陷入经营困境的餐馆伸出援手。在惊讶于食物竟可以团结地区民众之余，笔者也不禁对此产生了期待。

随着大众对此类传统活动的关注度提高，我们不妨大胆畅想一下：在未来，人们会利用科技的力量培育食材，甚至有越来越多机会供人们分享食材、共同烹饪，以此增强地区内人与人的联系。

粮食的零流动化（超高程度的当地生产与当地消费）

日本的食物里程（消费者与食物原产地之间的距离）过长，以及东京仅有的 1% 粮食自给率都是老生常谈了。其实日本的粮食流动距离之远，要超乎大多数人的想象。在粮食运输过程中，除了会消耗大量能源，人们还要投入巨额资金解决长时间运输造成的破损、品质下降等问题。同时，长距离运输也会对人体或自然环境造成恶劣影响。并且，由于过程中会发生多次转运，从而导致大量粮食损耗，这已经成了当下亟待解决的一大难题。首先来思考一下，为什么我们要大费周章运输食物呢？有必要把食物从大老远的地方运来吗？诚然，其中一个原因是人们对于仅在某地生产的食物存在大量需求。但是，拿进口鸡肉举例，我们为什么要不远万里运来国内呢？

这些问题确实很难回答，但究其关键原因，可以归结为"追求个体最优的经济合理性"。为了增加利润率，企业每年都会设法提高销售额、缩减成本。于是我们每年都能听到要求降低进货价的声音，企业也在寻找价格更优惠的供应商（其实还有别的方法，在此不展开讲了）。其结果是，无数条冗长且复杂的价值链遍布全球，各种可怕真相频频曝光。像是前文提及的网飞纪录片《腐烂》便揭开了企业逐利的阴暗面。

解决这个问题的难点在于，并非每个环节的主体都走错了棋子。但要知道，粮食自给率的低下是会影响到救灾时的粮食调配的。而且，由于消费者没有面对生产者的机会，对食品行业人士乃至食物本身都缺乏敬意。我们希望能够在未来看到食品体系借助科技的力量实现当地生产、当地消费。而且人们可以自由调理取自当地的食材，偶尔与左邻右舍一同享受烹饪的乐趣，也不失为一种减压的好办法。如果想要品尝当地没有的食物，也能轻松地前往生产地一饱口福。

作为各类传染病的元凶，过度的动物家畜化在近年来备受争议。现代集约型生产体系的发展导致了许多问题，现在是时候予以修正了。前面提到过一个由宇宙航空研究开发机构（JAXX）主导的项目"SPACE FOODSPHERE"，想必该项目也会助力日本的粮食体系实现当地生产、当地消费的愿景。这并非毫无根据的幻想，相关的科技正在飞速发展，能建立什么样的社会就看我们这一代人了。

以造福社会为己任的食品产业

请允许笔者提一个略带哲学性的问题：

"你是为了什么而工作的呢？"

相信一百个人会有一百种回答，比如为了实现人生价值、为了帮助有需要的人、为了挣大钱……但可悲的是，最近越来越多日本人感受不到工作的意义了。下列的调查结果已经不是什么新数据了，但依然能让人感到现实的无奈。

· 全球工作满意度调查报告显示，日本在 35 个国家中排名最末（2016 年的 Indeed 调查）

· 在 26 个国家中，日本的公司职员抱有最多"感觉不到工作意义"的情绪（2014 年的领英调查）

在这种压抑的社会环境中，率先迎来光明的正是食品领域。我们通过日本智能厨房峰会结识了不少业内人士，并与他们探讨了食品的价值问题。探讨过程中，我们重新认识到了这样一个事实：食物对所有人都很重要。世上没有人不需要进食，而且，也有不少每天为食物所困的人、因为食物而激发生活斗志的人。在未来，物质的价值将会渐渐转移到消费体验上。届时，食品领域将会再次迎来春天，获得无与伦比的社会价值，每位食品生产者都能提供全新的饮食服务，每个人都能在食物的鼓舞下热情高涨地工作。希望我们能够见证那个时代的到来。

想要创造这样的世界，关键是人们能够主动公开食品制作的诀窍、共享销售渠道、开放各类制作工具。美国版《连线》杂志的前主编克里斯·安德森在《MAKERS-21 世纪的产业革命的开启》（NHK 出版）一书中提到的"每个人都能成为制造者"的时代已经悄然而至。如今，食物生产的民主化来了，但那并非每个人都要学会做菜的意思，而是"谁都能创造理想的饮食生活"。

我们所从事的工作会让明天变得更美好。人们从为了生存而工作，到为了更好的生活而赚钱，再到如今，每个人都能以工作的形式为社会造福，创造更幸福的明天。笔者相信，很多人都希望把自己参与的产业做大做强。

▶ 以"不丢弃"为前提的饮食体系与饮食生活

食物浪费是一个迫在眉睫的社会问题，有不少大型企业乃至新兴企业都采取了相应措施。在传统的"重复利用（reuse）"与"循环利用（recycle）"的基础上，诞生了"升级回收（up-cycling）"这种新的回收利用措施。除此之外，在设计阶段就围绕着"避免食物浪费"来设计食品的做法也逐渐流行起来了。

英国的艾伦·麦克阿瑟基金会（Ellen MacArthur Foundation）呼吁社会创造致力于推进食物及塑料循环型系统的模式构建、普及以及实践。在笔者 2018 年参加的 SXSW 会议上，解决食品浪费问题相关环节中美国 Hearth 餐厅总厨 Marco Canora 提出了消除食物浪费的最好方法，即"Culinary Approach"（通过烹饪手段来解决浪费问题）。下面为"Culinary Approach"的 6 大步骤。

①深思熟虑后再购买食材
②用心仔细地进行烹饪
③提供合适的食物分量
④保存好能贮藏的食材
⑤消费掉会变质的食材
⑥优先使用自栽自培的食材

另外，在 2020 年 6 月举办的名为 xCook Community 的活动中，大家就"如何解决塑料问题"进行了讨论。会议发言人提出了彻底消除垃圾、撤走所有垃圾桶的提案。解决食品浪费问题方面，会议中还指出了人们会受视觉干扰而丢弃食材中原本可食用的部分。

与之相关的，最近流行起了一种在完全漆黑的环境下用餐的餐会（完全不同于把完全不能吃的东西也添加进去的"暗锅"形式）。有趣的是，即使把茄子连着蒂一起端上餐桌，因为人们处于黑暗之中看不见食物的状态，也都能将其大口吃掉，从而验证了以这种形式来增加食材的可食用部位或许是可行的。另外，在 2017 年的 YFood 伦敦展会（详情参考第 9 章）上，笔者体验了一次类似的餐饮形式。这种餐饮是将原本会被丢弃的食材部位利用起来，做成素食菜品后让人戴着 VR 眼镜品尝。食客会戴着投映胡萝卜画面的 VR 眼镜，同时还会播放咀嚼胡萝卜的声音。但实际上食客吃到的是和胡萝卜不一样的根茎类食物。虽然实际吃到的东西并不是胡萝卜，但笔者还是把它当作了胡萝卜并吃得干干净净。

像这样的话，就算做不到把废弃造成的浪费清零，只要从现在开始活用好各种技术的搭配或者科技开发，也能打造出不再以废弃为前提的社会系统。我们已经有了达成这一步的工具，但是怎么使用就得看我们自己的意愿了。

▶ 未来有无限可能

至此，我们一同展望了 12 种未来食品的蓝图，其中有没有让各位读者感到欣喜，或者在对照自身情况时能点头称赞的想法呢？笔者也在本书中再次书写未来食品蓝图的过程中，回想起当时与我们共同讨论过相关话题的人们，他们的表情让我们感到欣喜的同时也感受到安慰。若是能将这份蓬勃的喜悦传递给读者，哪怕只有一点点，我们也会倍感欣慰。

其实，在 2019 年日本智能厨房峰会的会场上，我们曾以在线投票的形式询问了大家期待 12 种未来食品中的哪一种。尽管有那么一点偏差，但也基本了解到了参会者对这 12 个主题都有所关注（图 10-4）。笔者认为，食品领域的特别之处正如前面所述的一般，是每个人都能设身处地地去构想。本来，构思自己想要创造的未来就并非能通过企业做到的，它需要个体的思考，这是一个拥有无穷乐趣的行业。

自己能产生共鸣的未来食品畅想（185人参加调查；275条回答总数；多选的回答；使用Sli.do对会场的参与者进行意见询问）

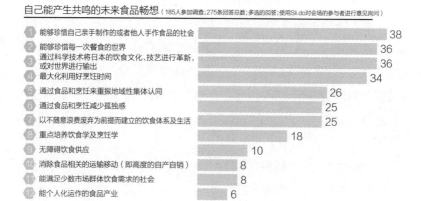

图 10-4　参与者感兴趣的主题
来源：SIGMAXYZ

从把"工作必须是自己想做的事"视为奢望的时代，到"如果不是自己想做的事就不去工作"的时代，其中食品行业可以称为第一梯队般的存在。

请各位再回忆一遍在本书中所看到过的许许多多的食品科技。与未来食品蓝图相对照起来的话，这些科技会带来什么样的体验，又与世界有怎样的交集呢？倘若我们把 12 种愿景列成竖轴，然后用横轴来排列对比已经出现的食品科技，那么，哪些食品科技可以运用在哪种食品愿景当中呢？读到这里的各位读者，可以自己或者与同事们一起对照思考，相信大家一定能感受到通过应用食品科技打造新世界的潜力。食品科技并不是科技的简单产出，而是一种用来描绘自己理想世界的手段。

第 3 节
符合人们需求的食品演变以及关键举措

日本沉睡着许多能够推进食品演变的 "财富"。比如，兼顾美味与健康的食品加工技术、原材料技术、掌握先进技术的高科技企业群、手艺高超的匠人们、发挥高能量的人才，以及像日本料理这种既有传承又尊重多样性的饮食文化、技艺等，日本拥有着数不尽的 "财富"。然而，这些宝贵的 "财富" 仍处于休眠状态，或者说虽已复苏却又无人发觉，陷入了一种手握实力却难以焕发光彩的困境。

我们需要意识到，若是我们唤醒、振兴日本所拥有的这些 "财富"，就有可能开拓出一片广袤的市场，甚至能够引领世界潮流。食品科技也能促使 "财富" 进一步扩大再生。那么，为了今后振兴食品科技领域、加速食品演变，我们需要采取怎样的措施呢？笔者总结提出了 4 个方案。

▶ 提案①：提出共同的主题

食品相关的社会问题并不是由个别企业的不讲操守引起的。很多情况下个体所追求的最优化结果，在统筹协调时会造成差池。如先前所提出的食品浪费问题，同相关的零售、批发、生产、外部餐饮供应、生产农户等各方进行沟通的话，大家都会说愿意配合，可实际上并没有人真正在执行。笔者曾与某大型公司的相关人士进行交流，对方曾感叹 "确实只要有人振臂一呼开始实干，食品浪费就很容易避免，但是苦于没有真正这样去做的人",这也正说明了现在的状况。大家虽然都意识到了问题,但都在应付着每个季度的收益目标等的现实压力,处于一种无暇抽身出力的状态。

我们受邀参加某科技类大型公司在北美主办的会议时,进行了关于"为了解决现在食品体系的问题,需要什么样的意识"的讨论。那时,得克萨斯大学的一位教师发表了"我们需要理解在优化食品体系的过程中,短期内会在局部产生出受益方和亏损方。然而因为这种局部问题就止步的话,问题就无法解决"的评论。这是个简单却又切中要害的回答。现在食品产业的生态系统过于复杂,并且仍在细化分工。在这种状况下只要想解决点什么问题,就会出现为此得到了益处的企业,以及遭到损害的企业。再或者,为了守护地球环境,还可能会发生所有企业都遭受损失的情况。出于这种考虑权衡的原因,谁都会为踏出第一步而踌躇犹豫。

为了打破这样的现状,是时候打出作为产业、作为人类应该解决的主题,是时候动员起利害关系者了。实际上,虽然已经有 SDGs(可持续发展目标)这个代表性的共同主题,但若是提出围绕食品方面的更具体的共同主题,应该更能加速企业的行动。我们在举办日本智能厨房峰会的时候,也怀有由日本率先向世界发出食品演变的想法。佐藤贤就是赞同这一想法的人之一,佐藤贤属于味之素食品公司业务部消费者分析·业务创造部。 他曾说道:"我们把参加日本智能厨房峰会后得到的新观点带进了我们公司,在听过以田中为首的众人充满激情的演讲后,也有很多人为之动心,付诸行动。"笔者至今仍能记得佐藤贤在 2019 年的会场上,看到之前提出的未来食品构想时对我说的话:"田中,那个构想本来应该由我们来提出呀!"这种思想的交织连接起了世界,甚至日本国内多地也开始发起了各种倡议。本书也是如此，不仅收录着采访集锦及各界人士的精彩评论，同时也是一个通过"食品创新"创造美好社会、交织共同想法的思想载体。

思想互相交汇时，人类的进步和繁荣会实现最大跨越。希望正在阅读本书的各位读者也能够去思考怎样的主题能够动员起全世界。作为参考，这里将以图表形式介绍最近某个社群会议中提出的共同主题（图 10-5）。像这种超越了行业界限的主题，将会成为我们今后解决问题的关键，它会凝聚起更多有思想的人。

医食同源相关服务的引入 通过饮食来让人保持健康。导入能够自然地脱离医药，同时又能追求美味的饮食服务。	**培养对食品科技的投资** 在日本构建起培养食品科技投资公司的体系。在不彻底洗牌投资环境的状态下，必须彻底地重新定义与大企业的合作形式。	**可持续的外部餐饮供应产业构建** 想象在高龄少子化时代下餐厅应该呈现什么样的姿态；形成"侧向'感情劳动'（即服务业从业人员在表情、声音、态度、服务行为上的行业礼仪）的人才排岗+消除废弃造成的浪费+跨越过新冠肺炎疫情冲击"的行业生态系统。	**构建新型的顾客接触** 能涉及全新饮食体验的新型试验经营学&建立起同顾客接触的新方法。
饮食教育及饮食学平台 建立起能够"让人们能进行理性的饮食活动&让饮食创业者能正确进行食品生产与餐饮提供"的学习环境。	**构建可持续的水产渔业** 应当避免高捕获量带来的数量骤减及水产业消亡的危机，推进产业体系的改革及谋生者的观念改变。	**重新定义包装的价值** 跳出"脱离塑料包装"的层次，探寻原本是否真的需要包装，构建超乎相关必需产业的行业生态与业务。	**从日本开始宣传新型饮食进化模式** 构建出探求并宣传"日本该向世界展示的饮食内容/主题（如高龄化社会的饮食存在形式、均衡饮食等）"的环境。

图 10-5　超越业界・企业范畴的待解决问题——示例
来源：SIGMAXYZ

▶ 提案②：跳出企业框架，构建业务机制

为了找到提案①中提出的共同主题，必须构建跳脱出企业框架的创建业务的机制。然而，下好这步棋并不容易，许多企业都因此状况百出。

　　为什么会如此困难呢？答案很简单，因为参与其中的主体依然是企业。虽然现在人才和企业的分离正在逐渐兴起，但还没到所有人都能经营副业、人才能自由流动的程度。而且就算人才能够流动，知识技术也没办法简简单单地脱离企业的约束自由流通。笔者想介绍几种在这样的状况中显现出来的有趣形态。现在我们把现有的正在脱离框架中的企业按照阶段分为6种。

1. 设立新业务开发部门

　　所谓新业务开发部门，即脱离既有的操作章程、以创建新业务为任务的部门。如今，所有公司都对如何设立新业务部门有基本的了解：最高管理层应参与其中，应招募外部人力资源，应制定与现有业务不同的关键绩效指标，应确保预算等。然而，实际情况中大部分企业仍难以建立此类部门。尽管如此，在下文中将提到的业务创造机制中，新业务开发部门作为业务创造框架中的接收机构其地位相当重要，笔者认为各企业应当加速其建立与运作。

2. 创立出岛部队（革新推进组织）

　　这是一种比新业务开发部门更进一步的、被置于既有体系以外的组织。松下集团主导的变革者加速器项目（Game Changer Catapult，GCC）就是这种组织的代表。很多地方都能看到关于此类组织的说明，这里就不再赘述。为了将该组织中出现的新创意商业化，松下与位于旧金山的 Scrum Ventures 风险投资企业共同创立了 BeeEdge 公司。对该业务感兴趣的松下员工纷纷转入到 BeeEdge 工作，并将他们的产品和服务迅速推向市场。前面提到的 GIFMO 就是在 BeeEdge 框架内诞生的初创企业之一。

　　成功创立新业务开发部门以及出岛部队（革新推进组织）过程中两个容易被忽视但却很关键的因素是：①使它们成为利

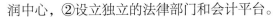

润中心，②设立独立的法律部门和会计平台。

关于①，此类组织往往从企业拿到固定预算，然后又把预算全部用来开展业务，也就是所谓的以成本为中心。在这种情况下，销售额通常是无法预测的，因此也做不到计算销售额后将边缘利润投入到经营活动中。而其结果就是在创建和培育的反复之中，成本被一步步消耗殆尽，最终因为得不到成果被没耐心的高层领导叫停。

关于②，现在有些案例中也以新业务需要精简操作的名义共享企业内后勤管理权能。然而，这些后台共享平台往往是针对现有业务的规则而优化的，这对于创建新业务来说可能是个祸害。但因为还有法务政策方面的问题，有时不得不套用既有的共享平台，即便如此，有些事情也应该做得更灵活些，比如简化保密协议（NDA）的缔结流程之类。 目前仅仅签署一份NDA 就需要几个月的时间，这使得与快节奏的初创企业的合作变得非常困难。

3. 项目化

这几年项目化的举措正在逐渐加速发展。近年，越来越多的个体人才以技能和名气立招牌，转身成为脱离企业构架的个人实业者并开始推进业务的项目化，这样的模式也开始出现在企业当中。举一个具体的例子，Space Food X 是个探索太空食品产业可行性的项目。该项目于 2019 年 3 月由 JAXA、实用科学基金会、SIGMAXYZ 参与发起，最终共有超过 50 个企业及团体参与，共同打造太空食品产业愿景。各公司达成了"贡献人力资本，而不是追求短期、直接的回报"的约定。也就是提出共同的主题，以此集结企业与团体、互相交换信息、共同设计新活动的行动。该项目受到世界高度关注，也在各种场合之中登场并进行信息宣传（该项目的执行组织在经过了一年的项目期后，于2020年4月更名为SPACE FOOD SPHERE[①]，并转型为一般法人机构）。

图10-6 SPACE FOODSPHERE 展厅

另一个有趣的项目是OPENMEALS计划。其发起人为电通公司的艺术总监榊原祐。简言之该项目就是"推进食品数字化的项目"，他们将其定义为"第五次食品革命"。基于此，他们的项目（SUSHI SINGULARITY）中计划首先制造3D食品打印机，并打造出未来餐厅。目前该项目正在稳步发展中，并连续两年在SXSW（South x SouthWest）上展出，吸引了世界媒体的关注。2020年初他们开发出了可以打印糖果点心的3D食品打印机，现在仍在进行期间限定售卖中（"现在"以2020年6月为准）。艺术总监榊原以兼具现实感与创意的概念性图片和概念性动画向世界展示新产品，让拥有特定技能的公司参会其中，他的行动调动起了企业和个人。这类项目汇聚着有思想和自我主

---

① 详情请参照第9章内容。

题的人才，今后想必也会发展迅速。

4. 实验室/研究室的运营

实验室/研究室运营的发展趋势在过去几年中也有所加快。具体来说，那些拥有平台（可以向外界开放的场所和数据）的公司正在将各类公司与个体聚集在一起共同摸索创造。项目往往是从这些实验室和研究小组中形成的。

比如说，第9章中介绍的 TOKYO FOOD LAB 和位于附近的 SUIBA 厨房工作室就是日本国内这种形式的典型案例。厨师和新食品创造者聚集在一起，积累菜单并打造食品服务新概念的原型。

在国外，历史悠久的意大利面生产厂商百味来（Barilla）自 2017 年以来一直在开展一项名为 Blu1877 的新方案①。该方案的具体内容是向风险企业开放其位于意大利帕尔玛的研发中心的研究设施和原型装置，并提供培训项目。该公司还通过举办与百味来的专家沟通等活动加强自己的产品管道。

有一些企业像百味来公司一样公开他们的举措，也有一些企业是不公开的。某家全球科技企业几年来一直在经营他们自己的食品实验室，将大量的企业和专家聚集在一起推出解决食品挑战的方略。在日本，一些大型销售企业也在经营实验室，参与其中的不单单是初创企业，大企业们也参与其中一起摸索共同创造。倘若实验室和研讨会是由基础设施公司、房地产公司和经销商等有真正实施机会的参与者组织（而不是由生产厂商组织）的那将会更好。今后这种形式也会引起人们的关注。

5. 建立独立集团

当公司的多个项目达到一定的活动水平时就会成立一个独

---

① 有关 Blu1877 的详情请参照第 9 章。

立的集团。前面提到的 SPACE FOODSPHERE 就是一个很好的例子，它目前正在加速发展中。独立集团具有容易加入的优点，但他们拥有的人力资源中究竟有几成是可以真正发挥作用的，而且很多时候他们是在没有销售额的情况下成立的，因此难以确保其发展的资金储备。在成立的初期阶段，尽管负重前行进展缓慢，但它可以使项目获得资金，并且更容易在各个地方推广。

6. 设立有特别目的的事业体

这个阶段还是一个待开发的领域，笔者在这里可以介绍一些模式，而且目前也已经出现了一些有参考价值的案例。例如，TerraCycle 推出的 Loop 业务就很有趣，为支持该初创企业提出的"构建可重复使用的包装平台"的愿景，截至 2019 年 2 月，味之素、I-ne、永旺（AEON）、S.T.、大冢制药、龟甲万（KIKKOMAN）、佳能、麒麟（KIRIN）啤酒、三得利、资生堂、宝洁日本、尤妮佳（Unicharm）、乐天共 13 家公司加入了该项目。如此，在拥有明确目标的 TerraCycle 首席执行官 Tom Szaky 的引领之下聚集了一众企业，形成了新的潮流。

另一个例子是前面提到的由 Scrum Ventures 推动的"食品科技工作室"项目。他们基于"让美食带给人快乐、带给地球可持续发展"这一超越食品主题的目标，将拥有共同愿景的公司聚集在一起，旨在加速多个公司的新业务发展。通过将拥有共同愿景的公司聚集在一起，有可能高速建立起一个高质量的生态系统。还有 Shin Kikuchi 先生发起的 IKI-MONO Co. 也开展了类似的业务，他们在一项名为 chiQ 的业务中组织活动促进公司间合作。截至 2020 年 4 月，有四项活动正在开展。这项业务原则上也是本公司主导其他公司参与的模式（也可以为单家公司打造专属项目）。

最后，想为读者们介绍一下 SUNDRED 公司的案例。SUN-DRED 公司是由曾就任联想·日本首席执行官、资生堂首席问题官的留目真伸于 2019 年创立的。留目真伸以创立 100 个新产业为目标设立了新产业共创工作室（Industry-up Studio）。在 2020 年 2 月该公司主办的大型会议中，介绍了 6 种产业项目的推进方式。该公司在食品领域已经启动了一个名为"再生食品产业"的项目，该公司在创建新产业时的第一个步骤是"确立共同的目标"。他们在网站上刊载着留目真伸的一段话：我有幸能与各位一同创造一个让所有公司和个人都能自由合作的世界，从社会角度创造产业，并自信地大步前进，这种喜悦之情是无法比拟的。

正如在这几个案例中我们所看到的，不论是在手举目标旗帜的初创企业下汇集大企业的模式，还是在为了共同目标而设立合作项目的模式，今后个人的力量将日益增长，而企业的性质将不得不发生巨大转变。我们相信不论是哪一种模式，成功的关键都在于主导合作的公司所怀有的强烈愿景。

▶ 提案③：建立食品领域人才的培养机制

即使我们有了共同目标和共同创造的框架，把握关键问题的仍然是人。我们需要一个机制来培养食品相关产业的人才，使他们可以持续地为人们创造构建对地球和人类更友好的食品体验。与此同时，很重要的一点是要让年青一代参与其中。

其他国家有专门研究食品和烹饪的机构和大学。比如美国的美国烹饪学院，欧洲西班牙的巴斯克烹饪中心、意大利都灵食品科学大学，以及亚洲新加坡的香阳环球厨师学院等①。除了

---

① 详情请参照第 9 章内容。

将食品作为一门学科进行教学外，一些学校还开展研究活动、建立商学院吸引大公司的赞助，培养出食品生产方面的领导者。以美国烹饪学院为例，很多毕业生在执业厨师岗位经历磨炼后加入创业公司开发食谱成为烹饪加商业的复合人才。这些机构具有大学的功能，能授予学士学位甚至有些还能提供硕士学位。在某些情况下，有商业经验的人加入这些机构是为了转职，因此食品和烹饪并不局限于厨师行业，而是与商业紧密相连。笔者曾作为发言人参加了 2018 年 11 月在 CIA 举行的"重新思考食物（Rethink Food）"活动，并深受震撼，这个活动涵盖为期三天的食品科技研讨会、线上工作坊、试吃活动。发言人来自各个领域，包括谷歌、Adobe、IDEO、卡内基梅隆大学、麻省理工学院、斯坦福大学、泰森食品（Tyson Foods）创新实验室负责人、索尼，以及正在帮助开发食品机器人创业公司的厨师等。在这次活动中我们也再次深刻认识到了有非常多样化的参与者正在关注食品领域。

那么日本的情况如何？很遗憾，它远远落后于世界其他地区。虽然有传统的烹饪学校，如辻氏烹饪学院（Tsuji Culinary Institute Group），但几乎没有大学设有专门的食品和烹饪相关课程。在日本教授烹饪学并进行新尝试的仅有宫城大学食品工业学院的分子烹饪艺术研究员石川伸一教授与立命馆大学的食品管理学院。

一些具有感召力的厨师和社会企业家也在参与宣传食品教育与食品科学的活动。原宿食品峰会的举办者松岛启介就是其中的一员，他举办有关鲜味（UIMAMI）的研讨会，通过现场展示宣传鲜味（UIMAMI）的力量。另外，倡导食材抢救派对（salvage party）活动的平井巧于 2020 年开办了一所为解决食品浪费问题的主题学校——foodskole，学校同时还开展有关食品方面的综合知识教学。我们期待着这所学校今后能够发展壮大。

日本拥有丰富的食物相关知识，也拥有纯熟的生产技术。我们现在亟须一个能将其传递下去、能进行交流学习的环境。上文中提到的一些团体和实验室也有未来开办学校的想法，笔者认为未来一定会出现相关方面的重大举措。

▶ 提案④：新的价值链结构和对现有资产的重新定义

在过去三年中我们从食品行业的最前沿看：尽管在日本有很多限制，但新概念产品和服务也在不断涌现（当然，与欧美国家相比还是很少……）。初创企业自不必说，食品生产厂商、家电生产厂商等新业务开发部门和出岛部队（革新推进组织）的活动也在陆续开展，新的产品与服务此起彼伏，形势大好。但与此同时笔者最近也听到了这样的声音：

"我们需要一个地方来做市场试销。在现有渠道做市场试销相当困难。"（大企业）

"销售的渠道真的是十分有限。我们不知道该怎么做，包括营销在内，我们找不到好的方法。要是您知道什么好的渠道，请一定介绍给我。"（初创企业）

在日本，行业结构过于完善加之慢成长和低利润，留给新事物的发展空间并不大。并且公司中各部门之间依旧是上下级的纵向关系，新业务开发部门和现有业务部门一直有很大的摩擦，使得现有的渠道很难向新的产品和服务开放。目前，已经有一些新的举措为了突破这种局面而崭露头角。

Oisix 针对初创企业推出了一个名为 Craft Market 的电子商务网站，目的是使初创企业更容易试销其产品。但最近，也出现了一些希望利用这一渠道的大公司。 CROWD FOOD 公司最初是一家为食品制造业提供在线咨询系统的公司，最近开始买下大型销售商的货架并向初创企业和当地食品生产厂商开放提供。该公司的社长中间秀悟称："尽管目前仍处于试错阶段，但是在这之前初创企业和当地食品生产厂商的产品是没有机会上货架的，而且这一做法也与销售商想要为消费者提供有吸引力的产品的想法契合。"这种做法已经逐渐开始普及。还有一些将生产商和消费者直接连接起来的新兴服务，如 Pocket Marche 和 Eat Choc 等。

然而，为了加速日本的食品演变，必须考虑振兴目前与消费者还保有实际接触的销售渠道（图 10-7）。其中包括零售商、餐馆、公司食堂和房地产。这些实体店的价值受到新冠肺炎疫情的冲击正在发生巨大变化。疫情之前，只有少数进步公司主动去重新定义"场所"，但迫于疫情，很多拥有实体店的公司都不得不重新考虑自身价值。在我们看来，这是一个建立新价值链的难得机会。

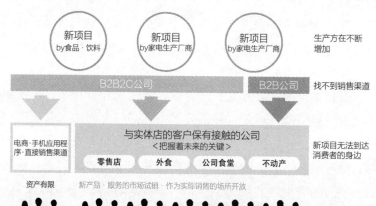

图 10-7　日本的情况：制造方的问题 × 最后一英里的问题

来源：SIGMAXYZ

第 4 节
全球视角思考日本市场的潜力

　　在新冠肺炎疫情出现后，食品价值链可能会更多地转向本地。我们将不得不重新审视一直以来严重依赖进出口的模式。此外，封城与避免外出措施将迫使更多的人待在家中。居家办公之后，一部分人发现他们更适合这种工作模式，这种模式下他们的效率得到了显著提高。这预示着在新冠肺炎疫情趋向稳定后居家办公的比例也极有可能增加。这样看来，家庭中食物的性质和价值的变化趋势并非暂时的，而是会在未来转变为一种稳定的生活方式。那么在这种情况下，打造日本食品科技市场时只考虑日本国内市场是正确的吗？诚然，跳出全球经济从追求当地发展的角度来看是没有问题的。但是，笔者认为从下面两个观点中可以看出我们有必要从全球视角看待问题。

　　我们先谈第一个观点。不言而喻，新冠肺炎疫情下的危机是全世界人民共同面临的挑战。对人类来说，能研发出解决问题的科技与服务至关重要。而日本作为有科技之国之称的国家，应该率先打造新的食品服务开发未来所需的技术。

　　具体可以发展以下领域：垂直农业技术、建立有证可循医食同源、食品相关数据建设和算法开发、食品机器人和自动售货机 3.0 的开发、新一代塑料技术的开发、传感设备的开发、替代蛋白质技术（调味品和调味品技术，作为设备产业的培养肉生产系统，基于发酵的蛋白质开发等）开发、新一代小家电的开发，以及快速解冻技术的开发等。倘若日本在这些领域的研

究和开发中发挥主导作用，将有可能为全球贡献自己的技术和
人力资源。

另外一个观点是为了创造多彩的未来，我们应该把日本食
品的世界观传播给全世界。虽说这是一个略显大胆的想法，但
笔者还是想要把它传达给各位读者。

宫成大学食品工业学院的教授石川伸一（ISHIKAWA Shin-
ichi）在他的《饮食进化史》（光文社新书）一书中描述了食品演
化中的"多样化和同质化的循环"现象。以麦当劳为代表的汉
堡包连锁店从美国起家并迅速席卷了全球，引发了汉堡的全球
同质化。但随后，在日本推出的日式风味照烧汉堡在麦当劳这
一全球化平台上迅速传播。石川教授表示这种循环将一直持续
下去，不仅仅是汉堡包，其他食品或是其他行业亦是如此。

事实上，虽然食品技术新产品和新服务在世界各地越来越
受欢迎，但仔细观察我们就会发现不同地区的人是出于不同的
原因接受新科技与新服务的。北美洲的人们更倾向用科技来满
足需求和愿望。在意大利，以 Seeds & Chips 为代表的企业，将
科技当成引入可持续发展市场的驱动力。中国则通过构建自己
独有的生态系统来发起新的态势，因此可以以与其他国家截然
不同的速度快速实现外卖产业链和无现金商店，在追求效率、
注重便捷性的同时不断发展壮大。

科技进入到每个市场的原因没有好坏之分。笔者主观地认
为，我们想要控诉的是："人们应该对食物的多样化价值有更深
的思考，并将其传播给全世界。"菅付雅信在《远离动物和机
器》（新潮社）一书中提到：过度机械化和对便利性的追求使人
类逐渐动物化（不假思索地吃掉被给予的食物），人类将失去自
身的价值。CoCooking 联合创始人伊作太一也经常提出疑问：
"变得智能化的究竟是人类还是家用电器·产品服务？"

前面提到过作为大企业却勇于打出创新牌的味之素的佐藤贤也曾对全球食品科技趋势发表看法："美国的食品科技经常会令人惊叹于其在各种场景之中的广泛应用，看起来十分具有科技感。然而，就算是高度个性化的服务，我也经常会怀疑它们是否真的会丰富我们的未来食品世界。其实只有当我们的或表面或深层的需求得到满足时我们才会感到充实。我认为，允许多样性的存在且拥有一个提供选项的系统才是最好的模式。重要的是，我们不要被科技提供给我们的各种方案束缚，从而忽略了我们最初的需求。"

如今对机械化、效率和便利性的追求很有可能导致人类变得不再"智能"。笔者认为正是因为处在这样的一个时代，日本这个自古以来就充满多样性、尊重自然、孕育多元化饮食，同时具有志向高远和技术娴熟的人才的国家，需要在这个多样化和同质化循环的时代，重新定义食品的价值，传达出对地球友好、人类幸福的世界观。

▶ 日本应向全球提供怎样的价值？

那么，在食品科技化趋势的背景下，日本可以向全球市场提供些怎样的价值呢？笔者想在这里提出一些可能性，但遗憾的是这些都不是现在就可以立即从日本"出口"的。我们要相信这个领域的潜力。在揭示行业中存在的普遍问题、继续创建商业框架、培育人力资源、创造新的平台的过程中，我们一定能够找到自己所能贡献的价值。并且，其中一部分取决于日本大企业是否愿意向外部开放自家的资源。在这里，笔者将提出 4点我们认为的、日本能向世界提供的价值。

一个亟待解决问题的发达国家

日本社会存在着人口减少、老龄化，以及近 40% 的家庭构成为单身等诸多问题，迫使企业为了生存采取削减劳动力措施，在这种情况下实在是难以描绘出持续稳定发展的未来景象。全世界都在关注着日本的企业在这种形势下会如何布局。日本一家采取先进解决方案开发新店的餐饮连锁店经理表示，他曾在中国为 1000 名餐饮经理做演讲，当时他非常讶异于参会者认真聆听和积极提问的态度。毕竟中国已经有了很多先进的举措，日本还有什么值得他们学习的地方呢？他在现场得到的答案是："日本先于中国面临人口老龄化等挑战，我们要学习的是如何使我们的解决方案适应时代的发展，为迎接未来做好准备。"

听到这里我们再次感到作为一个背负诸多问题的发达国家，我们有着自身的责任和使命。如果我们道路正确，有一天我们就有可能向国外输出日本的商业模式。此外，尤其是在退休年龄层中老龄化和单身社会等问题将普遍存在，这样的社会充斥着孤独、无聊和焦虑，届时人们的生活意义又会是怎样的？人们又将如何应对未来的不确定性？通过何种方式能与他人及社会发生交集？如果我们能在日本创造出真正从消费者角度出发的产品和服务，我们就有可能得到全世界的关注。

隐藏在大型食品企业中的技术力量与人才

这一点虽是前面提到过的，但笔者想要着重强调。其中的一个原因是新鲜度是日本的一项优势。就在此时此刻，日本的各类食品生产厂商一定都十分迫切想要用上大型食品企业的核心技术。大公司除了拥有设备外，还拥有设计和实现所需口味和质地的技术，在食品生产中搭配组合原材料的技术，即使在大规模生产中也能确保质量的质量衡控技术，以及确保食品安全的技术工艺。此外，还拥有在科学与力学支撑下完美复刻、批量生产的能力。也有包装和物流、食品文化等方面的知识，以及食品与健康方面的相关研究数据。尤为重要的是，他们还拥有能够使用这些设备和技术的专业人力资源，能够进行感官测试的绝对味觉拥有者等，大企业拥有的资源和能力远远不止如此。

然而，这些资源现在很少对外界开放。在海外，欧洲和美国的大公司在过去几年中开始向外界开放资源，初创企业也开始让食品相关的专业人士参与进来帮助他们出谋划策。

其中就有一家位于美国洛杉矶和芝加哥的初创企业 Journey Food，他们按照客户的需求在其产品中加入相应的营养成分。同样在日本，也有从麒麟公司（KIRIN）分离出来的 LeapsIn 公司为初创企业和当地食品工厂牵线搭桥，最近还开始提供规划和产品开发支持服务。

这些案例与《连线》杂志引发的创客运动（Makers Movement，使硬件设备从依靠企业制造转变为个人也能制造的运动）不谋而合。过去，制造业是大公司的专属领域，而如今人们很容易就能低成本地获得自己想要的东西，甚至出现了 3D 打印机，让几乎所有想要制造设备的人都能轻易达成心愿。这就致使制造业相关企业的优势一下子消失了，不能改变业务结构的公司就没有业绩增长，现在仍有很多因难以扭转乾坤而无法步入正轨的企业。

我们现在看到的日本食品公司与当时的日本高科技生产厂商如出一辙。他们要么把自己的技术诀窍锁在公司内部，声称不允许在公司外部使用，要么就不想放手权力，把它当作一个神圣的领域，让它积满灰尘。但与此同时，世界上出现了五花八门的替代品，以至一旦时机成熟，企业几乎没有任何竞争优势。但是，目前它仍然是一个强大的武器，可以用来为食品生产厂商们提供价值。笔者强烈希望阅读本章的大公司相关者不要畏惧，要敢于迈出向外界开放资源的第一步。

最大限度地发挥释放日本料理的潜力

寿司和天妇罗等日本料理广受世界各地人们的喜爱。而近些年来我们听到了一些来自国外的质疑声，其中有些意见是说日本料理不一定就是健康的、符合可持续发展目标的。但是，当笔者开始关注这一领域并与知情者交谈后，我所看到的日本饮食一直以来都是美味、健康和符合可持续发展目标的。日本的气候、地形和文化的多样性孕育出多种多样的食材、烹饪方式及储存方法，同时注重与自然环境、季节、各类食材之间的搭配。这让笔者愈发相信，日本料理是充满了健康诀窍的。

公益财团味之素食品文化中心作为食品文化的先驱者已经开始为传播日本食品的多样化付诸行动。他们拥有食品相关知识存储量丰富的图书馆资源，但尚未广为人知。他们的图书馆馆藏极为丰富，并且由于是公益性财团，任何人都可以参观使用。然而，这个资源在日本尚未得到充分的利用。除此之外，为日本食品文化传播贡献力量的还有奥田政行总厨，他在日本山形县经营着一家颇具名气的餐厅 alchecciano。奥田政行总厨在他的著作《食物时间表》（Froebel-Kan，2016 年出版）后附上了"食材世界时间图"。图中详细记载着食材与季节的关系，甚至以 1~2 周为单位规划出当"季"食材。看到这些，真是让人不得不惊叹于日本竟然拥有如此多的智慧。

此外，还有上文中提到的 CoCooking 联合创始人伊作太一，以及发酵设计师·领先的发酵研究者 Hiraku Ogura。伊作太一于 2019 年创造了一种"日本食品语言"，将日本美食拥有的能量用卡片和小册子的形式展现给全世界。Hiraku Ogura 则是通过《发酵文化人类学》（木落舍）和《日本发酵游记》

（D&DEPARTMENT PROJECT）两部著作介绍了发酵的潜力。除了以上提到这些之外仍有许多策划向其他国家推广日本饮食文化和技术的行动，而这些举措与观点都鲜为人知，也不容易在社会上实施。但是，现在是时候让我们看到日本食品如何通过日本料理×科学×技术，扩大成为全球食品创新的"操作系统"。我们期待着看到未来的动向。

食品价值再定义的倡导者

当思考日本能向世界传递的价值时，笔者认为日本并非在实现可持续发展目标方面具有优势，或是在味道的呈现等某一特定方面表现出众，日本在世界上被期待的是呈现一种"平衡""和谐"的饮食方式，其中涵盖了美味、自然和谐、健康、便利和效率等多个方面。当然，满足人们对美食的需求很重要，可持续发展目标也很重要。但是，通过食物，我们也可以体验人们在日常生活中重视的情感和状态：愉悦、兴奋、安乐、治愈、恢复体能和状态、惬意、安心、温暖、人与人之间的沟通联络、生活的目标、成长、好奇心、感恩和满足感。笔者想说明的是，食物是具有多种价值的。

还记得日本在动画、漫画以及过去的游戏领域是如何被人们接受并名扬海外的吗？笔者希望在食品领域也能做到这一点。

▶ 国外业界核心人物眼中的日本

在本章的最后，笔者想直接引用萨拉·罗维西对本书出版的致辞。萨拉·罗维西活跃在世界食品领域，是未来食物研究院（FFI, The Future Food Institute）的创始人。

食物是生命、能量和营养的来源。食物体现价值和文化，

也是传递自我特征和身份的媒介。食物也创造社交和关系。吃是人类生活中不可或缺的活动,可以说是整个社会发展的原动力。正因如此,在新冠肺炎疫情在全球流行的当下,在世界各地的饮食和饮食习惯正在发生同样的根本性变化的时候,从文化、可持续性和可获得性方面分析和看待食物越来越重要。

新冠肺炎疫情将我们置于一个新世界的面前,这个新世界不单单有阴霾,反而有能让我们从中看到机遇的部分。

新冠病毒可以说有着某种"使看不见的东西可视化"的力量。

疫情凸显了人类、社区和生态系统的基本需求。我们从中学到了通过放慢脚步反而使得某些事情得以加速发展。疫情让我们得以重新思考文化、教育、精神、科学和目标驱动下的技术,重新发现了人类的美德。我们深刻理解了跨越"竞争"或"合作"的矛盾轴走向合作竞争的重要性。

日本一直以来都是我的灵感来源。因为它是世界上技术最先进的国家之一,也拥有应对时代重大变化所需的所有价值观、技能和美德。

为了养育我们的未来,我们应该彻底改变食品的生产、消费方式,深刻思考有关食品的主题。同时,我们需要培养系统性思维,打破文化孤岛,解决复杂关系,走出舒适区。要实现这一点,就需要在思维方式上进行重大转变,正如传统技术和数字技术的融合时发生的转变一样。届时,人们将会看到食品带来的繁盛景象。

结　语

我不禁再一次想到
"日本必须立刻行动起来"

Scrum Ventures 外村仁

今年是我在硅谷（当地居民称这里为"旧金山海湾"）安家的第 21 个年头。当初我选择来到硅谷是因为在这里我和以前在苹果一起工作的同事成立了一家初创企业。来到硅谷之前我刚刚结束在法国和瑞士的生活，我在这两个国家生活了两年。初到硅谷时，我曾经把这里形容为"文化沙漠"。在欧洲，人们经常会在晚上 8 点开始，花费 4 小时享受一顿晚餐，可是在硅谷，人们吃饭的节奏很快，一过晚上 9 点几乎所有的餐厅都变得空荡荡，毫无生气。在法国，很多时候人们在吃饭时只谈论与食物相关的话题。可是在硅谷，人们吃饭时谈的都是科技、户外运动、豪车、豪宅、股权这些现实得不能再现实的话题。硅谷的软件工程师们富有才华、工作努力，不断地进行创新，给世界带来惊喜。可是在欧洲，比起创新人们更在乎传统。过去我一直告诉自己"传统和创新相互矛盾，彼此无法调和"，努力让自己理解并接受硅谷的文化。当时即便有客人从日本来到这里，我能带他们去吃饭的地方也只有牛排店和螃蟹店，我实在是没有勇气带他们去吃像日本饭团一样巨大的寿司。

来到硅谷的 20 年后，我突然意识到这里的饮食文化与以前相比已经不可同日而语。谷歌率先在自家的食堂为员工提供免费的一日三餐，并且使用的都是可持续食材。工程师们在大饱口福之后对美食的品位迅速提高。结果是他们不满足于只能在公司食堂吃到美食，在工作以外的日常生活中他们也开始对食材提出了更高的要求。这里的超市和餐厅年年不断升级，不仅在美国随处可见的西夫伟（Safeway）超市，连专门销售廉价食物的开市客（Costco）的货架上都摆满了有机食品。如果我告诉各位，米其林指南旧金山版上刊载的星级餐厅数量几乎和纽约版上的餐厅数量一样多，您一定会大吃一惊吧。当地的米其林星级餐厅中有 8 家是日餐厅（主营寿司·怀石料理），其中最受欢迎的菜肴是名为 "Hashiri" 的特别套餐，该套餐一份的价格为500 美元（约合 5.4 万日元，不含酒水、小费），对日本人来说这个价格也许有些离谱，但这款套餐卖得相当不错。这意味着在旧金山有相当多的人开始认可美食的价值并愿意为其支付高额的费用（当然，这是新冠肺炎疫情发生之前的事情）。

▶ 《现代烹饪艺术》带来的冲击

其实在此之前旧金山也有自己的饮食文化。素食和有机食品曾经是旧金山最具代表性的饮食。在旧金山对岸的伯克利，嬉皮文化一度盛行，这里同时也是有机食品的发祥地。"有机食品之母"艾丽丝·沃特斯（Alice Waters）的餐厅 Chez Panisse 人气依旧。从美食家的角度，以及食品科技的潮流来看，素食和有机食品是非常重要的元素。但是，旧金山的饮食文化之所以发生天翻地覆的变化，以至今天这里已经成为在美食领域具有巨大影响力的地区之一，主要是因为这里的工程师和科技。

作为科技圣地，10 年前这里的饮食还非常简单，人们对食物几乎毫不关心。让人们对食物产生兴趣的一个契机是 2010 年奥莱利（Oreilly）出版社发行的创客杂志 *Makers* 刊载了数篇教人们如何自己动手制作低温烹调机的报道，该杂志被认为是创客热潮（Makers Boom）的原点。要知道当时的低温烹调机价格非常昂贵。因为这几篇报道，工程师们第一次开始将技术和烹饪联系在一起（我认为在此之前创客杂志绝不会让生鲑鱼的图片出现在他们杂志上）。奥莱利敏锐地捕捉到了读者对这几篇报道的反应，于同年出版了畅销书 *Cooking for Geeks*。奥莱利的主要客户是工程师和程序员，针对这个人群该书打出了"真正的科学和伟大的尝试终将成就美好的食物（Real Science，Great Hacks，and Good food）"的旗号，吸引他们对食物产生兴趣。

就在该书的出版给科技界带来的影响刚刚显露出来的时候，一个标志性的事件发生了。这个事件就是 2011 年春天《现代烹饪艺术》一书的出版。在本书中这本书被数次提及，该书的作者内森·梅尔沃德被誉为科技界的天才，同时也是比尔·盖茨的得力干将。该书一共 5 本，2348 页，重达 21 千克。每一页都从科学的角度对食材和烹饪的整个过程进行细致的分析和说明，用高清照相机拍摄的图片告诉人们烹饪时锅里面究竟发生了什么。并且据说为了尽量忠实地还原食材本来的颜色，该书在纸张的选择和印刷的方法上都下了一番功夫，使用了特殊的技术。

该书上市的时候，我当时还是印象笔记（Evernote）日本的董事长，我至今依然记得和时任印象笔记的 CEO 菲尔·利宾（Phil Libin）兴奋地谈论该书的情形。菲尔是工程师出身，是典型的极客，同时也是一个美食家。我自己本来不做饭，可是当我把烹饪和食物作为一种科学重新定义时，突然吃惊地发现原来极客可以如此地沉迷于烹饪。

我和内森本人第一次见面并进行交谈是在 2013 年 CIA 的年度活动上。CIA 位于纳帕，被称为烹饪界的哈佛大学。之后几乎每两年我都会去内森的秘密实验室，让他给我看一些当时正在进行中的项目。他的项目每次都能让我大吃一惊，他始终坚持从极客的视角，用科学的方法研究与食品相关的各个领域。

如果对内森还不太了解的读者可以在网上输入"前所未有的烹饪"进行搜索，会看到他在 TED 上的演讲视频，请读者一定看一下这个视频。你就会了解用物理和化学知识解释烹饪原来就是这么一回事（在视频中，读者可以从烹饪锅具和微波炉的断面观察烹饪的整个过程，一定会觉得非常有趣）。

内森称这本书是"世界上唯一一本上面写着偏微分方程式的烹饪书"，该书的精简版 *Modernist Cuisine Home* 已经被翻译成日语，由角川书店出版社出版发行，希望日本的读者购买并阅读该书。

▶ 千万不要重蹈 IT 行业的覆辙

2010 年极客开始对烹饪产生兴趣，2011 年微软前首席技术官撰写的超科学烹饪书引起了人们的关注，从此硅谷的饮食文化开始出现了变化。2015 年旧金山市内第一次出现了米其林三星级餐厅 Benu 和 Saison，并且有 2 家日餐厅 Kusakabe 和 Maruya 入选了米其林星级餐厅，轰动一时。仅仅用了 5 年时间，旧金山实现了华丽的转身，变为"美食之都"。

之后又用了 5 年时间，IT 企业和生物加速器中诞生出越来越多的与食品相关的初创企业。2016 年，后来在 CES 上备受关注的 Impossible Foods 推出了第一款由植物制作的汉堡肉饼（该公司 2011 年成立）。2019 年，Beyond Meat 在纳斯达克成功上市，引发了市场的关注。该公司的市值一度达到了 134 亿美元，相当于 1.4 万亿日元。日本的食品生产厂商中明治（Meiji Holding）（明治制果+明治乳业）曾创下过市值最高的纪录，当时的市值为 1.3 万亿日元（现在 Beyond Meat 的市值为 88 亿美元）。当然公司市值并不能说明一切，并且不同国家的股票市场也各不相同。但即便如此，市值还是能够反映出美国的资本市场非常看好 Beyond Meat，是一个具有重要意义的指标。

日本的食品生产厂商明治成立于 1916 年，美国的 Beyond Meat 成立于 2009 年。最近 20 年，人们已习惯了 IT 行业中新企业的崛起。这让我不由得想起当年曾经流行的一句话，"iPhone 来了"。

读者也许还记得 2007 年苹果手机在美国开始发售时的情景。我在发售的前一天晚上早早去门店排队，发售的当天买到了梦寐以求的苹果手机，从那一天起我的生活变得与过去完全不同。现在想一想距离第一台苹果手机问世仅仅过去了 10 年时间，人们当时根本不会想到我们今天的生活几乎已经离不开智能手机。当时日本手机生产厂商生产的产品功能强大且高密度；同时还有号称世界第一的手机服务 i-mood。这些手机生产厂商和服务供应商的技术人员大多认为日本的产品和服务质量世界第一。对于刚上市的苹果手机，他们的评价十分辛辣。"苹果手机没有什么特别之处""苹果手机只不过是把日本的技术进行了整合而已"这样的评价不绝于耳。可是几年之后再看看日本的手机生产厂商，不用我多说，相信读者也知道他们的处境如何。

让我们把话题再拉回到食物上。从 2010 年左右开始，在硅谷食品方面的风险企业数量突然开始增加，在食品相关的活动上，科技成了人们热议的话题，欧美大型食品生产厂商也开始像风险企业一样涉足食品科技领域。独具慧眼的谷歌于 2012 年成立了 Google Food Lab，邀请全世界的有识之士研究未来的食品。硅谷原本是 IT 和极客的天堂，我亲眼见证了食品科技慢慢融入了这里。同时我也意识到在日本基本看不到这种变化，我不由得开始担心起来。日本有着世界第一的饮食文化，全国各地有很多美味且高性价比的餐厅。我想也许日本人因为对自己的饮食文化太过自信所以看不到在日本以外的地方发生的种种变化。从那时起每当因为工作见到日本来的客户或朋友时，我都对他们说"科技正在改变食物"，但遗憾的是收效甚微。直到 2017 年夏天，在我和 SIGMAXYZ 的田中宏隆、冈田亚希子的推动下举办了日本智能厨房峰会，我感到日本终于开始关注食品科技了。

在日本也有不少人了解世界其他国家的动向，觉得日本必须做些什么，但是当时缺少一个让这些人聚在一起进行交流的平台。日本智能厨房峰会首次为人们提供了一个这样的交流平台，参加峰会的成员热情满满，成立了名为 xCook Community 的组织，举办 Food Venture Day 活动，用了 3 年左右的时间逐渐打造并发展了一个追求食品变革的群体。对于 SIGMAXYZ 成员做出的不懈努力，我的感激之情溢于言表。同时我也意识到为人们提供多对多交流平台是多么重要。

另一方面，即便在我最初孤军奋战、凭借一己之力向日本介绍食品科技的时候，我也有幸遇到了许多重要人物。正在我感叹日本没有分子料理的专业书籍时，我偶然在网上看到了一本新出版的名为《烹饪和科学的美味邂逅：分子料理将改变关于食物的常识》的书，于是我急忙赶往仙台，拜访了宫城大学的石川伸一教授。我邀请石川教授参加了首届日本智能厨房峰会并请他上台演讲，现在几乎所有的食品科技活动中都能看到石川教授活跃的身影。

当我抱怨日本的厨师不会使用科学的方法进行烹饪的时候，我在纳帕看到了 L'Effervescence 的生江史伸总厨用英语向人们解释带有化学方程式的菜肴。我深受感动同时信心大增，心想"这样的厨师一定不止这几位"，于是我开始在全日本寻找。我遇到了金泽"钱屋"的高木慎一郎，他向重视传统的日餐界不断发起挑战（后来我也邀请了高木参加日本智能厨房峰会并请他上台演讲）。还有米田肇，他所在的 HAJIME（位于大阪）用最短的时间成为米其林三星餐厅。他对食物的追求已经远远超出了我的想象，达到了几近痴狂的程度。我在 2019 年的FOODIT 活动上和他交流后感到意犹未尽，再次对他进行了采访，请他谈了一下后疫情时代理想的餐厅应该是什么样的。

我觉得在缺少交流平台和志同道合的朋友的时候，促使自己不断前进的动力来自危机感和热情。我觉得日本在食物方面再不做出改变就糟糕了，我们必须做点什么。

2018 年参加日本智能厨房峰会的成员经过努力编著了名为《食品科技的未来》一书，该书由日经 BP 出版发行，主要介绍了关于食品科技的各种资料。2019 年下半年，在朝日旗下的CNET、日本经济新闻社主办的大规模会议中，终于出现了以食品科技为主题的会议。到了 2020 年，农林水产省设立了"食品科技研究会"，开始了横跨产官学的合作。我有幸作为成员参与了这些组织和团体初期举行的一些活动。虽然与其他国家相比，在食品科技方面起步稍晚，但是日本终于开始行动起来了。2020 年是日本"食品科技元年"，我希望读者把本书的出版看作推动日本食品科技发展的第一声号角。

接下来我们应该做些什么？想知道这个问题的答案的读者请重新读一下本书第 10 章的内容。田中宏隆先生怀着极大的热情撰写了这章，内容非常充实，所以我希望读者能够怀着同样的热情反复阅读。通过阅读本书的前半部分，读者可以了解到与食品科技相关的信息和一些真知灼见，最后一章则告诉人们应该如何行动。

如果你在一家大企业工作，那么我希望你重新读一下"提案②：跳出企业框架，构建业务机制"。读完后你需要重新整理一下思路，想一想你所在的企业以前做了哪些事情、没做哪些事情。然后从明天开始行动起来，从一件小事开始做起。

我也希望你能认真阅读"日本应向全球提供怎样的价值"中的"②隐藏在大型食品企业中的技术力量与人才"这部分内容。里面不仅写了你所在的企业具有的优势，还包括如何利用这些优势为社会做出贡献。无论使用提案②中的哪种方法，为了尽快缩短与其他企业的差距，大企业都需要和世界优秀的初创企业进行合作。作为回报，大企业应该向这些初创企业提供自己的技术和人才。这里所说的"回报"不是指人与人交往时因为受到了别人的帮助所以应该报恩，它的意思是以预付（Pay Forward）的形式支持初创企业。如果大企业能够这样做，那么不久的将来一定会从中获益。田中宏隆先生将大企业开拓新业务时最关键的事情写在了第 10 章的开头。

▶ 我们需要的是"意愿""想法""热情"

2010 年 7 月日经 BP 出版出版了《史蒂夫·乔布斯 让人震撼的演讲》，我很荣幸为这本书撰写了推荐词。 我这样写道："真正的热情胜过一切，所谓的热情就是使命感与激情的结合体。"想要在某个领域有新的发现必须有热情，10 年过去了，我至今依然对此深信不疑。即便暂时没有施展才能的机会，依

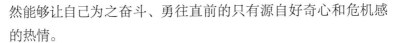

然能够让自己为之奋斗、勇往直前的只有源自好奇心和危机感的热情。

如果你觉得自己缺少热情，我认为最好的办法就是来到食品科技活动的现场，这里的人们充满激情，一定会感染到你。无论是日本智能厨房峰会，还是 2020 年夏天 Scrum Ventures 举办的 Food Tech Studio 都可以。可以毫不夸张地说，和一群充满激情、带着梦想的人一起奋斗是人生当中最幸福的事情之一。

上周（2020 年 7 月 1 日）的新闻称特斯拉的市值超过了丰田汽车。丰田成立于 1937 年，特斯拉成立于 2003 年。2013 年我购买了特斯拉汽车，我个人非常喜欢埃隆·马斯克（Elon Musk），所以听到这则新闻我感到非常高兴。同时作为一个日本人我又再次感到"日本必须立刻开始行动起来"。食品相关行业绝对不可以重蹈"iPhone 来了"之后日本电机行业的覆辙。

读过本书并且同意我想法的读者，无论你们身在何处，我都希望你们能和我一起通过食品科技让世界变得更幸福、地球环境变得更好、我们的生活变得更健康更快乐。在科技圣地——硅谷生活了 20 年的我越来越强烈地感到科技本来的目的是让人们变得更幸福，今后我也会不断地向大家介绍能够让人们更加幸福的科技成果。

最后，如果本书能够对实现大家的愿景起到些许作用，我将感到无比荣幸。

于旧金山家中

2020 年 7 月　居家第 17 周

致 谢

从 2017 年开始每年都会举办日本智能厨房峰会，并且形成了与之相关的组织 xCook Community。没有它们本书就无从谈起。世界各地的创新者、专家，以及学术界人士来到日本参加这项活动，并登台演讲。我们和包括大企业、风险投资企业在内的日本国内外的朋友展开热烈的讨论，讨论的内容都被写进了这本书里。首先我们要对这些朋友表示感谢。

我们特别要感谢的是美国智能厨房峰会的发起人——迈克尔·沃夫先生，是他让我们知道了食品创新这个领域具有的可能性和魅力。当我们提出想要在日本举办智能厨房峰会时，他热情地给予了我们许多帮助。同时我们还要向未来食品协会（The Future Food Institute）的萨拉·罗维西女士表示感谢，她将全世界的创新者联系在一起，让 The Future Food Institute 在日本落地生根。

我们要感谢的还有和我们怀着同样的梦想，致力于发掘和培育学术领域初创企业和风险投资企业的 Leave a Nest 的塚田周平执行董事。在绘制"食品创新指向图"时，他给了我们许多宝贵的建议。Scrum Ventures 的外村仁先生不仅是本书的主编，还对一些重要人物进行了采访，为这本书的撰写提供了许多真知灼见，对此我们再次向他致以诚挚的谢意。因为担心我们过度劳累，外村先生特地准备了格之进（Kakunoshin）的高级汉堡慰劳我们。没有外村先生的支持我们是无法完成此书的。

本书第 6、7、8 章和第 9 章中"食品创新的主体不仅仅是企业"的一部分内容分别由 SIGMAXYZ 的福世明子和增田拓也二位采访并撰写。正文中引用的"食物让我们更幸福"调查以及图表是厐田俊司、Lucas Navickas、青木奏，川本拓己、宫田涌太、只腰千真、小野日菜子等 SIGMAXYZ 的工作人员辛勤劳动的成果。他们利用下班后以及周末的时间阅读书稿和大量的资料。另外，如果没有我们的同事——池田多惠女士的支持，我们的文章不可能出现在 *Nikkei Cross Trend* 等媒体上，对于他们我们也要表示真挚的感谢。

最后我们还要对胜俣哲生编辑由衷地表示感谢，食品科技是一个人们不太熟悉的题目，是他建议并鼓励我们以此为主题写本书，在撰写本书的过程中他一直耐心地与我们进行沟通。

SIGMAXYZ 田中宏隆、冈田亚希子、濑川明秀

参考文献

　日経 BP 総合研究所／シグマクシス／フードテックの未来 2019-2025／2018（第 1 章、第 10 章）

　講談社／伊藤俊太郎／21 世紀ルネサンス／2006（序章、第 1 章）

　事業構想大学院大学 "シリコンバレー VC が語るフードテック　世界で「食」の新たな潮流" 月刊「事業構想」2020 年 4 月号（序章、第 1 章、第 2 章、第 8 章）

　河出書房新社／ジョン・マッケイド／おいしさの人類史：人類初のひと噛みから「うまみ革命」まで／2016（第 1 章）

　中央公論新社／鈴木透／食の体験場アメリカ／2019（第 1 章）

　東洋経済新報社／マイケル・ポーラン／雑食動物のジレンマ　ある4つの食事の自然史／2009（第 1 章）

　KADOKAWA／チャールズ・スペンス／おいしさの錯覚　最新科学でわかった、美味の真実／2018（第 1 章）

　株式会社フレーベル館／奥田政行／食べ物時鑑／2016（第 1 章）

　河出書房新社／ビー・ウィルソン／キッチンの歴史／2016（第 1 章）

　ハーバーコリンズ／クレイトン・M・クリステンセン／ジョブ理論／2017（第 1 章）

　ビー・エヌ・エヌ新社／ラファエルA・カルヴォ＆ドリア

ン・ビーターズ／ウェルビーイングの設計論―人がより良く
生きるための情報技術／2017（第1章、第8章）

プレジデント社／クリスチャン・マスビアウ／センスメイ
キング／2018（第1章）

平凡社／菅付雅信／物欲なき世界／2015（第1章、第6
章、第9章）

昭和堂／秋津元輝他／農と食の新しい倫理／2018（第1
章、第4章）

筑摩書房／石川善樹／問い続ける力／2019（第1章）

NTT出版／マイケル・ポーラン／人間は料理する／2014
（第1章、第4章）

河出書房新社／ユヴァル・ノア・ハラリ／サビエンス全史
文明の構造と人類の幸福／2016（第1章、第4章）

河出書房新社／ユヴァル・ノア・ハラリ／ホモ・デウス
テクノロジーとサビエンスの未来　上下／2018（第1章、第4
章）

日経BP／ボール・シャビロ／クリーンミート　培養肉が
世界を変える／2020（第4章）

東方出版／マリア　ヨトヴァ／ヨーグルトとブルガリアー
生成された言説とその展開　／2012（第5章）

Oxford Univ Pr／PK Newby／Food and Nutrition; What
Everyone Needs to Know／2019（第6章）

中央公論新社／鯖田豊之／肉食の思想　ヨーロッパ精神の
再発見／1966（第4章）

山川出版社／中澤克昭／肉食の社会史／2018（第4章）

McKinsey&Company／Automation in retail: An executie
overview for getting ready／2019（第8章）

創成社／金間大介／食品産業のイノベーションモデル—高付加価値化と収益化による地方創生／2016（第9章）

Newspicks Publishing／安宅和人／シン・ニホン／2020（第10章）

ディスカヴァー・トゥエンティワン／菅付雅信／これからの教養　激変する世界を生き抜くための知の11講／2018

新潮社／ブリア・サヴァラン／美食礼讃／2017（第10章）

光文社／石川伸一／「食べること」の進化史／2019（第10章）

角川書店／レネ・レゼビ／ノーマの発行ガイド／2019（第10章）

ダイヤモンド社／ヤニス・バルファキス／父が娘に語る経済の話／2019（第10章）

映画／「サバイバルファミリー」（2017（第10章）

株式会社コークッキング／伊作太一／和食ランゲージ／2019（第10章）

新潮社／菅付雅信／動物と機械から離れて：AIが変える世界と人間の未来／2019（第10章）

化学同人／石川伸一／料理と科学のおいしい出会い：分子料理が食の常識を変える／2014（おわりに）

KADOKAWA／Nathan Myhrvold 他／Modernist Cuisine at Home 現代料理のすべて／2014（おわりに）

日経BP／カーマイン・ガロ／スティーブ・ジョブズ　驚異のプレゼン／2010（おわりに）

エイアールディー／徐航明／なぜジョブズはすしとそばが好きか／2020（おわりに）

图字：01-2022-1058 号

图书在版编目（CIP）数据

食品科技革命：食物的进化与新产业市场／（日）田中宏隆,（日）冈田亚希子,（日）濑川
明秀 著；张浩然、李彦 译.—北京：东方出版社，2024.1
ISBN 978-7-5207-3458-5

Ⅰ.①食…　Ⅱ.①田…②冈…③濑…④张…⑤李…　Ⅲ.①食品科学　Ⅳ.①TS201

中国国家版本馆 CIP 数据核字（2023）第 086305 号

食品科技革命：食物的进化与新产业市场
（SHIPIN KEJI GEMING：SHIWU DE JINHUA YU XIN CHANYE SHICHANG）

作　　者：［日］田中宏隆　冈田亚希子　濑川明秀
监　　制：［日］外村仁
译　　者：张浩然　李彦
责任编辑：申　浩
出　　版：东方出版社
发　　行：人民东方出版传媒有限公司
地　　址：北京市东城区朝阳门内大街 166 号
邮　　编：100010
印　　刷：优奇仕印刷河北有限公司
版　　次：2024 年 1 月第 1 版
印　　次：2024 年 1 月第 1 次印刷
开　　本：880 毫米×1230 毫米　1/32
印　　张：12
字　　数：246 千字
书　　号：ISBN 978-7-5207-3458-5
定　　价：72.00 元
发行电话：(010) 85924663　85924644　85924641